高等学校教材
电子信息

模拟电子技术基础
学习指导与习题全解

王晓华 马丽萍 袁洪琳 编著

清华大学出版社
北京

内容简介

本书是作者参照“高等工业学校电子技术基础课程教学基本要求”，结合作者多年的教学经验编写的。它是作者主编的《模拟电子技术基础》配套用书，按主教材的章次排序编写，内容包括二极管及其基本电路、双极结型三极管及放大电路基础、场效应管及其放大电路、模拟集成电路、反馈、信号的运算与处理、信号产生电路、功率放大电路、直流稳压电源。各章均包含主要内容、基本概念自检、典型例题和课后习题及解答4个部分。

本书可作为高等学校计算机及其应用、应用物理、测控工程、信息科学与技术、微电子信息等有关专业本、专科“模拟电子技术基础”课程的学习辅导和参考书，也可作为广大工程技术人员的参考书。

本书封面贴有清华大学出版社防伪标签，无标签者不得销售。
版权所有，侵权必究。侵权举报电话：010-62782989 13701121933

图书在版编目(CIP)数据

模拟电子技术基础学习指导与习题全解/王晓华，马丽萍，袁洪林编著. —北京：清华大学出版社，2011.5
(高等学校教材·电子信息)
ISBN 978-7-302-24954-2

Ⅰ. ①模… Ⅱ. ①王… ②马… ③袁… Ⅲ. ①模拟电路—电子技术—高等学校—教学参考资料 Ⅳ. ①TN710

中国版本图书馆CIP数据核字(2011)第028290号

责任编辑：郑寅堃 徐跃进
责任校对：焦丽丽
责任印制：杨 艳
出版发行：清华大学出版社
地 址：北京清华大学学研大厦A座
http://www.tup.com.cn
邮 编：100084
社 总 机：010-62770175
邮 购：010-62786544
投稿与读者服务：010-62795954，jsjjc@tup.tsinghua.edu.cn
质 量 反 馈：010-62772015，zhiliang@tup.tsinghua.edu.cn
印 装 者：北京市清华园胶印厂
经 销：全国新华书店
开 本：185×260 印 张：9.5 字 数：232千字
版 次：2011年5月第1版 印 次：2011年5月第1次印刷
印 数：1～3000
定 价：18.00元

产品编号：037695-01

编审委员会成员

东南大学	王志功	教授
南京大学	王新龙	教授
南京航空航天大学	王成华	教授
解放军理工大学	邓元庆	教授
	刘景夏	副教授
上海大学	方　勇	教授
上海交通大学	朱　杰	教授
	何　晨	教授
华中科技大学	严国萍	教授
	朱定华	教授
华中师范大学	吴彦文	教授
武汉理工大学	刘复华	教授
	李中年	教授
宁波大学	蒋刚毅	教授
天津大学	王成山	教授
	郭维廉	教授
中国科学技术大学	王煦法	教授
	郭从良	教授
	徐佩霞	教授
苏州大学	赵鹤鸣	教授
山东大学	刘志军	教授
山东科技大学	郑永果	教授
东北师范大学	朱守正	教授
沈阳工业学院	张秉权	教授
长春大学	张丽英	教授
吉林大学	林　君	教授
湖南大学	何怡刚	教授
长沙理工大学	曾喆昭	教授
华南理工大学	冯久超	教授

西南交通大学	冯全源　教授
	金炜东　教授
重庆工学院	余成波　教授
重庆通信学院	曾凡鑫　教授
重庆大学	曾孝平　教授
重庆邮电学院	谢显中　教授
	张德民　教授
西安电子科技大学	彭启琮　教授
	樊昌信　教授
西北工业大学	何明一　教授
集美大学	迟　岩　教授
云南大学	刘惟一　教授
东华大学	方建安　教授

出版说明

随着我国改革开放的进一步深化，高等教育也得到了快速发展，各地高校紧密结合地方经济建设发展需要，科学运用市场调节机制，加大了使用信息科学等现代科学技术提升、改造传统学科专业的投入力度，通过教育改革合理调整和配置了教育资源，优化了传统学科专业，积极为地方经济建设输送人才，为我国经济社会的快速、健康和可持续发展以及高等教育自身的改革发展做出了巨大贡献。但是，高等教育质量还需要进一步提高以适应经济社会发展的需要，不少高校的专业设置和结构不尽合理，教师队伍整体素质亟待提高，人才培养模式、教学内容和方法需要进一步转变，学生的实践能力和创新精神亟待加强。

教育部一直十分重视高等教育质量工作。2007 年 1 月，教育部下发了《关于实施高等学校本科教学质量与教学改革工程的意见》，计划实施“高等学校本科教学质量与教学改革工程”（简称“质量工程”），通过专业结构调整、课程教材建设、实践教学改革、教学团队建设等多项内容，进一步深化高等学校教学改革，提高人才培养的能力和水平，更好地满足经济社会发展对高素质人才的需要。在贯彻和落实教育部“质量工程”的过程中，各地高校发挥师资力量强、办学经验丰富、教学资源充裕等优势，对其特色专业及特色课程（群）加以规划、整理和总结，更新教学内容、改革课程体系，建设了一大批内容新、体系新、方法新、手段新的特色课程。在此基础上，经教育部相关教学指导委员会专家的指导和建议，清华大学出版社在多个领域精选各高校的特色课程，分别规划出版系列教材，以配合“质量工程”的实施，满足各高校教学质量和教学改革的需要。

为了深入贯彻落实教育部《关于加强高等学校本科教学工作，提高教学质量的若干意见》精神，紧密配合教育部已经启动的“高等学校教学质量与教学改革工程精品课程建设工作”，在有关专家、教授的倡议和有关部门的大力支持下，我们组织并成立了“清华大学出版社教材编审委员会”（以下简称“编委会”），旨在配合教育部制定精品课程教材的出版规划，讨论并实施精品课程教材的编写与出版工作。“编委会”成员皆来自全国各类高等学校教学与科研第一线的骨干教师，其中许多教师为各校相关院、系主管教学的院长或系主任。

按照教育部的要求，“编委会”一致认为，精品课程的建设工作从开始就要坚持高标准、严要求，处于一个比较高的起点上。精品课程教材应该能够反映各高校教学改革与课程建设的需要，要有特色风格、有创新性（新体系、新内容、新手段、新思路，教材的内容体系有较高的科学创新、技术创新和理念创新的含量）、先进性（对原有的学科体系有实质性的改革和发展，顺应并符合 21 世纪教学发展的规律，代表并引领课程发展的趋势和方向）、示范性（教材所体现的课程体系具有较广泛的辐射性和示范性）和一定的前瞻性。教材由个人申报或各校推荐（通过所在高校的“编委会”成员推荐），经“编委会”认真评审，最后由清华大学出版社审定出版。

目前，针对计算机类和电子信息类相关专业成立了两个“编委会”，即“清华大学出版社计算机教材编审委员会”和“清华大学出版社电子信息教材编审委员会”。推出的特色精品教材包括：

（1）21世纪高等学校规划教材·计算机应用——高等学校各类专业，特别是非计算机专业的计算机应用类教材。

（2）21世纪高等学校规划教材·计算机科学与技术——高等学校计算机相关专业的教材。

（3）21世纪高等学校规划教材·电子信息——高等学校电子信息相关专业的教材。

（4）21世纪高等学校规划教材·软件工程——高等学校软件工程相关专业的教材。

（5）21世纪高等学校规划教材·信息管理与信息系统。

（6）21世纪高等学校规划教材·财经管理与计算机应用。

（7）21世纪高等学校规划教材·电子商务。

清华大学出版社经过二十多年的努力，在教材尤其是计算机和电子信息类专业教材出版方面树立了权威品牌，为我国的高等教育事业做出了重要贡献。清华版教材形成了技术准确、内容严谨的独特风格，这种风格将延续并反映在特色精品教材的建设中。

清华大学出版社教材编审委员会

联系人：魏江江

E-mail：weijj@tup.tsinghua.edu.cn

前言

模拟电子技术基础是一门介绍半导体材料、器件、电子电路和电子技术应用的技术基础入门课程。学生普遍感觉“入门难、学好更难”。为帮助学生顺利学习模拟电子技术基础课程，我们编写了这本与《模拟电子技术基础》配合使用的学习辅导书，以引导学生尽快掌握模拟电子技术的知识。

本书按照《模拟电子技术基础》的内容与次序，逐章编写，每章均分为四个部分：

（1）主要内容：概述每一章的主要内容。

（2）基本概念自检题：提炼各章节的基本内容，帮助学生树立教学内容，考查学生对基本内容的掌握程度。

（3）典型例题：通过典型例题的分析使学生进一步掌握解题的基本方法和技巧，提高分析和设计的能力。

（4）课后习题及解答：给出了《模拟电子技术基础》教材课后习题的解题过程和答案。

王晓华负责编写每一章的主要内容，并负责本书的统稿和定稿。马丽萍负责编写第1～4章的各类习题及答案，袁洪琳负责编写第5～9章的各类习题及答案。

在本书的编写过程中，除了总结同类高校模拟电子技术基础的教学经验外，还参考了若干教材和参考书，在此仅致以衷心的感谢。

限于编者水平和编写时间仓促，难免会出现不妥和疏漏，敬请使用本书的教师、学生和工程技术人员提出批评和指正，以便今后不断完善。

编　者

2011年1月

目 录

第1章 二极管及其基本电路

1.1 主要内容

1.1.1 半导体基础理论知识

物质按导电能力的不同,可分为导体、半导体和绝缘体。半导体的导电能力介于导体和绝缘体之间,在常态下更接近于绝缘体,但它在掺入杂质或受热、受光照后,其导电能力明显增强而接近于导体。硅(Si)和锗(Ge)是主要的半导体材料,它们都是四价元素,其原子的最外层轨道上有四个电子,称为价电子。为了制作半导体器件,它们都被提纯而制成单晶体。图1.1是单晶硅或锗的共价键结构平面示意图。

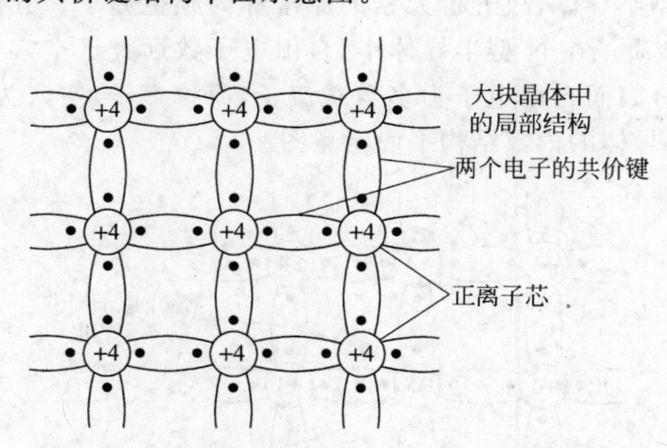

图1.1 单晶硅或锗的共价键结构平面示意图

完全纯净的、结构完整的半导体晶体称为本征半导体。

当温度为绝对零度时,晶体不呈现导电性。当由于光照等原因使温度升高时,本征半导体的共价键结构中的价电子获得一定的能量就可挣脱共价键的束缚,成为自由电子。这些自由电子很容易在晶体内运动,这种现象称为本征激发。因本征激发在半导体内产生了能移动的自由电子,而在这些自由电子原有的位置上留下一个空位置,称为空穴。空穴因失去电子而带正电荷。空穴是不能移动的,但由于正负电荷的相互吸引,在外加电场或其他能源的作用下,邻近价电子就可填补到这个空位上,而在这个价电子原来的位置上就留下了新的空位,以后其他电子又可转移到这个新空位上。如此继续下去,共价键中出现一定的电荷迁移,相当于空穴在运动,如图1.2所示。因此空穴运动相当于正电荷的运动。空穴做定向运

动，也能使半导体导电。

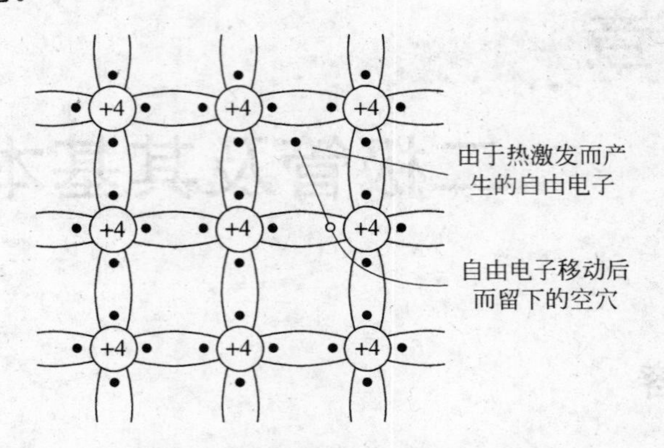

图 1.2　本征激发产生自由电子和空穴

半导体中的空穴和自由电子均能参与导电，是运载电流的粒子，故称为载流子。

半导体内载流子的浓度取决于许多因素，包括材料的基本性质、温度值以及杂质的存在。半导体中两种载流子同时参与导电，这是半导体导电和导体导电的重要区别之一。

本征半导体中，本征激发所产生的自由电子和空穴总是成对出现和复合的。

杂质半导体分为 N 型半导体和 P 型半导体两大类。在本征半导体中掺入微量的五价元素后，就可形成 N 型半导体，故五价元素的原子称为施主原子。五价元素提供了多余的价电子，被称为施主杂质。在 N 型半导体中，自由电子数远大于空穴数，在这种半导体中，以自由电子导电为主，因而自由电子为多数载流子，简称多子，空穴为少数载流子，简称少子。图 1.3 是 N 型半导体的内部结构平面示意图。

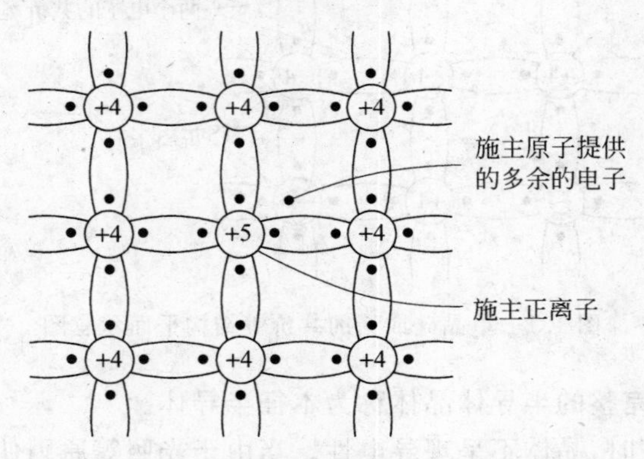

图 1.3　N 型半导体的内部结构平面示意图

在本征半导体中掺入少量的三价元素，可形成 P 型半导体，三价元素能够接收电子，被称为受主杂质，三价元素的原子称为受主原子。在 P 型半导体中，空穴是多数载流子，自由电子是少数载流子。图 1.4 是 P 型半导体的内部结构平面示意图。

N 型半导体和 P 型半导体中的多子主要由杂质提供，与温度几乎无关，多子浓度由掺杂浓度决定；而少子由本征激发产生，与温度和光照等外界因素有关。

不论何种类型的杂质半导体，它们对外都显示电中性。不同的是，在外加电场的作用下 N 型半导体中电流的主体是电子；P 型半导体中电流的主体是空穴。

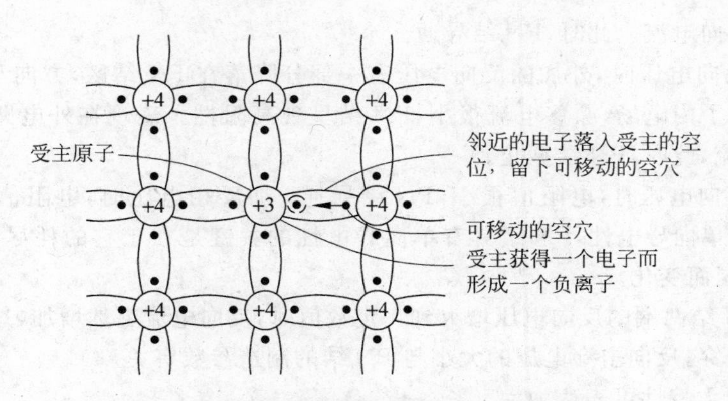

图 1.4　P 型半导体的内部结构平面示意图

1.1.2　PN 结的形成及特性

图 1.5 描述了 PN 结的形成。当 P 型半导体和 N 型半导体有机地结合在一起时，P 区的空穴是多子，自由电子是少子，而 N 区的电子是多子，空穴是少子，所以在它们的交界面处存在空穴和电子的浓度差。浓度差的存在使载流子由高浓度区域向低浓度的区域扩散，称为扩散运动，形成的电流称为扩散电流。

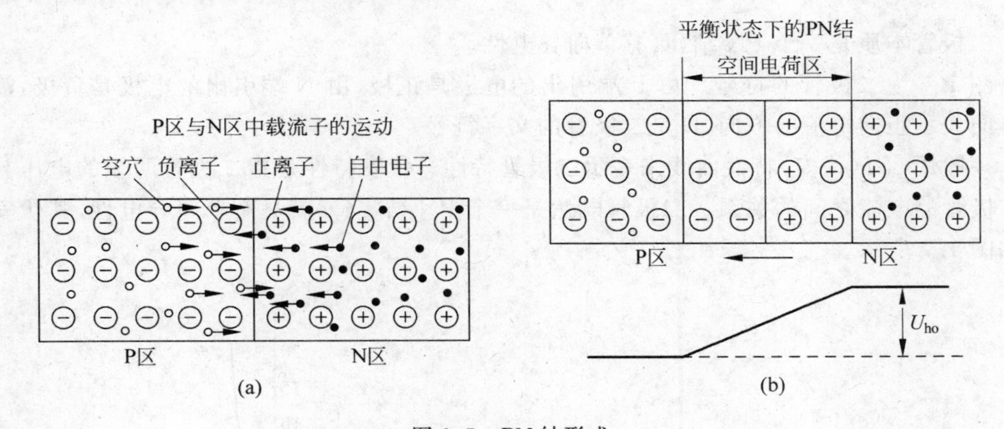

图 1.5　PN 结形成

P 区的多子空穴会向 N 区扩散，并在 N 区被电子复合。而 N 区的多子电子也会向 P 区扩散，并在 P 区被空穴复合，在 P 区和 N 区的交界面处分别留下了不能移动的受主负离子和施主正离子。结果是在交界面的两侧形成了由等量正、负离子组成的空间电荷区，这就是 PN 结，有时又称耗尽区。

空间电荷区出现以后，正负离子的相互作用，在空间电荷区形成了方向从 N 区指向 P 区的内电场。内电场阻止多子扩散运动而加强少子漂移运动，多子扩散运动形成的扩散电流和少子漂移运动形成的漂移电流是反方向的。当漂移运动和扩散运动相等时，空间电荷区便处于动态平衡状态。

PN 结加正向电压时，外加的正向电压有一部分降落在 PN 结区，方向与 PN 结内电场方向相反，削弱了内电场，扩散电流加大，PN 结呈现低阻性，在外电路上形成一个流入 P 区的电流，称为正向电流。此时，PN 结导通。

PN 结加反向电压时，外加的反向电压有一部分降落在 PN 结区，方向与 PN 结内电场方向相同，加强了内电场，漂移电流很小，PN 结呈现高阻性。表现在外电路上有一个流入 N 区的反向电流，此时，PN 结截止。

PN 结加正向电压时，电阻值很小，PN 结导通；加反相电压时，电阻值很大，PN 结截止，这就是它的单向导电性，PN 结具有单向导电性的关键是在于它的耗尽区的存在，且其宽度随外加电压而变化。

当加到 PN 结两端的反向电压增大到一定数值时，反向电流突然增加，这个现象就称为 PN 结的反向击穿，反向击穿电压的大小与 PN 结的制造参数有关。

PN 结的 U-I 特性可表达为

$$i_D = I_S(e^{u_D/nU_T} - 1)$$

式中：i_D 为通过 PN 结的电流；u_D 为 PN 结两端的外加电压；n 为发射系数；U_T 为温度的电压当量，常温(300K)下，$U_T=0.026\text{V}$；e 为自然对数的底；I_S 为反向饱和电流。

PN 结在正向偏置时的电容效应为扩散电容，PN 结在反向偏置时的电容效应为势垒电容。

1.1.3 二极管及其应用电路

二极管本质是一个 PN 结，具有单向导电性。

图 1.6 为二极管的符号。由 P 端引出的电极是正极，由 N 端引出的电极是负极，箭头的方向表示正向电流的方向，D 是二极管的文字符号。

一般用 U-I(伏安)特性曲线来表示二极管特性。伏安特性是指二极管两端的电压与流过二极管的电流之间的关系。二极管既然是一个 PN 结，当然就具有单向导电性，其伏安特性如图 1.7 所示。

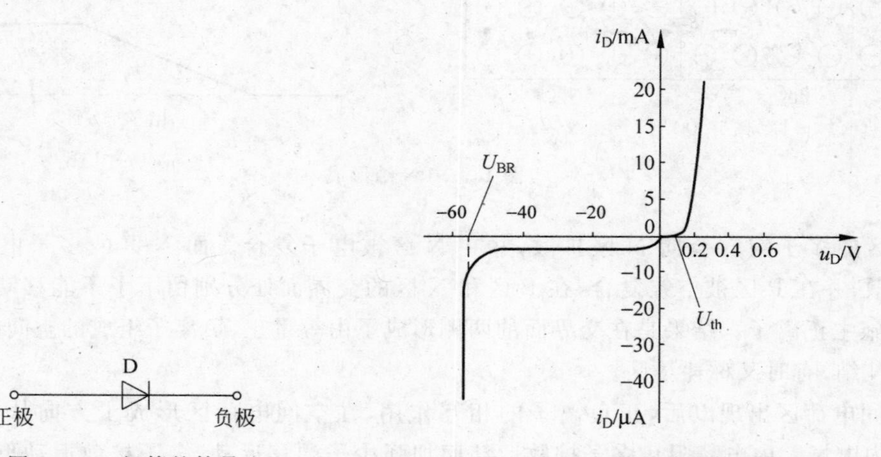

图 1.6　二极管的符号

图 1.7　二极管的伏安特性曲线

由图 1.7 可见，二极管外加正向电压时，电流和电压的关系称为二极管的正向特性。如图 1.7 所示，当二极管所加正向电压比较小时($0<U<U_{th}$)，二极管上流经的电流为 0，二极管仍截止，此区域称为死区，U_{th} 称为死区电压(门坎电压)。死区的物理原因是当二极管承

受正向电压小于某一数值时，还不足以克服 PN 结内电场对多数载流子运动的阻挡作用。死区电压的大小与二极管的材料有关，并受环境温度影响。通常，硅材料二极管的死区电压约为 0.5V，锗材料二极管的死区电压约为 0.2V。当正向电压超过死区电压值时，外电场抵消了内电场，正向电流随外加电压的增加而明显增大，二极管正向电阻变得很小。当二极管完全导通后，正向压降基本维持不变，称为二极管正向导通压降，硅管为 0.6～0.8V，锗管为 0.2～0.3V。

二极管外加反向电压时，电流和电压的关系称为二极管的反向特性。由图 1.7 可见，二极管外加反向电压时，反向电流很小，而且在相当宽的反向电压范围内，反向电流几乎不变，因此，称此电流值为二极管的反向饱和电流。当二极管承受反向电压时，外电场与内电场方向一致，只有少数载流子的漂移运动，形成的电流极小，一般硅管的反向电流为几微安，锗管反向电流较大，为几十到几百微安。这时二极管反向截止。当反向电压增大到某一数值 U_{BR} 时，反向电流将随反向电压的增加而急剧增大，这种现象称为二极管反向击穿。普通二极管发生反向击穿后，造成二极管的永久性损坏，失去单向导电性。利用二极管的反向击穿特性，可以做成稳压二极管，但一般的二极管不允许工作在反向击穿区。

工程上，通常在一定条件下，利用简化模型分析二极管电路。在正向偏置时，理想二极管的管压降为零，相当于开关闭合；而在反向偏置时，可认为二极管等效电阻为无穷大，电流为零，相当于开关断开。

二极管可用来进行整流、钳位、电平选择、限幅以及元件保护等各项应用。

判断二极管是导通的还是截止的方法如下：对于单只二极管，首先将二极管断开，进行计算连接其阳极和阴极的电路中的电位值，若阳极电位大于阴极电位，则二极管是导通的；否则，则二极管是截止的；对于并联二极管，首先将二极管从电路中连接处断开，分别计算电路中断路处的电压差，电压差大的位置上的二极管优先导通，余下的被钳位，无法导通。

特殊二极管包括了发光二极管、稳压二极管、光电二极管、变容二极管、激光二极管等。发光二极管和激光二极管在正向导通状态下使用，稳压二极管在反向击穿状态下使用，光电二极管和变容二极管在反向偏置状态下使用。

1.2　基本概念自检

选择适当的答案填空

(1) 电子器件中，常用的材料是________。

(2) 本征半导体是指________。自然界中存在的常用的半导体材料是________。

(3) P 型半导体少子是________，多子是________，N 型半导体少子是________，多子是________。

(4) 半导体中参与导电的有________种粒子，分别是________和________，导体中参与导电的有________种粒子，是________。

(5) 当环境温度升高时，二极管的反向饱和电流 I_s 将增大，是因为此时 PN 结内部的________。

(6) 当将________电压加在 PN 结两端时，其 PN 结内电场 E 增加，PN 结________。

(7) 二极管的导通电压是比 PN 结的电压________(高/低)，硅管的导通电压是________V，锗管的导通电压是________V。

(8) 稳压二极管主要用于稳压电路。它与普通二极管的正、反向特性基本相同，区别在于________。

(9) 发光二极管发光时，其工作在________区。

(10) 某只硅稳压管的稳定电压 $U_Z=4V$，其两端施加的电压分别为 +5V 和 −5V 时，稳压管两端的最终电压分别为________。

(11) 发光二极管是________的器件。

(12) 光电二极管是________的器件。

答案：(1)半导体；(2)纯净的半导体、硅和锗；(3)电子、空穴、空穴、电子；(4)两、电子、空穴、一、电子或空穴；(5)少数载流子的数目随温度的增加而增加；(6)反向、变宽；(7)高、0.3、0.7；(8)直到临界反向击穿电压前都具有很高电阻的；(9)正向导通区；(10)4V 和 0.7V；(11)把电能转换成光能；(12)把光能转换成电能。

1.3 典型例题

例 1.1 分析图 1.8 所示电路，各二极管是导通还是截止？并求出 A、O 两端的电压 U_{AO}(设 D 为理想二极管)。

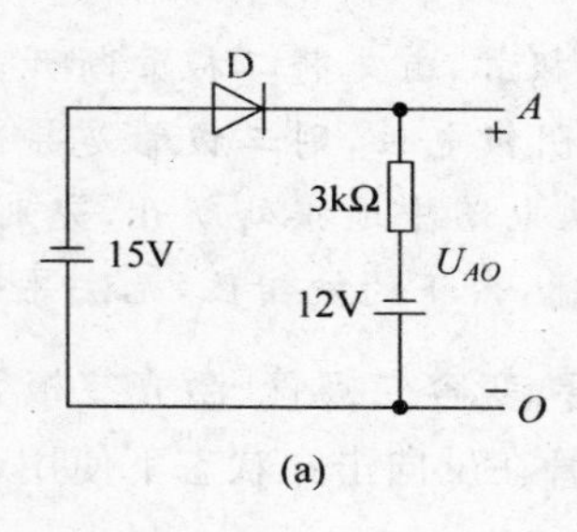

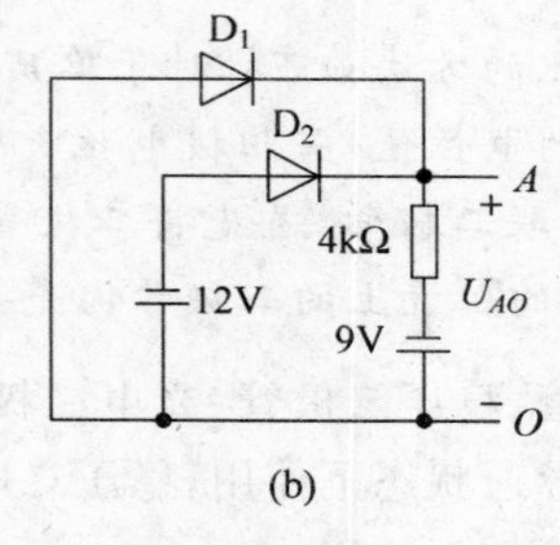

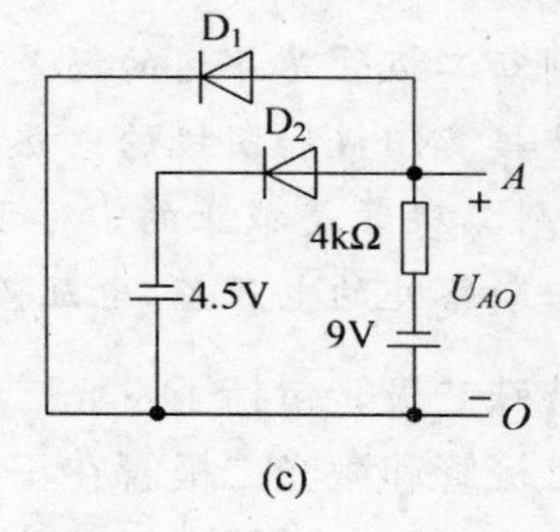

图 1.8 例 1.1 图

解：根据二极管的单向导电性得：

对于图 1.8(a)所示的电路，D_1 截止，$U_{AO}=-12V$；

对于图 1.8(b)所示的电路，D_1 导电，D_2 截止，输出 $U_{AO}=0V$；

对于图 1.8(c)所示的电路，D_1 截止，D_2 截止，输出 $U_{AO}=-9V$。

例 1.2 二极管接成图 1.9 所示的电路，分析在下述条件下各二极管的通断情况。

(1) $U_{CC1}=6V$，$U_{CC2}=6V$，$R_1=2k\Omega$，$R_2=3k\Omega$；

(2) $U_{CC1}=6V$，$U_{CC2}=6V$，$R_1=R_2=3k\Omega$；

(3) $U_{CC1}=6V$，$U_{CC2}=6V$，$R_1=3k\Omega$，$R_2=2k\Omega$。

设二极管 D 的导通压降 $U_D=0.7V$，求出 D 导通时电流 I_D 的大小。

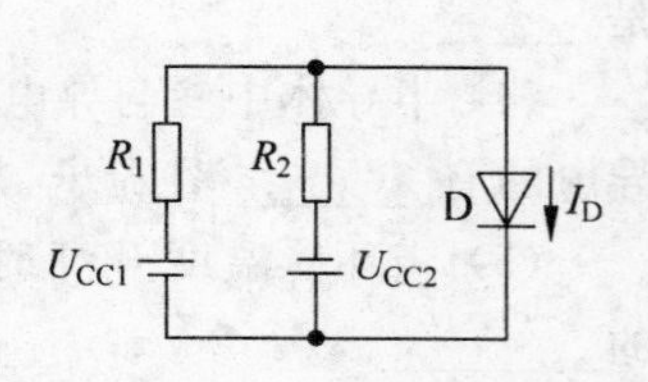

图 1.9 例 1.2 图

解：

(1) D 导通，$I_D\approx0.42mA$；

(2) D 截止，$I_D\approx0mA$；

(3) D 截止，$I_D=0\text{mA}$。

例 1.3　电路如图 1.10 所示，稳压管的稳定电压 $U_Z=3\text{V}$，R 的取值合适，u_i 的波形如图 1.10(c)所示。试分别画出 u_{O1} 和 u_{O2} 的波形。

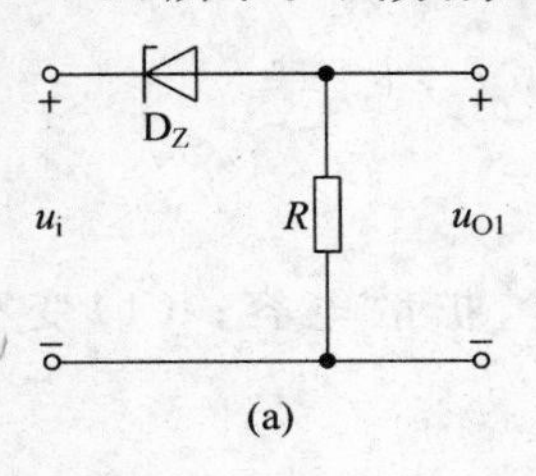

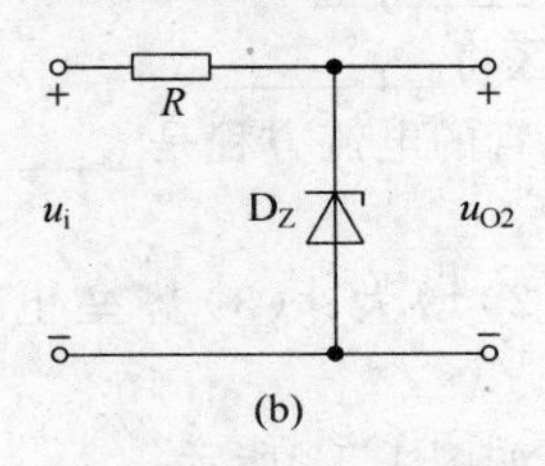

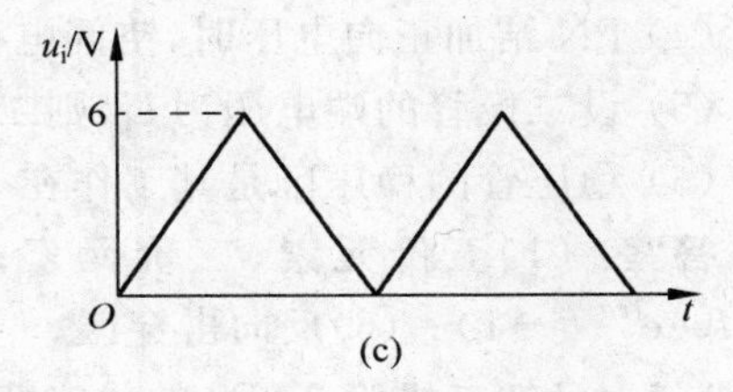

图 1.10　例 1.3 图

解：波形如图 1.11 所示。

例 1.4　稳压管接成图 1.12 所示电路。已知稳压管的稳压值为 6V，在下述 4 种情况下，试确定输出电压 U_O 的值。

(1) $U_I=12\text{V}$，$R_1=4\text{k}\Omega$，$R_2=8\text{k}\Omega$；

(2) $U_I=12\text{V}$，$R_1=4\text{k}\Omega$，$R_2=4\text{k}\Omega$；

(3) $U_I=24\text{V}$，$R_1=4\text{k}\Omega$，$R_2=2\text{k}\Omega$；

(4) $U_I=24\text{V}$，$R_1=4\text{k}\Omega$，$R_2=1\text{k}\Omega$。

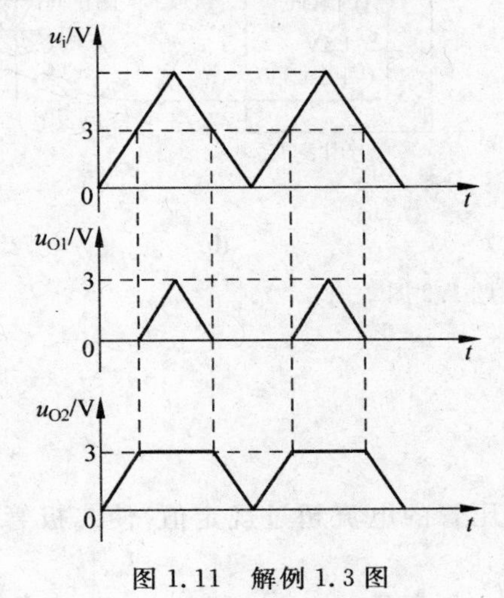

图 1.11　解例 1.3 图

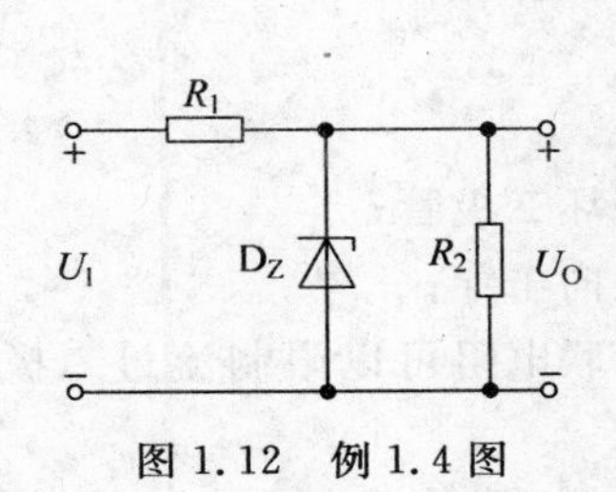

图 1.12　例 1.4 图

解：

(1) $U_O=6\text{V}$；

(2) $U_O=6\text{V}$；

(3) $U_O=6\text{V}$；

(4) $U_O=48\text{V}$。

1.4　课后习题及解答

1.1　填空

(1) N 型半导体是在本征半导体中加入________；P 型半导体是在本征半导体中加

入________。

(2) 当温度升高时，二极管的反向饱和电流会________。

(3) PN 结的结电容包括________和________。

(4) PN 结加正向电压时，空间电荷区将________。

(5) 设二极管的端电压为U，则二极管的电流方程是________。

(6) 稳压管的稳压区是其工作在________。

答案：(1)五价元素、三价元素；(2)增大；(3)势垒电容、扩散电容；(4)变窄；(5)$I_S(e^{U/U_T}-1)$；(6)反向击穿区。

1.2 已知二极管 2AP9 的伏安特性如图 1.13 所示。

(1) 若将其按正向接法直接与 1.5V 电池相连，估计会出现什么问题？

(2) 若将其按反向接法直接与 30V 电源相连，又会出现什么问题？

(3) 分析二极管、稳压管在电路中常常与限流电阻相连的必要性。

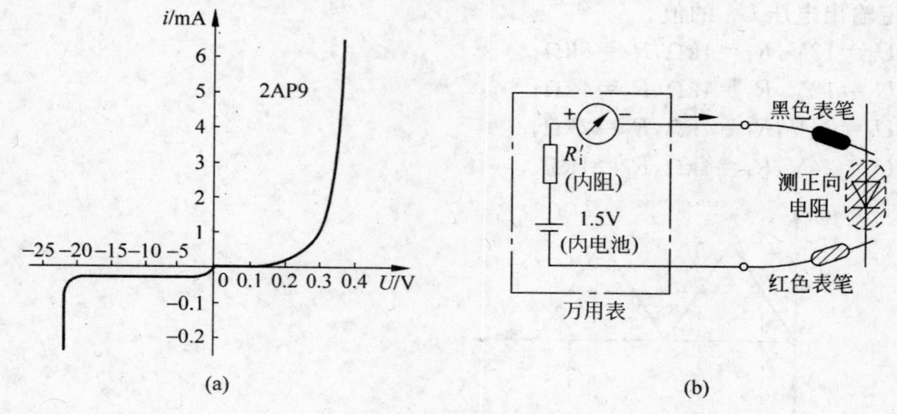

图 1.13 题 1.2 图

解：

(1) 烧坏二极管；

(2) 反向击穿；

(3) 串联电阻可以限制流过二极管或稳压管的电流超过规定值，使二极管或稳压管安全。

1.3 二极管的正向伏安特性曲线如图 1.14 所示，室温下测得二极管中的电流为 20mA。试确定二极管的直流电阻 R_D 和动态电阻 r_d 的大小。

解：求出 I_D=20mA 时的 U_D，然后可求得直流电阻 R_D，即

$$R_D=\frac{U_D}{I_D}=\frac{0.67\text{V}}{20\text{mA}}=33.5\Omega$$

在过 I_D=20mA 处，作一条切线，求切线斜率，可求得动态电阻 r_d，即

$$r_d=\frac{\Delta U_D}{\Delta i_D}=\frac{0.026\text{V}}{30\text{mA}-10\text{mA}}=1.3\Omega$$

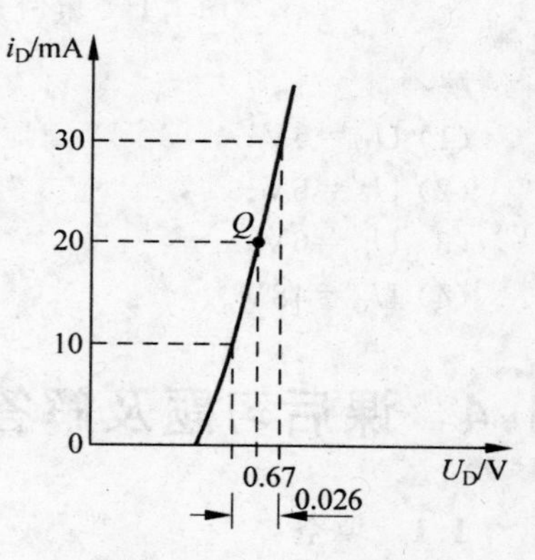

图 1.14 题 1.3 图

1.4　写出图 1.15 所示各电路的输出电压值，设二极管导通电压 $U_D=0.7V$。

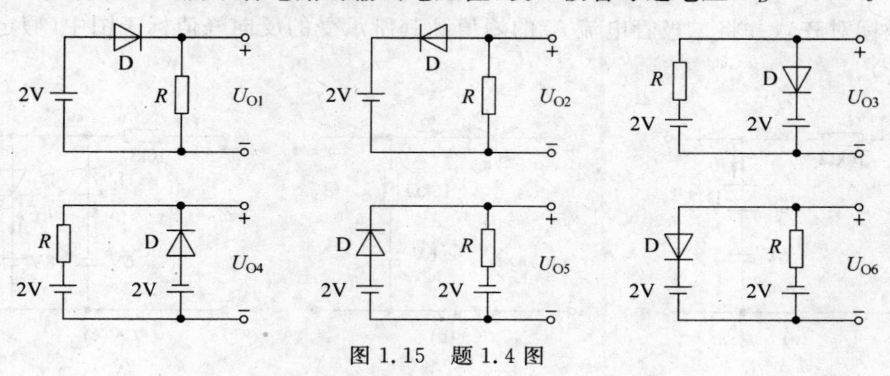

图 1.15　题 1.4 图

解：$U_{O1}\approx1.3V$，$U_{O2}=0$，$U_{O3}\approx-1.3V$，$U_{O4}\approx2V$，$U_{O5}\approx1.3V$，$U_{O6}\approx-2V$。

1.5　电路如图 1.16 所示，已知 $u_i=10\sin\omega t(V)$，试画出 u_i 与 u_O 的波形。设二极管正向导通电压可忽略不计。

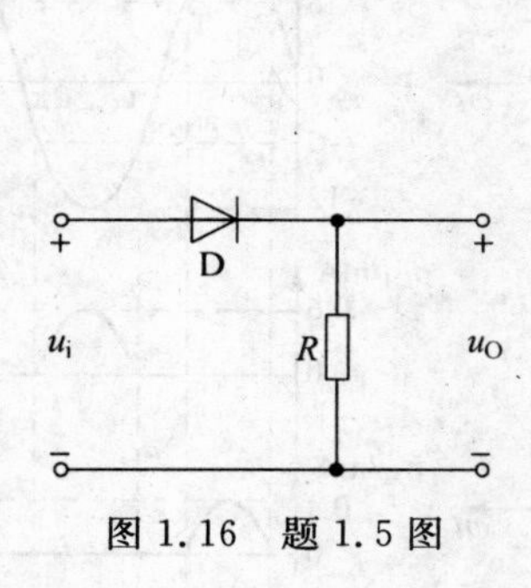

图 1.16　题 1.5 图

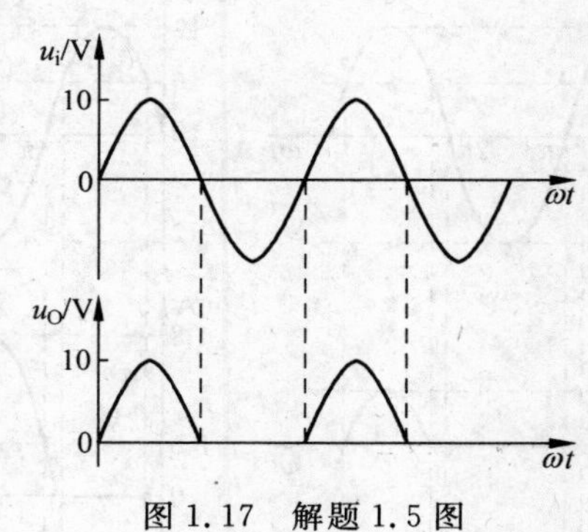

图 1.17　解题 1.5 图

解：u_i 和 u_O 的波形如图 1.17 所示。

1.6　电路如图 1.18 所示，已知 $u_i=5\sin\omega t$（V），二极管导通电压 $U_D=0.7V$。试画出 u_i 与 u_O 的波形，并标出幅值。

解：波形如图 1.19 所示。

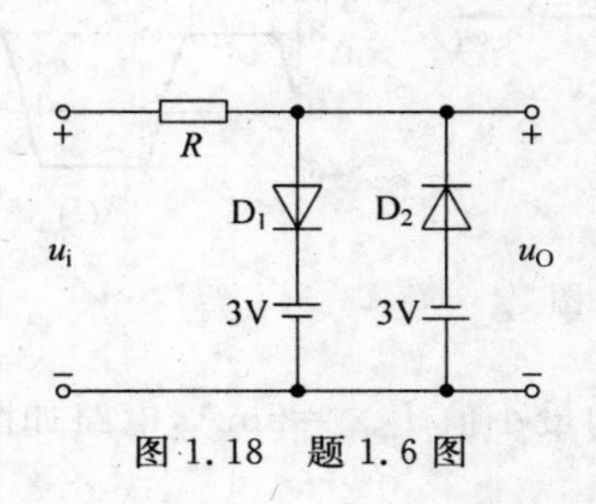

图 1.18　题 1.6 图

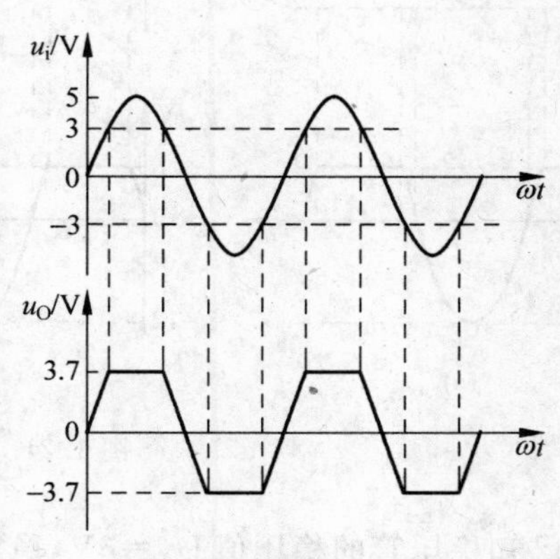

图 1.19　解题 1.6 图

1.7 在图1.20所示的电路中,设 $u_i=12\sin\omega t$(V),请分别画出 i_D、u_D 和 u_O 的波形(要求时间坐标对齐),并将二极管电流 i_D 的峰值和其所承受的反向峰值标于图中(假定D为理想二极管)。

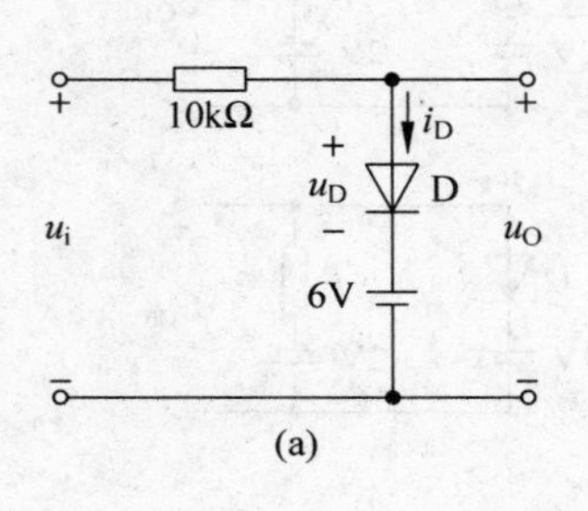

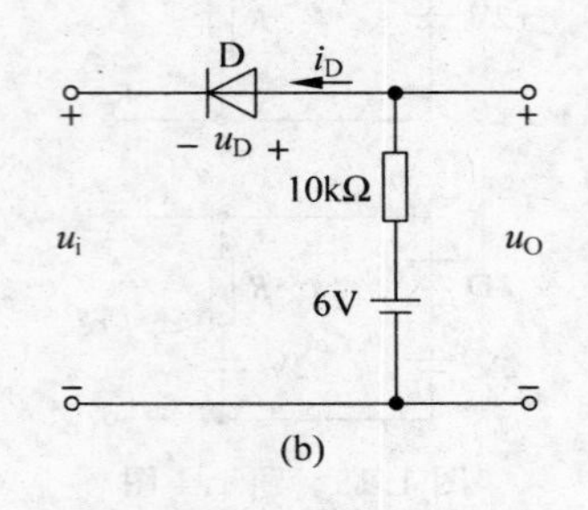

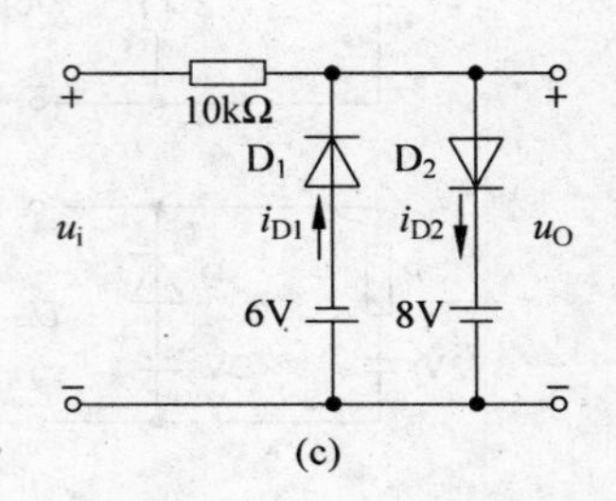

图1.20 题1.7图

解:波形如图1.21所示。

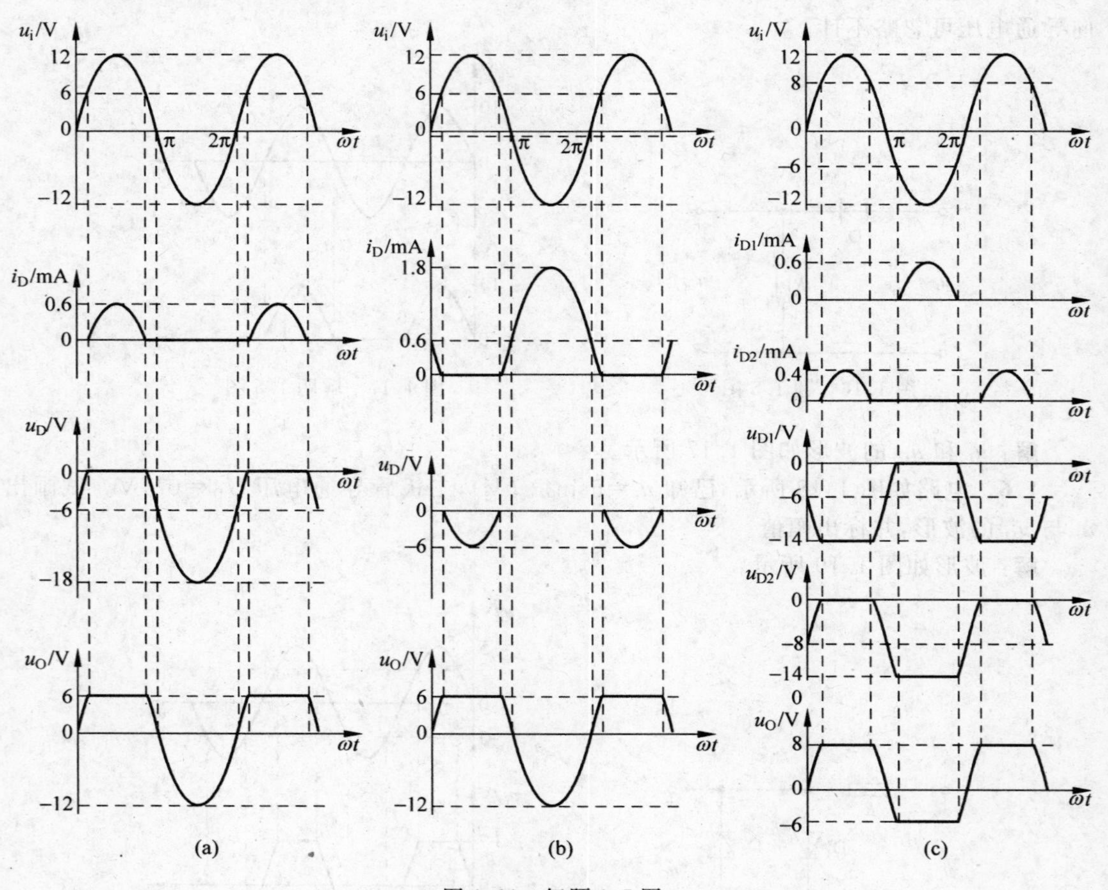

图1.21 解题1.7图

1.8 已知稳压管的稳压值 $U_Z=6$V,稳定电流的最小值 $I_{Z\min}=5$mA,电路如图1.22所示,求 U_{O1} 和 U_{O2} 各为多少。

解:(a) $U_{O1}=6$V,(b) $U_{O2}=5$V。

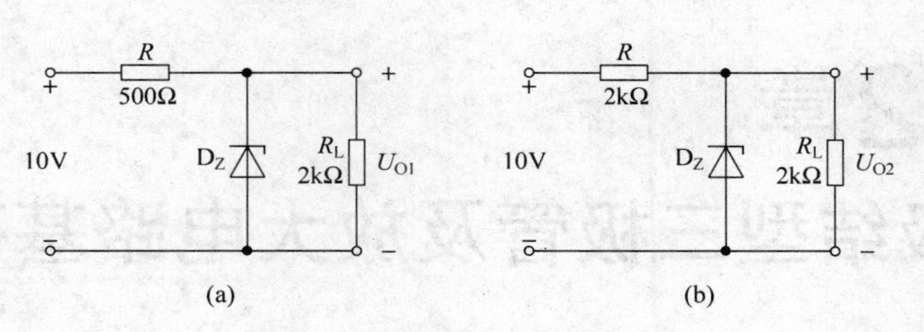

图 1.22　题 1.8 图

1.9　在图 1.23 所示电路中，稳压管 2CW16 具有下列特性：稳定电压 9V，耗散功率允许值 250mW，稳压管电流小于 1mA 时不能稳压，且动态电阻不大于 20Ω。试按电路中的参数计算：

(1) 当 $R_L = 1k\Omega$ 时，电流 I_R、I_Z、I_L 的大小；

(2) 当电源电压 U_I 变化 ±20% 时，U_O 最多变化多少？

(3) 稳压管在 U_I 和 R_L 变化至何值时功耗最大？其值是否已超过允许值？（U_I 的变化范围不超过 ±20%，R_L 可任意变化。）

(4) 按照图中的参数，分析该电路在 I_L 大于何值时将失去稳压能力？

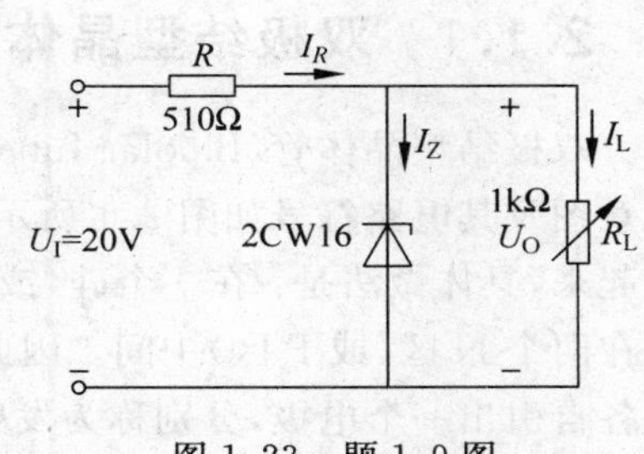

图 1.23　题 1.9 图

解：

(1) $I_R = \dfrac{20V - 9V}{510\Omega} = 21.6mA$，$I_L = \dfrac{9V}{1k\Omega} = 9mA$，$I_Z = 12.6mA$。

(2) $\Delta U_O = \dfrac{20\Omega /\!/ 1k\Omega}{510\Omega + (20\Omega /\!/ 1k\Omega)} \times (\pm 4V) \approx \pm 0.15V$

(3) 当 U_I 变化 +20% 和 $R_L \to \infty$ 时稳压管的功耗最大。$P_{Z,max} = \dfrac{24V - 9V}{510\Omega} \times 9V = 265mW > P_Z$，超过允许值。

(4) 当 $I_L > I_{L,max} = 20.6mA$ 时，失去稳压能力。

1.10　势垒电容和扩散电容的物理意义是什么？在正向或反向偏置条件下，应分别考虑哪一种电容效应为主？这些电容和一般的电容相比有什么特点？若将一般的整流二极管用作高频整流或高速开关，会出现什么问题？

解：势垒电容的物理本质是 PN 结在偏置情况发生变化时，结区内空间荷层的变化需要时间；而扩散电容则表示 PN 结区外非平衡载流子的变化需要时间。PN 结在正偏条件下应重点考虑扩散电容的影响；在反偏条件下应考虑垫垒电容的影响。

势垒电容和扩散电容的特点是电容量大小都随外加电压而变化，所以都属于非线性电容。

一般的整流二极管由于结电容效应，不能用作高频整流或高速开关。随着工作频率的提高，一般的二极管甚至会失去其基本特性——单向导电性，即在反向电压作用下不能关断，不仅使电路不能正常工作，而且还会引起二极管的损耗剧增。

第2章 双极结型三极管及放大电路基础

2.1 主要内容

2.1.1 双极结型晶体管

双极结型晶体管(Bipolar Junction Transistor,BJT),简称三极管、晶体管。BJT 的结构示意图及其电路符号如图 2.1 所示。它是通过一定的制作工艺,将两个 PN 结背靠背地连接起来,具体做法是:在一个硅(或锗)片上生成三个杂质半导体区域,一个 P 区(或 N 区)夹在两个 N 区(或 P 区)中间。因此,BJT 有两种管型:NPN 型和 PNP 型。从三个杂质区域各自引出一个电极,分别称为发射极 e、集电极 c、基极 b,它们对应的杂质区域分别称为发

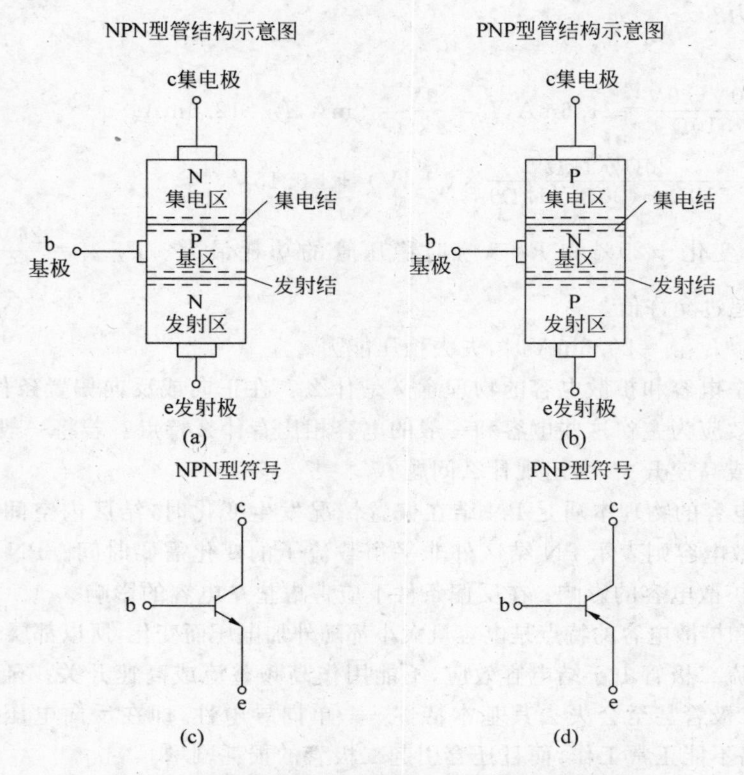

图 2.1 两种类型 BJT 的结构示意图及其电路符号

射区、集电区和基区。三个杂质半导体区域之间形成两个 PN 结，发射区与基区间的 PN 结称为发射结(常用 J_e 表示)，集电区与基区间的 PN 结称为集电结(常用 J_c 表示)。图 2.1 (c)、(d)分别是 NPN 型和 PNP 型 BJT 的符号，其中发射极上的箭头表示发射结加正向偏置电压时，发射极电流的实际方向。

BJT 的内部结构应具有以下三个特点：

(1) 发射区重掺杂。尽管发射区和集电区是同类型的杂质半导体，但前者比后者掺杂浓度高很多，例如 NPN 型的 BJT 发射区为 N 型，其中的多数载流子是电子所以电子浓度很高。

(2) 基区很薄，而且掺杂浓度很低。基区的掺杂比较少，例如 NPN 型 BJT 的基区为 P 型，故其中的多数载流子空穴的浓度也很低。

(3) 集电结的面积比发射结面积大，因此 BJT 不是电对称的。

从外部条件来看：外加电源时，由于 BJT 内有两个 PN 结，它在应用中可能有四种连接方式：发射结正向偏置，集电结反向偏置；发射结、集电结均正向偏置；发射结、集电结均反向偏置；发射结反向偏置，集电结正向偏置。所以 BJT 可能有四种工作状态(放大、饱和、截止与倒置)。

要使 BJT 能够起放大作用，无论是 NPN 型还是 PNP 型，外加电源的极性应使发射结处于正向偏置状态，而集电结处于反向偏置状态。

BJT 有三个电极，通常用其中两个分别作输入、输出端，第三个作为公共端，这样可以构成输入和输出两个回路，因此在放大电路中可有三种连接方式：共基极、共发射极(简称共射极)和共集电极，分别如图 2.2(a)、(b)、(c)所示。无论是哪种连接方式，要使 BJT 有放大作用，外部条件都必须保证发射结正偏、集电结反偏，而其内部载流子的传输过程相同。

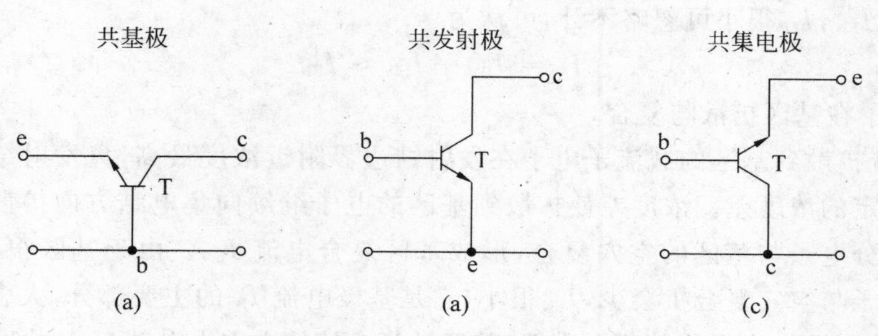

图 2.2 BJT 的三种连接方式

在满足内部和外部条件的情况下，BJT 内部载流子的运动有以下三个过程。

1. BJT 内部载流子的传输过程

图 2.3(a)、(b)分别示出了在偏置电压作用下一个处于放大状态的共基极和共射极 NPN 型理想 BJT 的内部载流子的传输过程。其结论对 PNP 型管同样适用，只是两者偏压的极性、电流的方向相反。

1) 发射区向基区扩散载流子

由于发射结外加正向电压，发射区的多子电子将不断通过发射结扩散到基区，形成发射

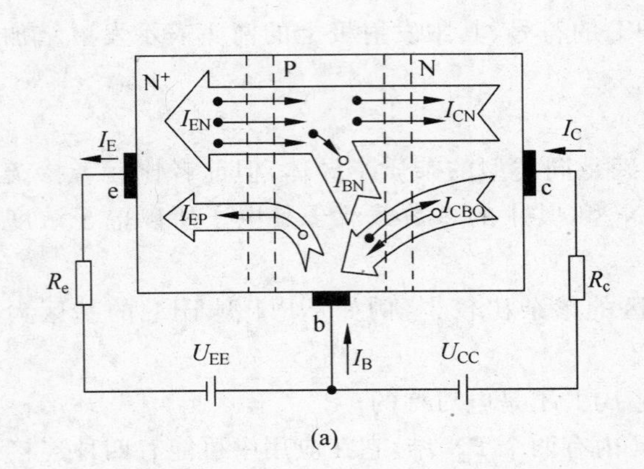

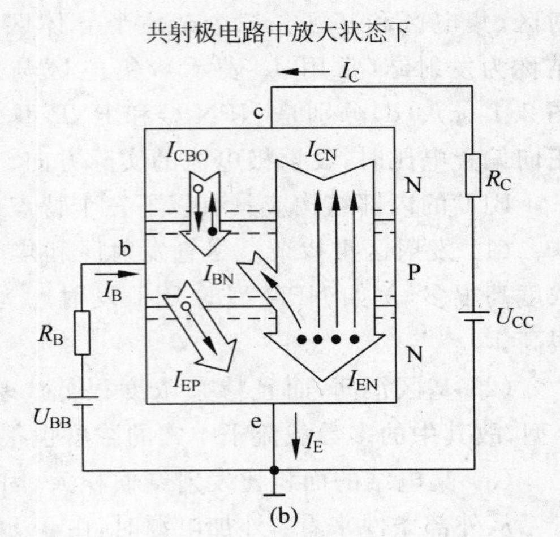

图 2.3 放大状态下 BJT 中载流子传输过程

结电子扩散电流 I_{EN}，其方向与电子扩散方向相反，同时，基区的多子空穴也要扩散到发射区，形成空穴扩散电流 I_{EP}，电流方向与 I_{EN} 相同。I_{EN} 和 I_{EP} 一起构成受发射结正向电压 U_{BE} 控制的发射结电流（也就是发射极电流）I_E，即

$$I_E = I_{EN} + I_{EP} = I_{ES}(e^{u_{BE}/U_T} - 1) \tag{2.1.1a}$$

由于发射结外加正向电压即 PN 结正向偏置，其电流同 PN 结正偏电流，故式(2.1.1a)中 $I_E = I_{ES}(e^{u_{BE}/U_T} - 1)$，式中 I_{ES} 为发射结的反向饱和电流，其值与发射区及基区的掺杂浓度、温度有关，也与发射结的面积成比例。

由于发射区相对基区是重掺杂，基区是轻掺杂，因此，基区空穴浓度远低于发射区的电子浓度，$I_{EP} \ll I_{EN}$，I_{EP} 很小可忽略不计，可认为

$$I_E = I_{EN} + I_{EP} \approx I_{EN} \tag{2.1.1b}$$

2）载流子在基区扩散与复合

由发射区扩散到基区的载流子电子在发射结边界附近浓度最高，离发射结越远浓度越低，形成了一定的浓度差。浓度差使扩散到基区的电子继续向集电结方向扩散。在扩散过程中，有一部分电子与基区的空穴复合，形成基区复合电流 I_{BN}。由于基区很薄，掺杂浓度又低，因此电子与空穴复合机会少，I_{BN} 很小，它是基极电流 I_B 的主要部分，大多数电子都能扩散到集电结边沿。为保持基区电中性，基区被复合掉的空穴由电源 U_{EE}（共发射极是 U_{BB}）从基区拉走电子来补充。

3）集电区收集载流子

由于集电结上外加反向偏置电压，空间电荷区的内电场与外电场方向相同故其被加强，对基区扩散到集电结边缘的载流子电子有很强的吸引力，使它们很快漂移过集电结，被集电区收集，形成集电区的收集电流 I_{CN}，此电流受发射结电压控制，其方向与电子漂移方向相反，该电流是构成集电极电流 I_C 的主要部分。显然有 $I_{CN} = I_{EN} - I_{BN}$。另外，基区自身的少子电子和集电区的少子空穴也要在集电结反向偏置电压作用下产生漂移运动，形成集电结反向饱和电流 I_{CBO}，并流过集电极和基极支路，构成 I_C、I_B 的另一部分电流，其电流方向与 I_{CN} 方向一致。同时，I_{CBO} 中因基区很薄，少子电子量相对于集电区的少子空穴要少很多，故

I_{CBO}主要由集电区的少子空穴漂移产生。I_{CN}和I_{CBO}一起构成集电极电流I_C，即

$$I_C = I_{CN} + I_{CBO} \tag{2.1.2}$$

I_{CBO}在集电结一边的回路内流通，不受发射结电压控制，因而对放大作用没有贡献，并有很大害处(受温度影响很大)，它的大小取决于基区和集电区的少子浓度，数值很小，容易使 BJT 工作不稳定，所以在制造管子的过程中，总是设法尽量减小I_{CBO}。

2. BJT 的电流分配关系

从载流子的传输过程可知，由于 BJT 结构上的特点，确保了在发射结正向电压、集电结反向电压的共同作用下，由发射区扩散到基区载流子绝大部分能够被集电区收集，形成电流I_C，一小部分在基区被复合，形成电流I_B，即

$$I_E = I_C + I_B \tag{2.1.3}$$

为了反映扩散到集电区的电流I_C与基区复合电流I_B之间的比例，定义共射极直流电流放大系数$\bar{\beta}$，直流电流放大系数β，通常不区分二者，习惯上用后者表示电流放大系数。其含义是：基区每复合一个电子，则有β个电子扩散到集电区去。β值一般在 20～200 之间。同理，共基极电流放大倍数α为集电极电流变化量和发射极电流变化量之比，可得

$$i_C \approx \beta i_B \tag{2.1.4a}$$

$$i_C \approx \alpha i_E \tag{2.1.4b}$$

BJT 的伏安(U-I)特性曲线是描述 BJT 各极电流与极间电压关系的曲线，用于对 BJT 的性能、参数和 BJT 电路的分析估算。图 2.2 所示的三种基本接法(组态中)，图(a)从基极输入信号，从集电极输出信号，发射极作为输入信号和输出信号的公共端，即共射极放大电路；图(b)从基极输入信号，从发射极输出信号，集电极作为输入信号和输出信号的公共端，即共集电极放大电路；图(c)从发射极输入信号，从集电极输出信号，基极作为输入信号和输出信号的公共端，即共基极放大电路。不管是哪种连接方式，都可以把 BJT 视为一个二端口网络，其中一个端口是输入回路，另一个端口是输出回路。要完整地描述 BJT 的 U-I 特性，必须选用两组表示不同端变量(即输入电压、输入电流、输出电压和输出电流)之间关系的特性曲线。工程上最常用的是 BJT 的输入特性和输出特性曲线。

由于 BJT 在不同组态时具有不同的端电压和电流，因此，它们的 U-I 特性曲线也就各不相同。共集极与共射极组态的特性曲线类似，所以这里以 NPN 型硅 BJT 为例着重讨论共射极连接时的 U-I 特性曲线。

3. 共射极连接时的 *U-I* 特性曲线

BJT 连接成共射极形式时，输入电压为u_{BE}，输入电流为i_B，输出电压为u_{CE}，输出电流为i_C，如图 2.4 所示。

1) 输入特性

共射极接法的输入特性曲线是指当输出电压u_{CE}为某一数值(即以u_{CE}为参变量)时，输入电流i_B与输入电压u_{BE}之间的关系，用函数表示为

$$i_B = f(u_{BE})\mid_{u_{CE}=\text{常数}}$$

图 2.5 表示 NPN 型硅 BJT 共射极连接时的输入特性。图中做出了u_{CE}分别为 0V、大于等于 1V 两种情况下的输入特性曲线。因为发射结正偏，所以 BJT 的输入特性曲线与半

导体二极管的正向特性曲线相似。但随着 u_{CE} 的增加，特性曲线向右移动。或者说，当 u_{BE} 一定时，随着 u_{CE} 的增加，i_B 将减小。

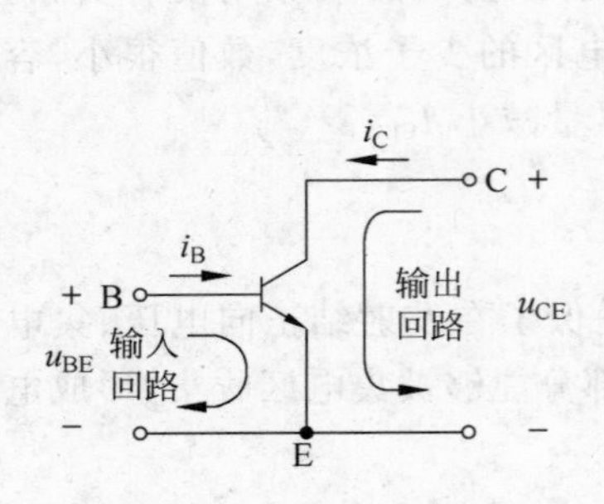

图 2.4　共射极连接

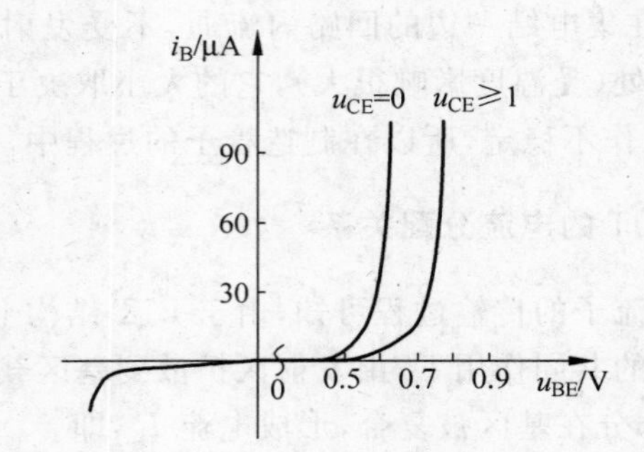

图 2.5　NPN 型硅 BJT 共射极连接的输入特性曲线

特性曲线有以下特点：

(1) 当 $u_{CE}=0$ 时，BJT 相当于两个并联的二极管，所以 b、e 间加正向电压时，变化规律同二极管正向偏置时的伏安特性曲线，但由于并联使导通电阻减小，则导通电压 u_{BE} 也减小。同时 BJT 的输入特性，也有死区电压，U_{th} 为 BJT 的死区电压(又称门限电压)，硅管为 0.5～0.6V，锗管约为 0.1V。当 $u_{BE}>U_{th}$ 时，随着 u_{BE} 的增大，i_B 开始按指数规律增加，而后近似按直线上升。另外，PNP 型锗管死区电压约为 −0.1V。正常工作时的发射结电压，NPN 型硅管为 0.6～0.7V；PNP 型锗管为 −0.2～−0.3V。

(2) 当 u_{CE} 在 0～1V 之间时，随着当 u_{CE} 的增加，曲线右移。当 u_{CE} 较小(如 $u_{CE}<0.7$V)时，集电结处于正偏或反偏电压很小的状态，此时收集电子的能力很弱，而基区的复合作用较强，所以在 u_{BE} 相同的情况下，i_B 比 $u_{CE}=0$ 时大。

(3) 当 $u_{CE}\geqslant 1$V 时，$u_{CB}=u_{CE}-u_{BE}>0$，u_{CE} 增至 1V 左右时，集电结已进入反偏状态，内电场增强，收集电子的能力增强，同时，集电结空间电荷区也在变宽，从而使基区的有效宽度减小，载流子在基区的复合机会减少，同样的 u_{BE} 下随着 u_{CE} 的增加 i_B 减小，特性曲线右移；通常将 u_{CE} 变化引起基区有效宽度变化，致使基极电流 i_B 变化的效应称为基区宽度调制效应。

但是 $u_{CE}>1$V 与 $u_{CE}=1$V 时的输入特性曲线非常接近，图上用 $u_{CE}=1$V 代替。这是因为只要保持 u_{BE} 不变，则从发射区扩散到基区的电子数目不变，而 u_{CE} 增大到 1V 以后，集电结的电场已足够强，已能把发射到基区的电子中的绝大部分收集到集电区，以至于 u_{CE} 再增加，i_B 也不再明显减小，因此可近似认为 BJT 在 $u_{CE}>1$V 后的所有输入特性曲线基本上是重合的。

(4) 当 $u_{BE}<0$，严格地说 $u_{BE}<U_{th}$ 时，BJT 截止，i_B 为反向电流。若反向电压超过某一值时，发射结也会发生反向击穿。

2) 输出特性

共射极连接时的输出特性曲线是指当输入电流 i_B 为某一数值(即以 i_B 为参数变量)时，集电极电流 i_C 与电压 u_{CE} 间的关系，用函数表示为

$$i_C=f(u_{CE})\big|_{i_B=\text{常数}}$$

图 2.6 是 NPN 型硅 BJT 共射极连接时的输出特性曲线。由图可见，BJT 输出特性可

以划分为放大区、饱和区和和截止区(图中的截止区范围有所夸大,实际上对硅管而言,$i_B=0$ 的那条曲线几乎与横轴重合)三个区域,对应于三种工作状态。现分别讨论如下:

(1) 放大区:发射结正向偏置,集电结反向偏置时的工作区域为放大区,从图 2.6 中可以看出放大区有以下两个特点:

① 基极电流 i_B 对集电极电流 i_C 有很强的控制作用,即 i_B 有很小的变化量 Δi_B 时,i_C 就会有很大的变化 Δi_C,即 $\beta=\dfrac{\Delta i_C}{\Delta i_B}$,反映在特性曲线上,为两条不同 i_B 曲线的间隔。

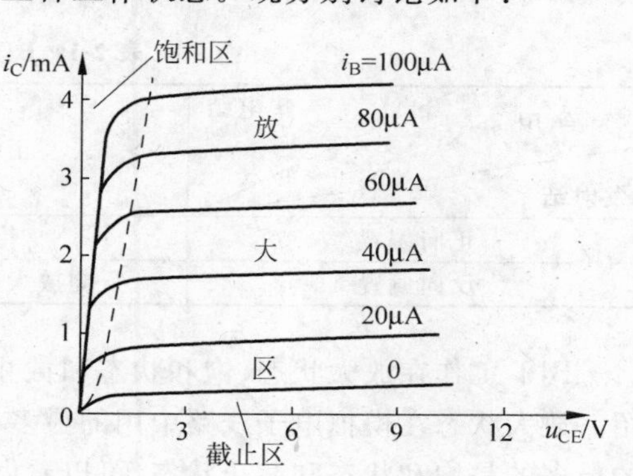

图 2.6 NPN 型硅 BJT 共射极连接时的输出特性曲线

② u_{CE}变化对 i_C 的影响很小。在放大区域内,BJT 输出特性曲线的特点是各条曲线几乎与横坐标轴平行,i_B 一定 i_C 一定,但随着 u_{CE} 的增加,各条曲线略有上翘(i_C 略有增大)。这说明在该区域内,i_C 主要受 i_B 控制。u_{CE}对 i_C 的影响是由基区宽度调制效应产生,即 u_{CE}增加时,集电结反向电压增大,使集电结展宽,基区有效宽度减小,载流子在基区的复合机会减少,即 i_B 要减小。而要保持 i_B 不变,所以使电流放大系数 $\bar{\beta}$ 略有增加,i_C 将随 u_{CE} 增大而略有增加。从另一方面看,由于基区宽度调制效应很微弱,u_{CE}很大范围内变化时 i_C 基本不变。因此,当 i_B 一定时,集电极电流具有恒流特性。

(2) 饱和区:BJT 的发射结和集电结均处于正向偏置的区域为饱和区。通常把 $u_{CE}=u_{BE}$(即 $u_{BC}=0$,集电结零偏)的情况称为临界饱和,对应点的轨迹为临界饱和线(见图 2.6 中虚线即为饱和区与放大区的分界线)。当 $u_{CE}<u_{BE}$时,管子进入饱和区,由于因集电结正向偏置,集电结内电场被削弱,集电结收集载流子的能力减弱,造成基极复合电流增大,饱和区有四个特点:

① 即使 i_B 增加,i_C 也增加不多,或者基本不变,说明 i_C 不再服从 βi_B 的电流分配关系了。

② 当 i_B 一定时,i_C 的数值比放大时要小。

③ 当 u_{CE}一定,i_B 增大时,i_C 基本不变;特性上表现为,不同 i_B 的曲线在饱和区汇集。

④ 当 u_{CE}增加,则 i_C 随之迅速上升。在 u_{CE}增大,使集电结从正向偏置往零偏变化过程中,u_{CE}越大,到达集电区的载流子就越多,所以 i_C 随 u_{CE}增加而迅速上升。

BJT 饱和时发射极和集电极之间的电压称为 BJT 的饱和压降 U_{CES},其大小与 i_B 及 i_C 有关,在不同的集电极电流下所测得的 U_{CES}值略有差别。深度饱和时 U_{CES}很小,对于小功率管,为 0.3～0.5V。可见,BJT 饱和后,三个电极间的电压很小,这时各极电流主要由外电路决定。

(3) 截止区。截止区是指发射结和集电结均反向偏置。实际上只要 $0<u_{BE}<U_{th}$(门限电压)就能使发射极电流 $i_E=0$,这时基极电流 $i_B=-I_{CBO}$,集电极电流 $i_C=I_{CBO}$。通常以 $i_B=-I_{CBO}$这一条曲线作为放大区与截止区之间的界限。规定基极电流 $i_B\leqslant-I_{CBO}$时,BJT 就进入截止区。但对于小功率管而言,工程上常把 $i_B=0$ 的那条输出特性曲线以下的区域称为截止区。因为 $i_B=0$ 时,虽有 $i_C=I_{CEO}=(1+\bar{\beta})I_{CBO}$,这时发射结仍有正向受控电流,但对小功率管,$I_{CEO}$通常很小(小功率硅管 I_{CEO}小于 1μA,锗管的 I_{CEO}小于几十微安),可以忽略

它的影响，可以认为，$i_B \leqslant 0$ 时管子便进入截止状态。

由于 BJT 有两个 PN 结，故有四种运用状态，如表 2-1 所示。

表 2-1　BJT 的四种运用状态

运用状态（发射结＼集电结）	正向偏置	反向偏置
正向偏置	饱和状态	放大状态
反向偏置	反向放大状态(倒置状态)	截止状态

BJT 工作在放大状态、饱和状态和截止状态的性能，在介绍 BJT 特性曲线时已做了介绍。放大状态在模拟电子线路中用的最多，是本课程要着重讨论的。在数字电子技术中用的最多的是饱和状态和截止状态，可以看做开关的导通和截止。反向放大状态(倒置状态)相当于集电极与发射极对调使用，从原理上讲，这与放大状态没有本质的不同，但由于 BJT 的实际结构并不对称，反向放大性能比正常放大性能要差很多，因此很少使用。

BJT 的参数可用来表征管子性能的优劣和适应范围，是合理选择和正确使用 BJT 的依据。集电极-基极间反向饱和电流 I_{CBO} 是集电结加一定的反向偏置电压时，集电区和基区的平衡少子各自向对方漂移形成的反向电流。集电极-发射极反向饱和电流(穿透电流)I_{CEO} 是基极开路时，由集电区穿过基区流向发射区的反向饱和电流又称穿透电流。最大集电极允许电流 I_{CM} 通常指 β 值下降到测试条件规定值时所允许的最大集电极电流。最大集电极允许耗散功率 P_{CM} 的大小与允许的最高结温、环境温度及管子的散热方式有关。$U_{(BR)EBO}$ 是指集电极开路时，发射极-基极间的反向击穿电压。这是发射结所允许的最高反向电压。$U_{(BR)CBO}$ 是指发射极开路时集电极-基极间的反向击穿电压，这是集电结所允许加的最高反向电压。$U_{(BR)CEO}$ 是指基极开路时集电极-发射极间的反向击穿电压。此时集电结承受反向电压。当温度升高时，以上参数均会变大。

2.1.2　基本共射极放大电路

图 2.7 为基本共射极放大电路的原理图。

1. 组成原则

放大电路组成原则如下所示。

(1) 要有直流通路，并保证合适的直流偏置。对 BJT 组成的放大电路而言，即保证发射结处于正向偏置，集电结处于反向偏置，使 BJT 工作在放大区，以实现电流控制作用。

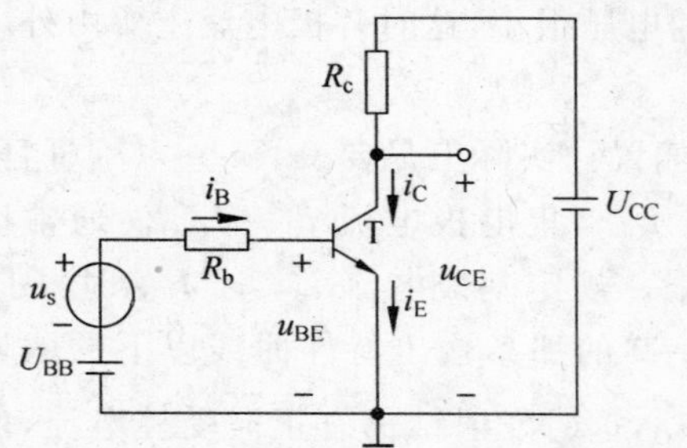

图 2.7　基本共射极放大电路的原理图

(2) 要有交流通路，即电路中应该保证信号能加到 BJT 的发射结上，并且放大了的信号能能从电路中取出。

直流电源 U_{BB} 通过电阻 R_b 给 BJT 的发射结提供正向偏置电压，并产生基极直流电流 I_B(常称为偏流，而提供偏流的电路称为偏置电路)。直流电源 U_{CC} 通

过电阻 R_c，并与 U_{BB} 和 R_b 配合，给集电结提供反向偏置电压，使 BJT 工作于放大状态。电阻 R_c 的另一个作用是将集电极电流的变化转换为电压的变化，再送到放大电路的输出端输出。

输入信号源 u_s 是待放大的正弦波交流电压，加在基极与发射极间的输入回路中，输出信号从集电极-发射极间取出，发射极是输入回路与输出回路的共同端（称为“地”，用“⊥”表示），所以称为共发射极放大电路。

2. 实际问题

图 2.7 是共射极放大电路的雏形，并不能实际使用。该电路有两个问题需要解决：

（1）信号源与放大电路的连接，即其耦合问题。有的信号源其输出端对直流呈现开路状态，这样 U_{BB} 就不能作用到基极与发射极之间，发射结无法得到正向偏置电压，BJT 不能工作于放大区；有的信号源其输出端对直流呈现了通路，会影响信号源的正常工作。同时从防止干扰方面考虑，希望信号源的一个输出端（接“地”端）与放大电路的公共端⊥连在一起，即共“地”。

（2）放大电路与负载之间的耦合问题。在图 2.7 中，电阻 R_c 两端的电压降有放大了的交流成分分量，它是希望得到的输出信号。但电阻 R_c 两端的压降中还有负载所不需要的直流成分。需要解决负载电阻与放大电路输出回路的耦合，即获得 R_c 两端电压降中的交流成分 u_o，既不因为负载电阻的并入而影响 BJT 的偏置状态，又不会让输出回路中的直流成分流过 R_L，而使负载不能正常工作。

上述两个关于放大电路与信号源及放大电路与负载之间的耦合问题，一方面要求耦合电路能传输交流的输入和输出信号且传输过程中的信号损耗要尽可能小，另一方面又要求信号源、放大电路、负载之间的直流工作状态互相不影响，即“隔直”作用。放大电路中常用电容量足够大的电容器来实现信号源、放大电路、负载之间的耦合。如图 2.8 所示，信号源与 BJT、BJT 与负载之间的耦合由电容器 C_1、C_2 完成。C_1、C_2 容量较大，一般为几微法到几十微法，但其对交流分量所呈现的容抗很小，可以基本上无损失的传输交流分量。C_1、C_2 通常采用有极性的电解电容，使用时正负极性要连接正确。

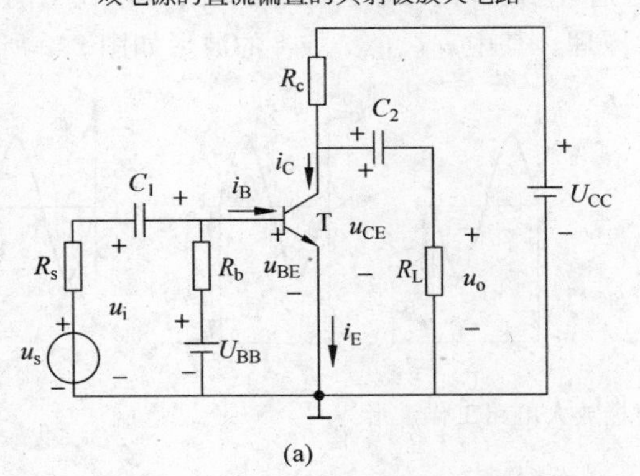

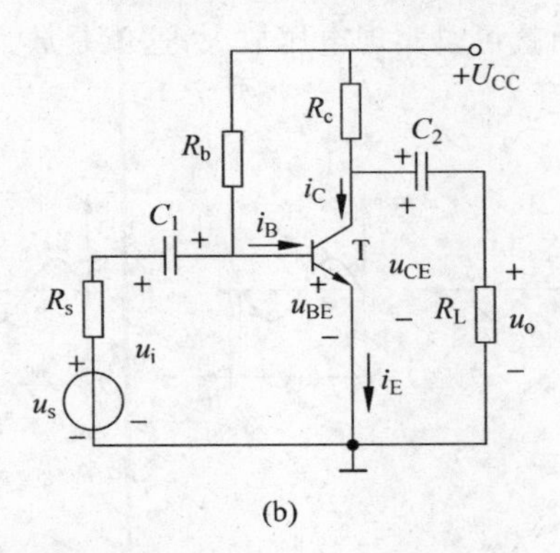

图 2.8　共射极放大电路的组成

另外图 2.8(a)中用两个电源为 BJT 提供直流偏置，且 U_{BB} 和 U_{CC} 的负极均接“地”只要增大 U_{BB} 及 R_b 的大小，在不影响管子直流偏置的情况下，使 U_{BB} 和 U_{CC} 的正极电位相等，从而用一个电源U_{CC}代替原来的两个电源。同时,利用电位的概念,取共射极放大电路的公共端为电位参考点,可不绘电源,从而把放大电路简化为图 2.8(b),其是一个最基本的共射极放大电路,称为固定式偏置共射极放大电路。

在 BJT 电路中,常把输入电压、输出电压和直流电源的公共端称为"地"端,并以它作为零电位点(参考点)。于是可规定:电压的正方向以公共端为负,其他各点为正。电流的正方向以 BJT 实际电流方向为正方向。对 PNP 管,电压正方向不变,电流正方向则相反。在电路中设置合适的静态工作点,并在输入回路加上一个能量较小的信号,利用发射结正向电压对各极电流的控制作用,就能将直流电源提供的能量,按输入信号的变化规律转换为所需要的形式供给负载。因此,放大作用实质上是放大器件的控制作用,放大器是一种能量控制部件。

图 2.8 中,当u_i为零,在直流电源U_{CC}的作用下,集电极电源U_{CC}一方面经基极偏置电阻R_b,使 BJT 发射结正向偏置,基极与发射极之间有正向的直流偏置电压U_{BE},基极有电流的直流成分I_B;另一方面,U_{CC}又经集电极电阻R_c使管子的集电结反偏。由于管子工作在放大区,使集电极电流$I_C=\bar{\beta}I_B+I_{CEO}\approx\bar{\beta}I_B$(忽略了$I_{CEO}$),集电极与发射极之间的电压$U_{CE}=U_{CC}-R_cI_C$。当$u_i$经$C_1$输入后,基极与发射极之间的电压降为直流成分与交流成分之和$u_{BE}=U_{BE}+u_i$,这一电压作用下基极电流也有直流成分和交流成分两部分,如下式所示:

$$i_B=I_B+i_b \tag{2.1.5}$$

而集电极电流和集电极与发射极之间的电压分别为:

$$i_C=I_C+i_c \tag{2.1.6}$$

$$u_{CE}=U_{CE}+u_{ce} \tag{2.1.7}$$

式中$i_c=\beta i_b$。电路的输出电压u_o是u_{CE}的交流成分,它是从管子集电极经电容器C_2隔直后得到的。

$$u_o=u_{ce} \tag{2.1.8}$$

需要说明的是,在u_i的正半周,u_{BE}、i_B、i_C都将在直流成分的基础上增加,电阻R_c上电压降也在增加,因此,电压u_{CE}在静态U_{CE}的基础上将减小。在u_i的负半周,情况则相反,于是u_{ce}与u_i是反相的。只要电路参数选择合适,使 BJT 处在放大状态,又因为有 BJT 的电流放大作用就可以实现电压放大,这就是放大的原理。其中u_{BE}、i_B、i_C、u_{CE}的波形如图 2.9 所示。

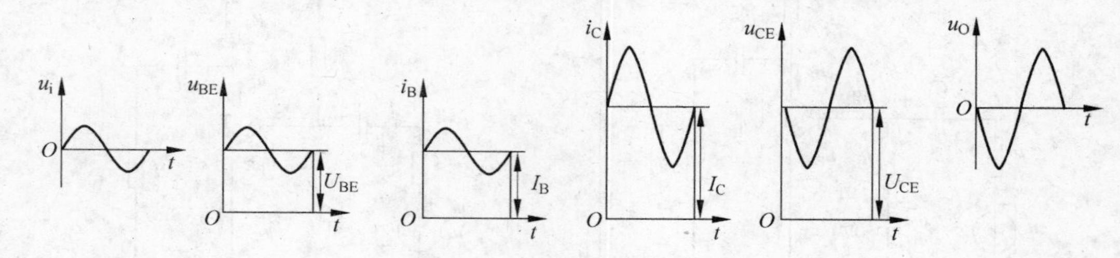

图 2.9 共射极放大电路工作波形

2.1.3 放大电路的分析方法

放大电路的分析方法包含两个方面:静态分析,即分析输入信号为零时电路各部分的电压、电流,也就是对直流通路进行分析;动态分析,即分析有信号输入时电路各部分的电流、电压，也就是对交流通路进行分析。

1. 静态分析

静态分析的目的是确定静态工作点 Q，即确定 I_{BQ}、I_{CQ}、U_{BEQ} 和 U_{CEQ}。静态分析主要有两种方法：解析法和图解法。

1）解析法

已知 BJT 的参数 β，静态工作点可以由放大电路的直流通路用近似计算法求得。这种方法比较简便，具体步骤如下：

(1) 画出放大电路的直流通路，标出各支路电流，如图 2.10 所示。

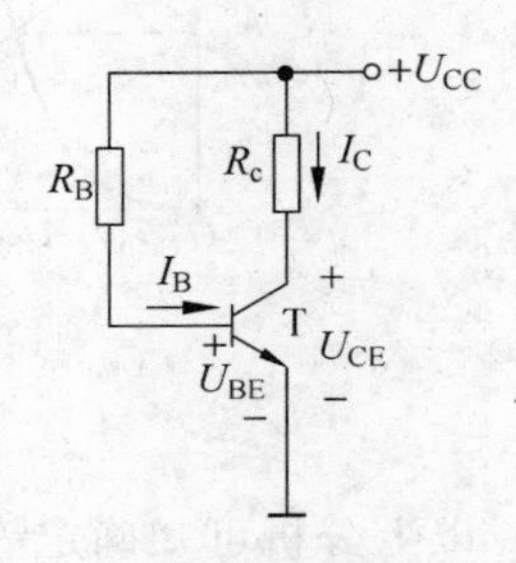

图 2.10　图 2.8(b)电路的直流通路

(2) 由基极-发射极输入回路求 I_{BQ}。计算式为

$$I_{BQ}=\frac{U_{CC}-U_{BEQ}}{R_b} \tag{2.1.9}$$

式中，U_{BEQ} 为 BJT 的导通压降，其变化很小，常被近似认为是已知量，硅管 $U_{BE}\approx(0.6\sim0.8)$V，常取 U_{BEQ}(硅管)≈0.7V；锗管 $U_{BE}\approx(0.1\sim0.3)$V，常取 U_{BEQ}(锗管)≈0.2V。

这样可以求出 I_{BQ}。

(3) 由 BJT 的电流分配关系(I_{CEQ}忽略不计)求得

$$I_{CQ}=\beta I_{BQ} \tag{2.1.10}$$

(4) 由集电极-发射极输出回路求 U_{CEQ}。计算式为

$$U_{CE}=U_{CC}-I_C R_c \tag{2.1.11}$$

2）图解法

图解法是分析非线性电路的最常用的方法之一，在放大电路分析中经常用到，就是利用 BJT 的 U-I 特性曲线及管外电路的特性，通过作图对放大电路的静态及动态进行分析。静态的图解法是通过作图的方法确定静态工作点 Q，即确定 I_{BQ}、I_{CQ}、U_{BEQ} 和 U_{CEQ}。下面以基本共射极放大电路为例，先用图解分析法确定静态工作点 Q，设已知 BJT 的输入、输出特性曲线。

静态时，令图中 $u_s=0$，即 $u_i=0$，得该电路的直流通路如图 2.10 所示。在基极-发射极输入回路中，静态工作点(I_{BQ},U_{BEQ})，应在 BJT 的输入特性曲线 $i_B=f(u_{BE})|_{u_{CE}\geqslant 1V}$ 上，又应满足由 U_{CC}、R_b 组成的外电路的输入回路方程 $u_{BE}=U_{CC}-i_B R_b$(也称输入回路直流偏流线方程)，显然，由此回路方程可作出一条斜率为 $-1/R_b$ 的直线，称其为输入直流负载线。为此，可在 BJT 的输入特性曲线图上作出这条输入直流负载线，即在横坐标轴上取一点(U_{CC}, 0)，在纵坐标轴上取一点(0,U_{CC}/R_b)，并连接这两点作直线，如图 2.11(a)所示。该直流负载线与输入特性曲线的交点就是所求的静态工作点 Q，其横坐标值为 U_{BEQ}，纵坐标值为 I_{BQ}。

与输入回路相似，在输出回路中，静态工作点(I_{CQ},U_{CEQ})既应在 $i_B=I_{BQ}$ 的那条输出特性曲线上，又应满足由 U_{CC}、R_c 组成的外电路输出回路方程 $u_{CE}=U_{CC}-i_C R_c$。显然，由此回路方程也可作出一条斜率为 $-1/R_c$ 的直线，称其为输出直流负载线。同上所述，在 BJT 的

输出特性曲线图上作出这条直线，即连接横坐标轴上的点(U_{CC},0)和纵坐标轴上的点(0,U_{CC}/R_c)作直线，如图 2.11(b)所示。该直线与曲线 $i_C=f(u_{CE})|_{i_B=I_{BQ}}$ 的交点就是要求的静态工作点 Q，其横坐标值为 U_{CEQ}，纵坐标值为 I_{CQ}。

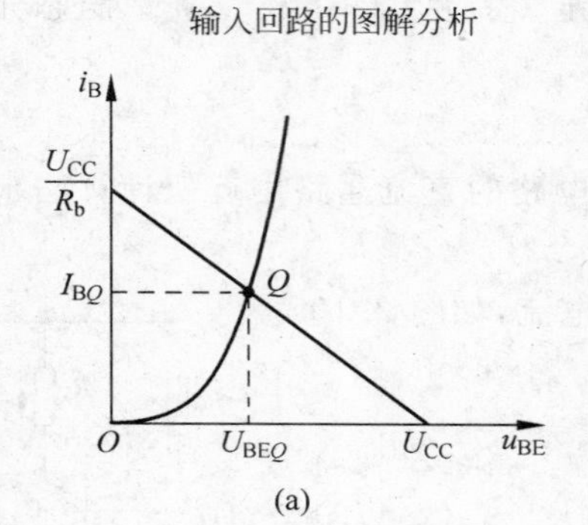

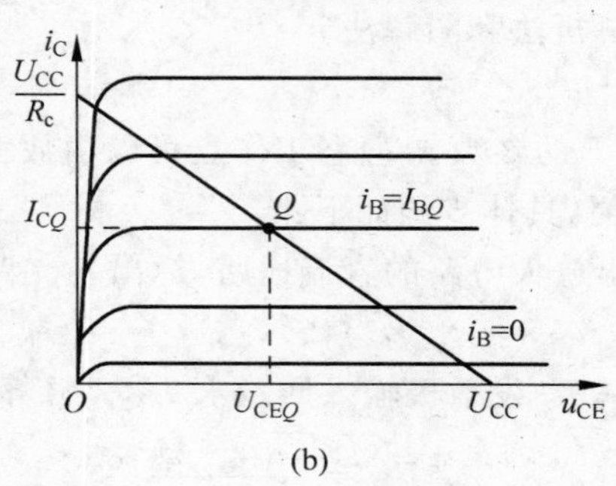

图 2.11 静态工作点的图解分析

以上分析可知确定静态工作点共有以下三步骤：

(1) 画出直流通路。

(2) 列输入回路方程 $u_{BE}=U_{CC}-i_BR_b$ 在输入特性曲线上，作出直线 $u_{BE}=U_{CC}-i_BR_b$，两线的交点即 Q 点，得到 I_{BQ}。

(3) 列输出回路方程(直流负载线)$u_{CE}=U_{CC}-i_CR_c$ 在输出特性曲线上，作出直流负载线 $u_{CE}=U_{CC}-i_CR_c$，与 $I_B=I_{BQ}$曲线的交点即为 Q 点，从而得到 U_{CEQ}和 I_{CQ}。

2. 动态分析

当放大电路的输入端有信号输入，即输入信号 $u_i\neq0$ 时，BJT 各个电极的电流及电极之间的电压将在静态值的基础上，叠加有交流成分，输入电流随着输入电压变化，BJT 的工作状态将围绕静态工作点上下移动，放大电路处于动态工作状态。放大电路的动态分析是已经进行过静态分析的基础上，对放大电路有关电流、电压的交流成分之间关系在作分析。常用的方法有图解法和微变等效电路法。下面仍以图 2.8(b)所示共射极放大电路为例，进行动态分析。

1) 图解法

动态图解分析能够直观地显示出在输入信号作用下，放大电路中各电压及电流波形的幅值大小和相位关系，可对动态工作情况作较全面的了解。动态图解分析是在静态分析的基础上进行的，分析步骤如下：

(1) 输入回路的动态分析——根据 u_s 的波形，在 BJT 的输入特性曲线图上画出 u_{BE}、i_B 的波形。

设在图 2.8(b)中，信号源 u_s 的作用下，输入到放大电路的交流信号 $u_i=U_{im}\sin\omega t=u_{be}$。又在直流电源 U_{CC}作用下，基极-发射极的静态电压为 U_{BEQ}，故 $U_{BE}=U_{BEQ}+U_{im}\sin\omega t$，将 u_{BE}波形画到输入特性曲线上，即可得 i_B 波形，如图 2.12(a)所示。设 u_s 作用下输入信号 u_i 峰值 U_{im}较小，u_i 变化时在静态基础上叠加得到的 u_{BE}工作于输入特性曲线的线性区(实际上是因为输入信号小，输入特性曲线小范围内变化，曲线近似直线处理)，其斜率的倒数为 r_{be}。

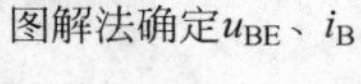

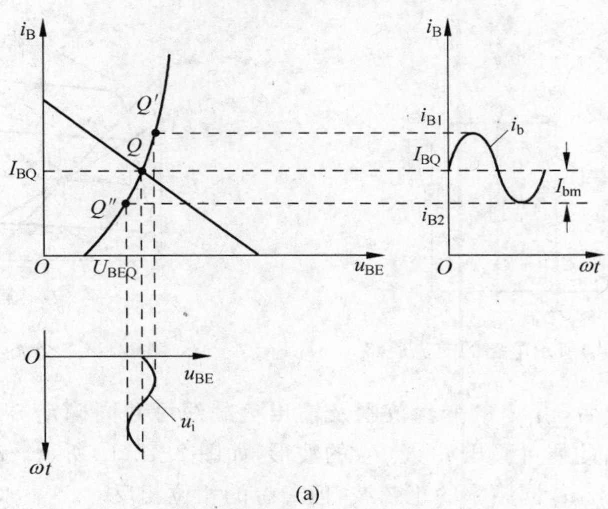

(a)

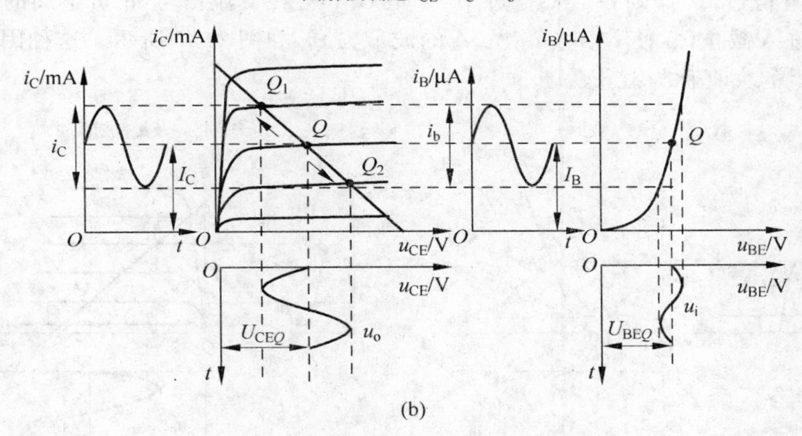

(b)

图 2.12 动态工作情况图解分析

(2) 根据 i_B 的变化范围在输出特性曲线图上画出交流负载线——求出 i_C 和 u_{CE}的波形。

共射极放大电路的交流通路如图 2.13 所示，可知放大电路的交流通路中，集电极-发射极交流电压为

$$u_{ce} = -i_c(R_c \parallel R_L) = -(i_C - I_{CQ})R'_L \tag{2.1.12}$$

式中 $R'_L = R_c \parallel R_L$，于是得式(2.1.13)

$$u_{CE} = U_{CEQ} - (i_C - I_{CQ})R'_L \tag{2.1.13}$$

式(2.1.13)就是输出回路的交流负载线方程。交流负载线通过静态工作点 Q，且交流负载线的斜率为 $\tan\alpha = -\frac{1}{R'_L}$，所以可以由过 Q 点作一条斜率为$-\frac{1}{R'_L}$的直线方法画出，即点斜式。另外当 i_C、u_{CE}分别为零时，交流负载线在输出特性曲线的横、纵坐标的交点分别为 $U_{CEQ}+I_{CQ}R'_L$和$\frac{U_{CEQ}}{R'_L}+I_{CQ}$，也可通过连接这两点作出交流负载线。如图 2.14 所示：交流负载线(图中直线 CD 所示)，比直流负载线(图中直线 AB 所示)陡峭。

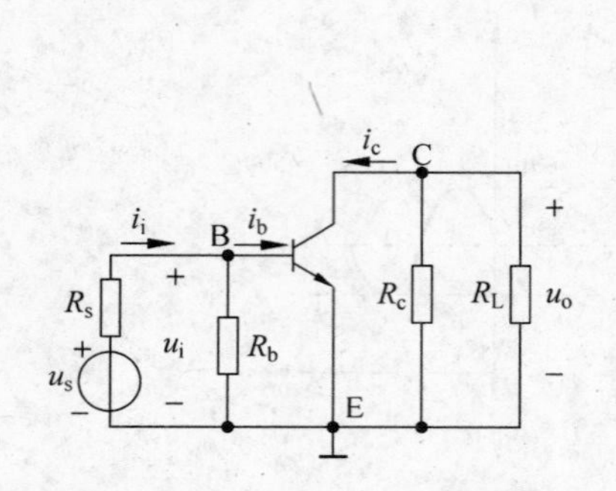

图 2.13　图 2.8(b)所示电路的交流通路

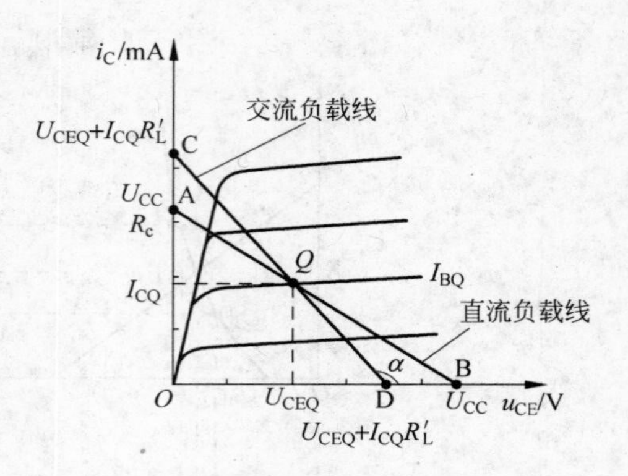

图 2.14　交流负载线

画出交流负载线后，由 i_B 的变化范围及输出负载线可共同确定 i_C 和 u_{CE} 的变化范围，即在 Q' 和 Q'' 之间，由此便可画出 i_C 及 u_{CE} 的波形，如图 2.12(b)所示。u_{CE} 中的交流量 u_{ce} 就是输出电压 u_o，它是与 u_s 同频率的正弦波，但二者的相位相反。

当 Q 设置得过低时，则 U_{BEQ}、I_{BQ} 过小，于是 BJT 会在交流信号 u_i 负半周的峰值附近的部分时间内进入截止区，使 i_B、i_C、u_{CE} 及 u_{ce} 的波形失真，如图 2.15 所示。这种因静态工作点 Q 偏低而产生的失真称为截止失真。

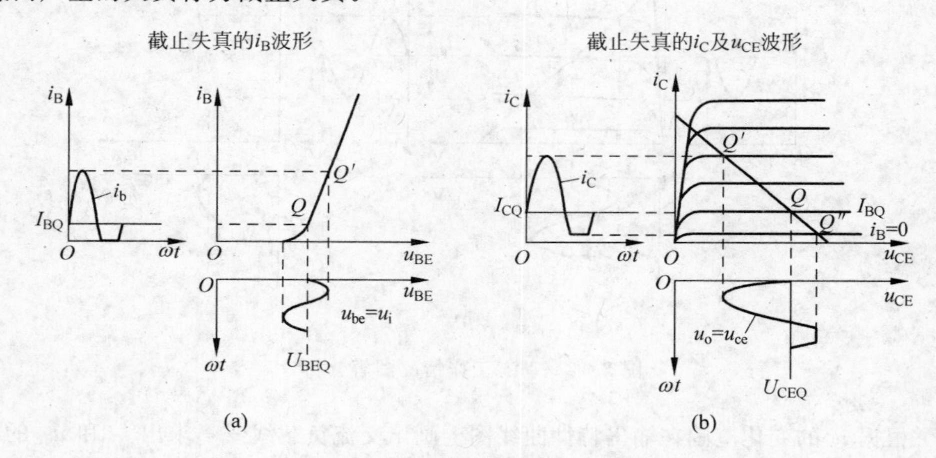

图 2.15　截止失真的波形

显然，在 Q 点设置过低时，最大不失真输出电压的幅值 U_{om} 将受到截止失真的限制，而使 $U_{om} \approx I_{CQ}R'_L$ ($R'_L = R_L /\!/ R_c$)。

如果静态工作点 Q 过高，U_{BEQ}、I_{BQ} 过大，则 BJT 会在交流信号 u_i 正半周的峰值附近的部分时间内进入饱和区，引起 i_C、u_{CE} 及 u_{ce} 的波形失真，如图 2.16 所示。因 Q 点偏高而产生的失真称为饱和失真。

显然，在 Q 点设置过高时，最大不失真输出电压的幅值 U_{om} 将受到饱和失真的限制，而使 $U_{om} = U_{CEQ} - U_{CES}$。

如果输入信号的幅度过大，即使 Q 点的大小设置合理，也会产生失真，这时截止失真和饱和失真会同时出现。截止失真及饱和失真都是由于 BJT 特性曲线的非线性引起的，因而又称其为非线性失真。

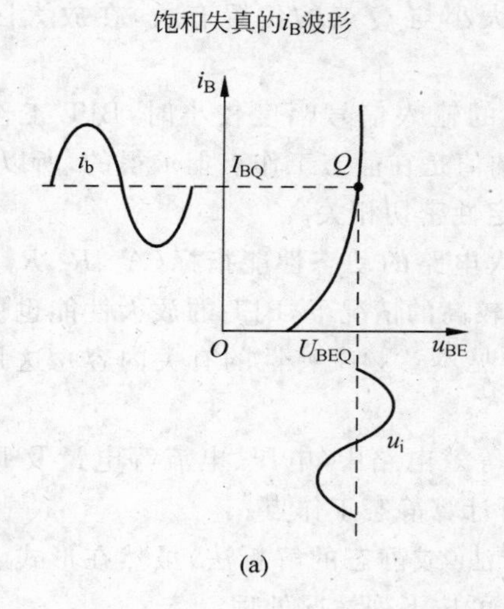

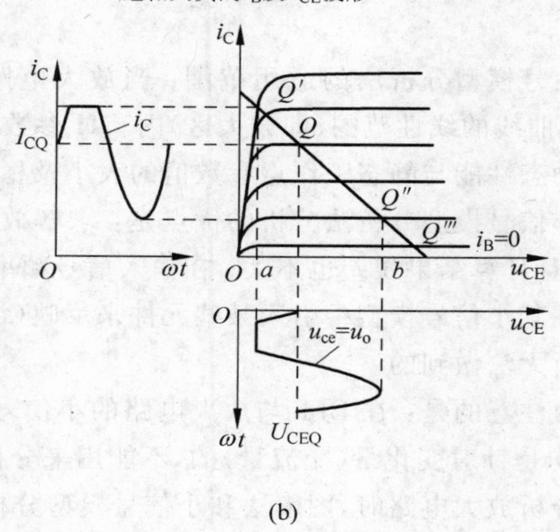

图 2.16　饱和失真波形

2）小信号模型分析法（微变等效电路法）

由于 BJT 是非线性元件，其伏安特性是非线性的，所以使得分析由 BJT 组成的放大电路变得复杂，不能直接采用线性电路原理来分析计算。但在输入信号电压幅值比较小的条件下，工作点只在 Q 点附近的小范围内移动，即 u_{BE}、i_B、i_C、u_{CE} 在 U_{BEQ}、I_{BQ}、I_{CQ}、U_{CEQ} 基础上变化时，其变化量（即交流分量）很小，故可以把 BJT 在静态工作点附近小范围内的特性曲线近似地用直线代替，这时就可把 BJT 用小信号线性模型代替，从而把由 BJT 组成的放大电路当成线性电路来处理，这就是小信号模型分析法又称微变等效电路法。要强调的是，使用这种分析方法的前提是放大电路的输入信号为低频小信号。BJT 的 H 参数小信号模型如图 2.17 所示。

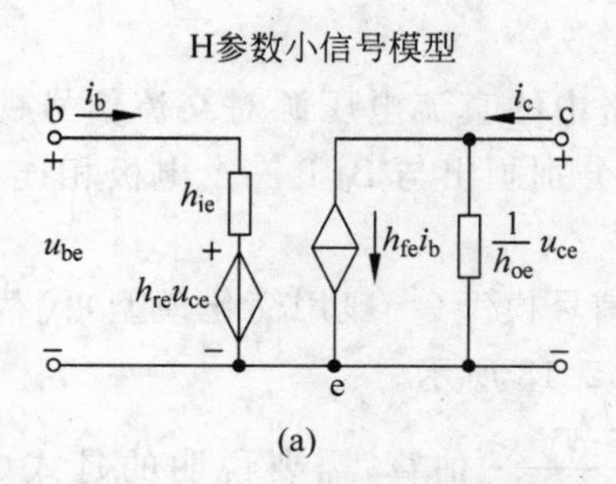

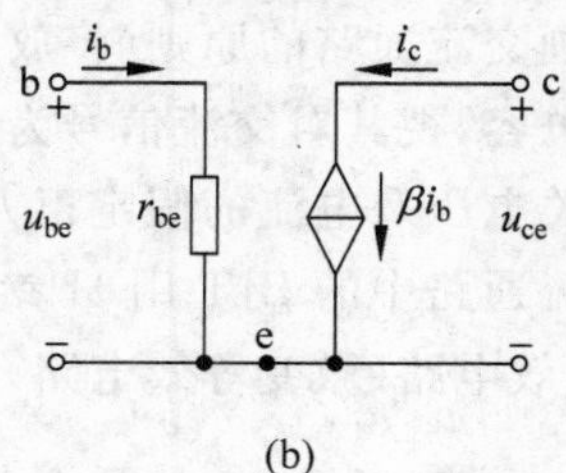

图 2.17　BJT 的 H 参数小信号模型（H 参数微变等效电路）

需要说明的几点：

(1) 小信号模型中的电流源 $h_{fe}i_b$ 是受 i_b 控制的，当 $i_b=0$ 时，电流源 $h_{fe}i_b$ 就不存在了，因此称其为受控电流源，它是从电路分析的角度虚拟出来的，它代表 BJT 的基极电流对集电极电流的控制作用。电流源的流向由 i_b 的流向决定，即与 i_b 具有从属性。

(2) $h_{re}u_{ce}$ 也是一个受控电源（受控电压源），反映了 BJT 输出回路电压对输入回路的影响。

(3) 小信号模型中所研究的电压、电流都是变化量即微变量、交流量，因此，不能用小信号模型来求静态工作点 Q。但 H 参数的数值大小与 Q 点的位置有关，在放大区基本不变。

小信号模型分析法的适用范围：当放大电路的输入信号幅度较小时，BJT 工作在其 U-I 特性曲线的线性范围(即放大区)内。H 参数的值是在静态工作点上求得的，所以，放大电路的动态性能与静态工作点参数值的大小及稳定性密切相关。

用小信号模型分析法分析的优点是：求解放大电路的动态性能指标(A_u、R_i、R_o 等)非常方便，且计算结果误差也不大；在输入信号频率较高的情况下，BJT 的放大性能也仍然可以通过在其小信号模型中引入某些元件来反映(详见本章频率特性的有关内容)，这是图解分析法所无法做到的。

需要注意的是：在 BJT 与放大电路的小信号等效电路中，电压、电流等电量及 BJT 的 H 参数均是针对变化量(交流量)的，不能用来分析计算静态工作点。

在分析放大电路时，图解法和小信号模型分析法(或静态的解析法)虽然在形式上是独立的，但实质上它们是互相联系、互相补充的，一般可按下列情况处理：

(1) 用图解法或解析法确定静态工作点求 Q 点。

(2) 当输入电压幅度较小或 BJT 基本上在线性范围内工作，特别是放大电路比较复杂时，可用小信号模型来分析，以后各章可看到这个方法的例子。

(3) 当输入电压幅度较大，BJT 的工作点延伸到 U-I 特性曲线的非线性部分时，就需要采用图解法，如第 8 章的功率放大电路。此外，如果要求分析放大电路输出电压的最大不失真幅值，或者要求合理安排电路工作点和参数，以便得到最大的动态范围等，采用图解法比较方便。

3) 用 H 参数小信号模型分析基本共射极放大电路

下面以图 2.8(b)所示的基本共射极放大电路为例，用小信号模型分析法分析其动态性能指标。其具体步骤如下：

(1) 画放大电路的小信号等效电路。

首先，按照画交流通路的原则(将放大电路中的直流电压源对交流信号视为短路，电路中有耦合、旁路电容，视其对交流信号为短路)分别画出与 BJT 三个电极相连支路的交流通路，并标出各有关电压及电流的假定正方向。

其次，将交流通路中的 BJT 用 H 参数小信号模型(一般用简化模型)代替，即可得放大电路的小信号等效电路(微变等效电路)，如图 2.18 所示。

(2) 估算 r_{be}。按 $r_{be}=r_{bb'}+(1+\beta)\dfrac{26\text{mV}}{|I_{EQ}|(\text{mA})}$估算，需要说明的是式中的静态电流 I_{EQ}，可由静态分析中的 I_{CQ}来确定($I_{EQ}\approx I_{CQ}$)。

(3) 求放大电路动态指标。

① 求压增益 A_u。由图 2.18(b)可知

$$u_i=i_b r_{be}$$

$$u_o=-i_c(R_c\ /\!/\ R_L)=-\beta i_b R'_L$$

根据电压增益的定义有

$$A_u=\frac{u_o}{u_i}=\frac{-\beta i_b R'_L}{i_b r_{be}}=-\frac{\beta R'_L}{r_{be}}$$

式中，负号表示共射极放大电路输出电压与输入电压相位相反，即输出电压滞后输入电压180°，只要选择适当的电路参数，就会使 $u_o > u_i$，实现电压放大作用。

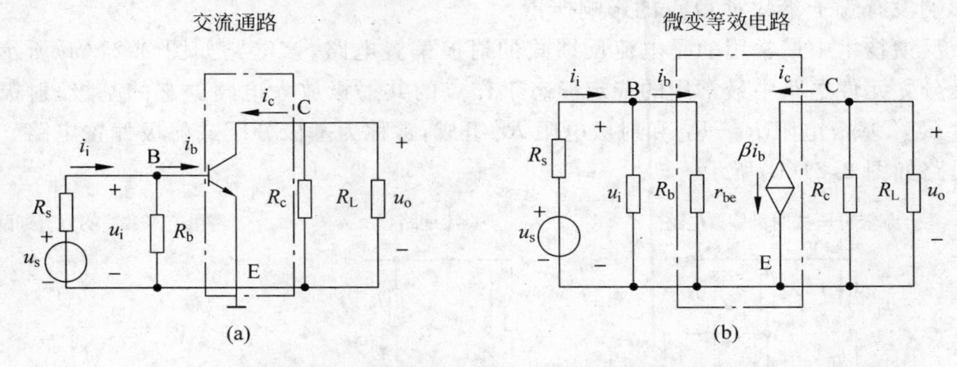

图 2.18　共射极放大电路的交流通路及小信号等效电路(微变等效电路)

② 计算输入电阻 R_i。根据放大电路输入电阻的概念，可求出图 2.18(b)所示电路的输入电阻，其计算时的示意图如图 2.19 所示。输入电阻的计算式为

$$R_i = \frac{u_i}{i_i} = \frac{u_i}{i_b + i_{R_b}} = \frac{u_i}{\dfrac{u_i}{r_{be}} + \dfrac{u_i}{R_b}} = R_b \;/\!/\; r_{be}$$

共射极放大电路的输入电阻较高。

③ 计算输出电阻 R_o(见图 2.20)。根据放大电路输出电阻的概念 $R_o = \left.\dfrac{u}{i}\right|_{u_s=0,R_L=\infty}$，因为 $u_s=0$ 则 $i_b=0$，$\beta i_b=0$，所以$R_o \approx R_c$。

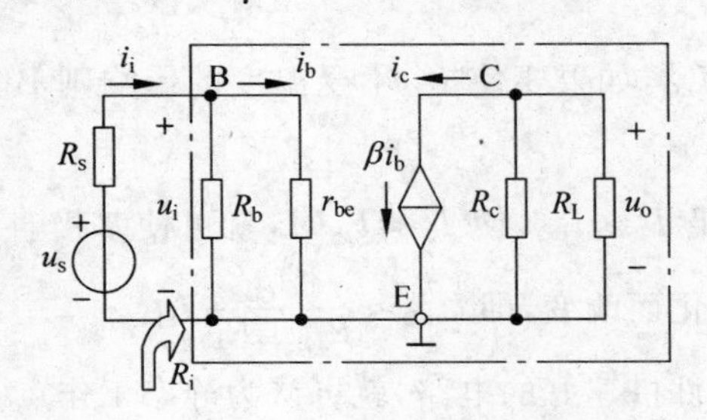

图 2.19　计算输入电阻

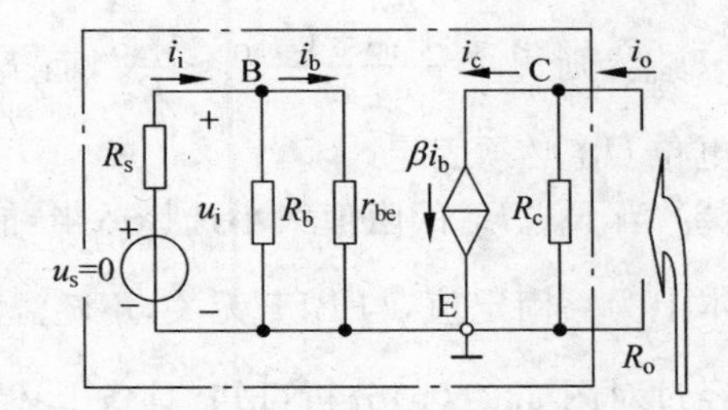

图 2.20　计算输出电阻

2.1.4　基极分压式射极偏置电路

稳定静态工作点 Q 的原理：

由于 BJT 是一种对温度十分敏感的半导体器件，因此温度是影响静态工作点不稳定的主要原因。当温度变化时，BJT 的 β、I_{CBO} 和 U_{BE} 都发生变化，具体表现为：温度升高反向饱和电流 I_{CBO} 增加，穿透电流 $I_{CEO}=(1+\bar{\beta})I_{CBO}$ 也增加，反映在特性曲线上，使其上移；温度升高 U_{BE} 下降，在外电路不变的前提下，基极电流 I_B 上升；温度升高 β 增大。输出特性曲线间距增大。综合起来温度上升主要体现在 $I_{CQ}=\beta I_{BQ}+I_{CEO}$ 增加，使静态工作点随之变化(提高)，而静态工作点选择过高，将产生饱和失真，反之产生截止失真。

另外，当管子长期使用后，参数也会发生变化即“老化”，也影响 Q 点。这个过程十分缓慢，不是影响 Q 点的主要因素。同时电路中其他元器件也有老化现象，受到温度的影响，但这些影响没有管子参数对 Q 点的影响严重。

负反馈技术中最常用的是电流反馈式的射极偏置电路，该电路如图 2.21(a)所示。该电路是分立元件电路中最常用的稳定静态工作点的共射极放大电路。它的基极-射极偏置电路由 U_{CC}、基极电阻 R_{b1}、R_{b2} 和射极电阻 R_e 组成，常称为基极分压式射极偏置电路。它的直流通路如图 2.21(b)所示。

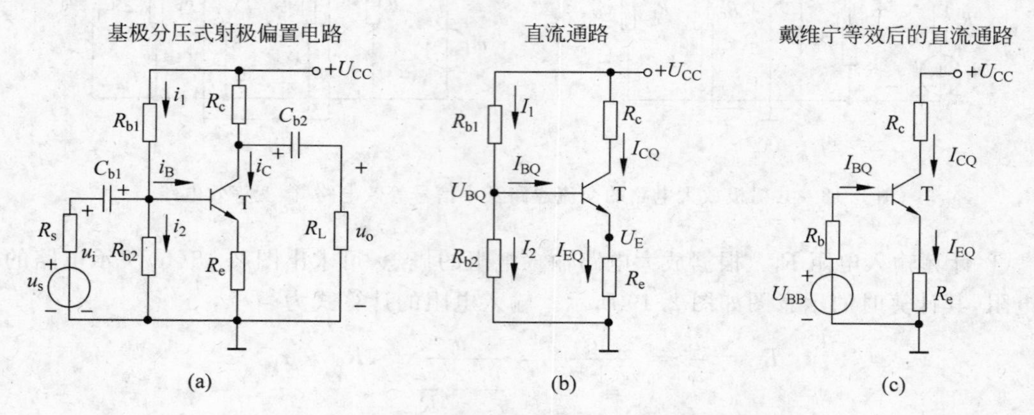

图 2.21　基极分压式射极偏置电路和直路通路

下面通过直流通路分析该电路稳定静态工作点的原理及过程：

(1) 由图 2.21(b)分析可知 $I_{EQ}=\dfrac{U_{BQ}-U_{BEQ}}{R_e}$，其中 U_{BQ} 是 BJT 静态时的基极电位，当 $U_{BQ}\gg U_{BEQ}$，则 $I_{EQ}=\dfrac{U_{BQ}-U_{BEQ}}{R_e}\approx\dfrac{U_{BQ}}{R_e}$，而 $I_{CQ}\approx I_{EQ}$，如果要使 I_{CQ} 不受温度的影响则 BJT 的基极电位 U_{BQ} 必须固定。

(2) 当 R_{b1}、R_{b2} 的阻值大小选择适当，能满足 $I_2\gg I_{BQ}$，使 $I_2\approx I_1$ 时，就可使基极直流电位基本上为一固定值，与 BJT 无关，不随温度变化而改变，即 $U_{BQ}\approx\dfrac{U_{CC}}{R_{b1}+R_{b2}}R_{b2}$。

经过对图 2.21(b)分析可知，具备上述两条件搭建好的电路，就可认为静态工作点 Q 与 BJT 的参数无关，不受温度的影响，达到稳定工作点的目的。同时当选用不同 β 的 BJT 时，工作点也近似不变，有利于调试和生产。

在上述两条件下，当温度升高引起静态电流 $I_{CQ}(\approx I_{EQ})$ 增加时，发射极直流电位 $U_{EQ}(=I_{EQ}R_e)$ 也增加。由于基极电位 U_{BQ} 基本固定不变，因此外加在发射结上的电压 $U_{BEQ}(=U_{BQ}-U_{EQ})$ 将自动减小，使 I_{EQ} 跟着减小，结果抑制了 I_{CQ} 的增加，使 I_{CQ} 基本维持不变，达到自动稳定静态工作点的目的。当温度降低时，各电量向相反方向变化，Q 点也能稳定。这种利用 I_{CQ} 的变化，通过电阻 R_e 上的电压降反过来控制 U_{BEQ}，使 I_{EQ}、I_{CQ} 基本保持不变的自动调节作用称为负反馈。

稳定工作点的过程可表达如下：

$$T\uparrow\longrightarrow(I_C\uparrow)I_E\uparrow\longrightarrow U_E\uparrow(=I_ER_e)\longrightarrow U_{BE}\downarrow(=U_B-U_E)\longrightarrow(I_C\downarrow)I_E\downarrow$$

从 Q 点稳定的角度来看 R_e 取值越大，反馈控制作用越强，I_{CQ} 越稳定。且在设计中使 I_2、U_{BQ} 越大越好。但 I_2 越大，R_{b1}、R_{b2} 必须取得较小，这将增加电路损耗，同时降低输入电阻；另外 U_{BQ} 过高必使 U_E 也增高，U_{CC} 一定时，U_{CE} 减小，从而减小了放大电路输出电压的动态范围，使电压增益下降。在实际电路中，为了增强电路稳定静态工点 Q 的效果，同时兼顾其他指标，工程上一般取 $U_{BQ}=(5\sim10)U_{BE}$，通常取 $U_{BQ}=(3\sim5)\text{V}$，$I_1=(5\sim10)I_{BQ}$，这就要求偏置电阻应满足 $(1+\beta)R_e\approx10R_b$，式中 $R_b=R_{b1}/\!/R_{b2}$。

2.1.5 共集电极放大电路和共基极放大电路

根据放大电路输入和输出回路公共端的不同，放大电路有共射极、共集电极、共基极三种基本组态，前面讨论了共射极放大电路，下面分别讨论共集电极和共基极两种放大电路。

1. 共集电极放大电路

共集电极放大电路是把输入信号接在基极和公共端"地"之间，而输出是从发射极与"地"间取出，故又称射极输出器，图 2.22(a)是共集电极放大电路的原理图，图 2.22(b)、图 2.22(c)、图 2.22(d)分别是它的直流通路、交流通路和 H 参数小信号等效电路(微变等效电路)。由交流通路可见，集电极(即地)是输入输出回路的公共端，所以称为共集电极电路。

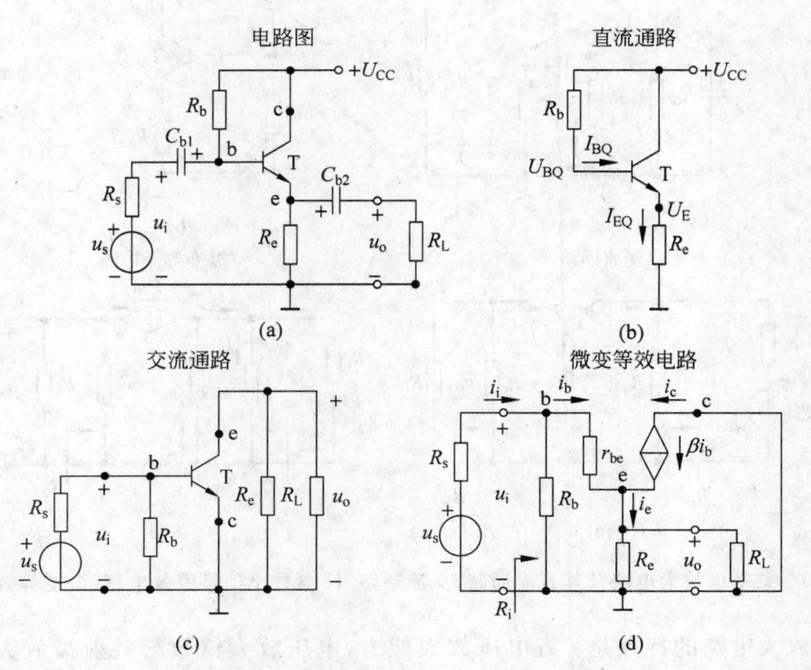

图 2.22 共集电极放大电路及其直流通路、交流通路、H 参数小信号等效电路(微变等效电路)

共集电极放大电路没有电压放大作用，其输出电压 u_o 和输入电压 u_i 相位也相同，因此共集电极放大电路又称为射极电压跟随器。共集电极放大电路的电压放大倍数小于 1，没有电压放大能力，但是它有电流放大能力和功率放大能力。共集电极放大电路的输入电阻较高，它与共射极放大电路相比其输入电阻高达几十至几百倍。而且，输出电阻和负载电阻或后一级放大电路的输入电阻的大小有关。共集电极放大电路的输出电阻很低，远小于共射放大电路的输出电阻，同时共集电极放大电路的输出电阻与信号源内阻或前一级放大电路的输出电阻有关，一般在几十欧至几百欧范围内。综上所述，共集电极放大电路的特点是：电压增益小于1而接近于1，输出电压与输入电压同相；输入电阻高；输出电阻低。另外，共集电极放大电路虽然没有电压放大作用，但有电流放大作用，因而也有功率放大作用，所以仍属放大电路之列，由于其自身特点突出，故获得极为广泛的应用，可有效改善多级放大电路的工作。

2. 共基极放大电路

共基极放大电路的原理图如图 2.23(a)所示，从其交流通路 2.23(c)中可以看出，输入信号 u_i 加在发射极和公共端"地"之间，而输出信号 u_o 是由集电极与"地"间取出，基极是交流的"地"，是输入输出回路的共同端，故称为共基极放大电路。

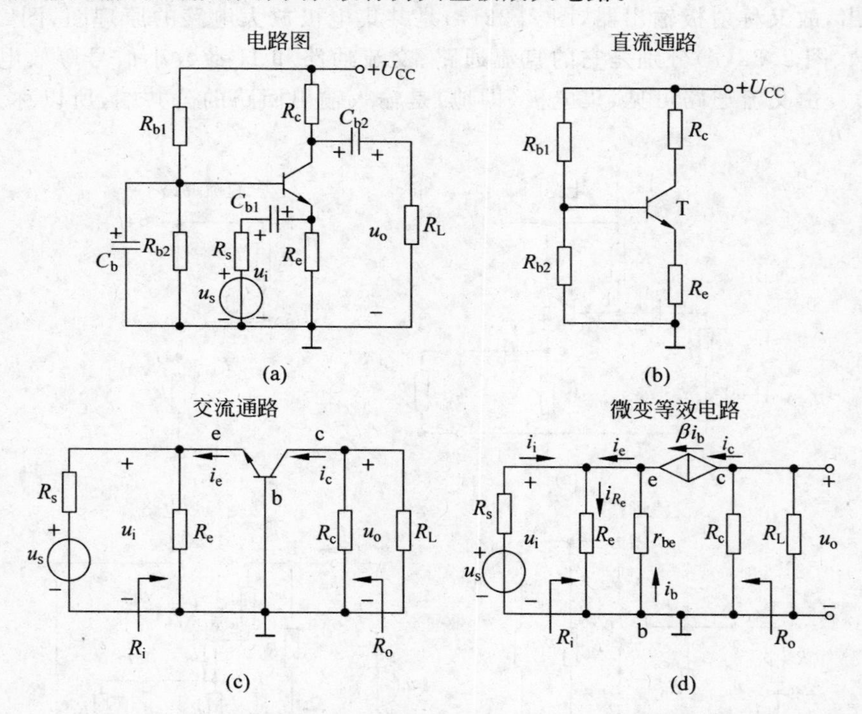

图 2.23 共基极放大电路及其直流通路、交流通路、H 参数小信号等效电路(微变等效电路)

共基极放大电路的特点是：有电压放大能力，电压放大倍数与共射极放大电路相同；输出电压与输入电压同相位；信号从射极输入，从集电极输出，没有电流放大能力，但有功率放大能力；输入电阻很小，输出电阻很大；共基极放大电路的频率特性比较好，一般多用于高频放大电路。

2.1.6 多级放大电路

在实际应用中，常对放大电路的性能提出多方面的要求，例如较高的放大倍数，合适的输入电阻、输出电阻，而前面讲的三种基本放大电路中的任何一种，很难同时满足实际应用对放大性能的需求，所以在大多数电子设备中的放大电路，往往充分利用单级的基本放大电路的特点，合理组合，用尽可能少的级数进行级联，才能满足放大倍数、输入电阻、输出电阻的要求。这种放大电路称为多级放大电路。

多级放大电路由 $n \geqslant 2$ 级基本放大电路级联组成，如图 2.24 所示，其由输入级、中间放大级和输出级等组成。

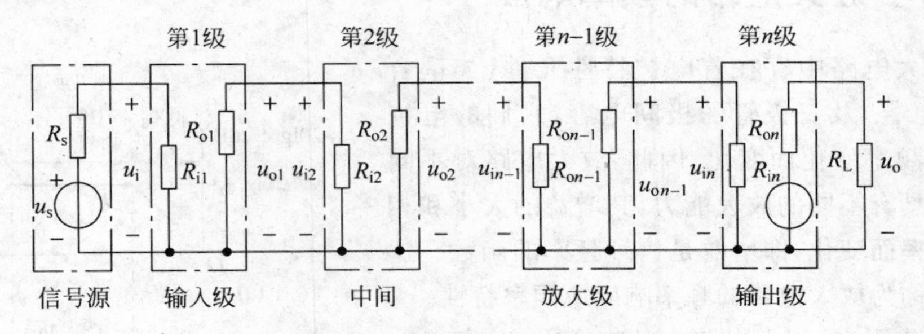

图 2.24 多级放大电路组成

输入级直接与输入信号源相连，对输入电阻的要求与信号源的性质有关，例如当输入信号源为电压源时，则要求输入级必须有高输入电阻，以减小信号在信号源内阻上的损耗。如果输入信号源为电流源，为了充分利用信号电流，则需要输入级有较低的输入电阻。需要注意的是输入级的噪声和漂移(对直接耦合放大电路有此要求)要尽可能小。

中间级的主要任务是放大信号的幅度，应该有足够大的电压放大倍数，同时也有足够大的电流输出，去驱动输出级，多级放大电路的放大倍数主要取决于中间级，它本身就可能由几级放大电路组成。

输出级用来驱动负载，当负载仅需要足够大的电压时，则要求具有大的动态范围。更多情况下，输出级推动扬声器、电机等执行部件需要要求为负载提供足够大的输出功率，常称为功率放大电路。

常用的耦合方式有：阻容耦合、直接耦合、变压器耦合。除此之外还有其他的耦合方式，如光电耦合等。

阻容耦合的优点是：各级放大电路静态工作点相互独立，这给放大电路的分析、设计和调试带来很大的方便。并且由于电容的"隔直"作用，可以抑制零点漂移。阻容耦合的不足表现在两个方面：首先，正因为有耦合电容隔直，所以它不适合传输缓慢变化的信号，因为电容呈现容抗很大，使信号衰减很大，至于直流信号，则根本不能传输；其次，大容量的电容在集成电路中难于制造，所以阻容耦合电路在线性集成电路中无法采用。

直接耦合，这种连接方式的优点是交直流信号均可以传输，缺点是 Q 点计算麻烦，需要考虑级间电位连接，设置合适的静态工作点。

变压器耦合是利用变压器的磁路进行耦合，将放大电路前级的输出端通过变压器接到后级的输入端或负载上，即利用变压器把初级线圈的交流信号传送到次级线圈，但是直流电流和直流电压通不过变压器。变压器耦合主要用于功率放大电路,它的优点是可以使各级静态工作点相互独立,可以消除零点漂移;可变换电压和实现阻抗变换。缺点是体积大、质量大,不能实现集成化,对低频信号的放大能力随信号频率的降低而降低,频率特性差。

多级放大电路的电压增益等于组成它的各级放大电路增益之乘积。需要强调的是计算每一级放大电路的增益时,必须考虑前、后级之间的相互影响,各级输出电压均指的是将其后一级放大电路的输入电阻作为前一级放大电路负载时的输出电压。多级放大电路的输入电阻就是输入级的输入电阻,多级放大电路的输出电阻就是输出级的输出电阻。

2.1.7 放大电路的频率响应

由于放大电路中存在着电抗特性元件(如耦合电容、旁路电容)及三极管的极间电容,它们的电抗特性随信号频率变化而变化,因此,放大电路对不同频率的信号具有不同的放大能力,其增益的大小和相移均会随频率而变化,即增益是信号频率的函数。这种函数关系称为放大电路的频率响应或频率特性。

在高频范围内,放大电路中的耦合电容、旁路电容的容抗很小,可视为对交流信号短路,必须考虑BJT的发射结电容和集电结电容的影响。在低频范围内,BJT的极间电容可视为开路,而电路中的耦合电容、旁路电容的电抗增大,不能再视其为短路。共射极放大电路的完整的频率响应伯德图如图2.25所示。

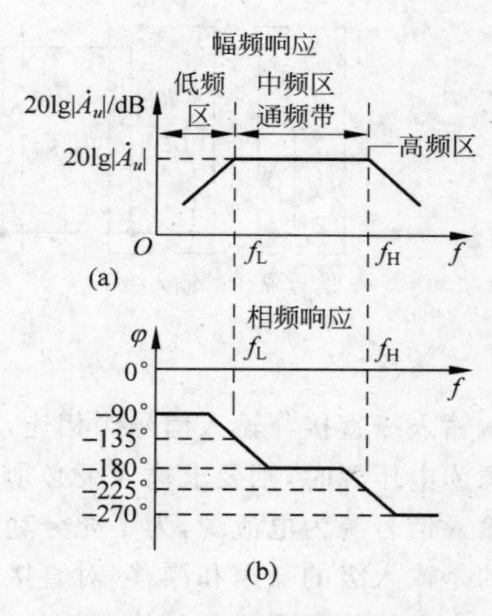

图2.25 共射极电路的频率响应伯德图

2.2 基本概念自检

选择适当的答案填空

(1) 三极管实现放大的内部条件是______。

(2) 三极管具有放大作用外部电压条件是______。

(3) 三极管工作在饱和区时,发射结______,集电结______;工作在截止区时,发射结______,集电结______。

(4) 工作在放大状态的三极管,流过发射结的电流主要是由______电流,流过集电结的电流主要是______电流。

(5) 反向电流是由______形成的,其大小与______有关,而与外加电压______。

(6) 晶体管的三个工作区分别是______、______、______。在放大电路中,晶体管经常工作在______。

(7) 测得某放大电路中三极管的三个电极A、B、C对地电位分别为−11V、−6V、−6.7V,则A电极为______极,B电极为______极,C电极为______极。

(8) 工作在放大区的某三极管，如果当 I_B 从 12μA 增大到 22μA 时，I_C 从 1mA 变为 2mA，那么它的 β 值约为________。

(9) 测试放大电路输出电压幅值与相位的变化，可以得到它的上下限频率频率，条件是________。

(10) 放大电路在高频信号作用时放大倍数数值下降的原因是________，而低频信号作用时放大倍数数值下降的原因是________。

(11) 当信号频率等于放大电路的 f_L 或 f_H 时，放大倍数的值约下降到中频时的________。即增益下降________。

(12) 对于单管共射放大电路，当 $f=f_L$ 时，$\dot{U}_o$ 与 $\dot{U}_i$ 相位关系是________。当 $f=f_H$ 时，$\dot{U}_o$ 与 $\dot{U}_i$ 的相位关系是________。

答案：(1)发射区掺杂浓度高、基区掺杂浓度低且很薄；(2)发射结正偏、集电结反偏；(3) 正偏、正偏、反偏、反偏；(4)扩散、漂移；(5)少数载流子、温度、无关；(6)放大区、饱和区、截至区、放大区；(7)c、e、b；(8)100；(9)输出信号为中频时的 70%；(10)小电容的作用不能忽略、大电容的作用不能忽略；(11)70%、2dB；(12)45°、−45°。

2.3 典型例题

例 2.1 已知两只晶体管的电流放大系数 β 分别为 50 和 100，现测得放大电路中这两只管两个电极的电流如图 2.26 所示。分别求另一电极的电流，标出其实际方向，并在圆圈中画出管。

解：答案如图 2.27 所示。

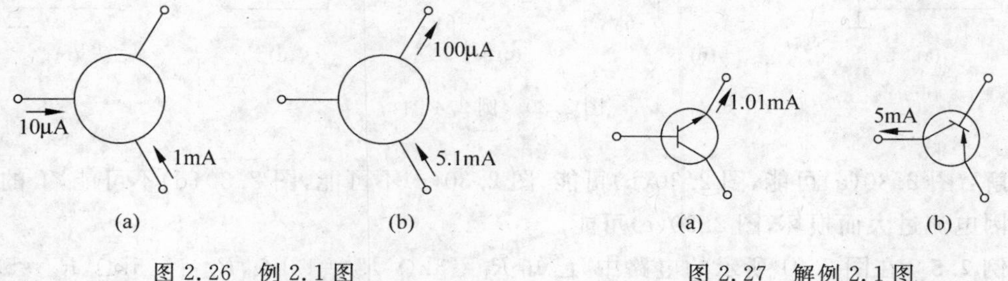

图 2.26　例 2.1 图　　　图 2.27　解例 2.1 图

例 2.2 电路如图 2.28 所示，晶体管导通时 $U_{BE}=0.7\text{V}$，$\beta=50$。试分析 U_{BB} 为 0、1V、1.5V 三种情况下 T 的工作状态及输出电压 U_O 的值。

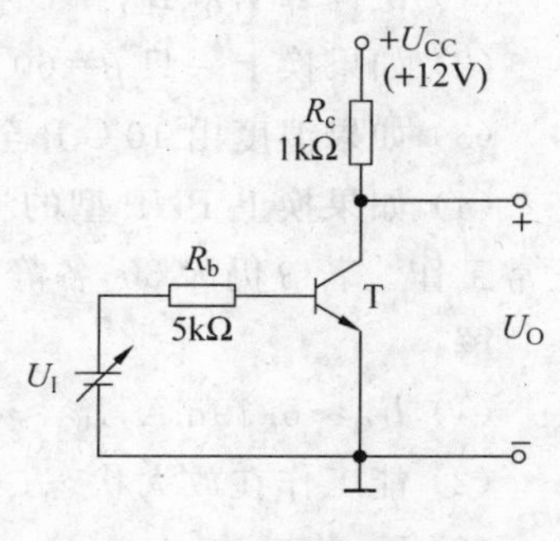

图 2.28　例 2.2 图

解：

(1) 当 $U_{BB}=0$ 时，T 处于截止状态，$U_O=12\text{V}$。

(2) 当 $U_{BB}=1\text{V}$ 时，因为

$$I_{BQ}=\frac{U_{BB}-U_{BEQ}}{R_b}=60\mu\text{A}$$

$$I_{CQ}=\beta I_{BQ}=3\text{mA}$$

$$U_O=U_{CC}-I_{CQ}R_c=9\text{V}$$

所以,T 处于放大状态。

(3) 当 $U_{BB}=1.5V$ 时,因为

$$I_{BQ}=\frac{U_{BB}-U_{BEQ}}{R_b}=160\mu A$$

$$I_{CQ}=\beta I_{BQ}=8mA$$

$$u_O=U_{CC}-I_{CQ}R_c<U_{BE}$$

所以,T 处于饱和状态。

例 2.3 电路如图 2.29 所示,试问 β 大于多少时晶体管饱和?

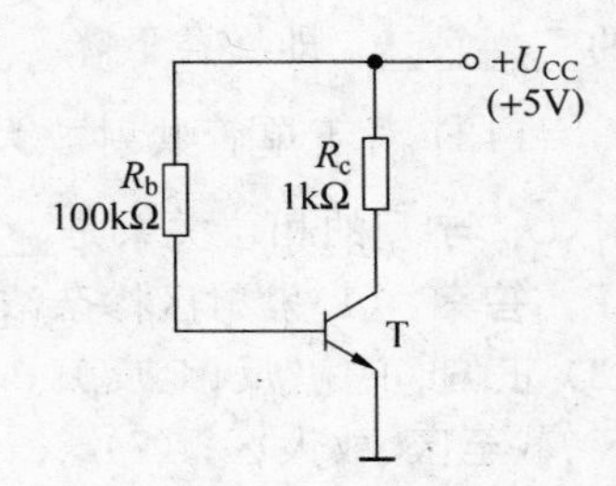

图 2.29 例 2.3 图

解:取 $U_{CES}=U_{BE}$,若晶体管饱和,则

$$\beta\cdot\frac{U_{CC}-U_{BE}}{R_b}=\frac{U_{CC}-U_{BE}}{R_c}$$

$$R_b=\beta R_c$$

所以,$\beta\geqslant\frac{R_b}{R_c}=100$ 时,晶体管饱和。

例 2.4 分别判断图 2.30 所示的各电路中的晶体管是否有可能工作在放大状态。

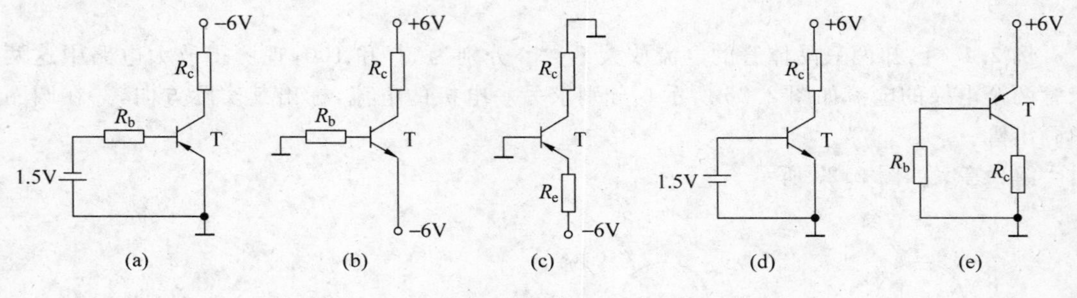

图 2.30 例 2.4 图

解:图 2.30(a)可能,图 2.30(b)可能,图 2.30(c)不可能,图 2.30(d)不可能,T 的发射结会因电流过大而损坏,图 2.30(e)可能。

例 2.5 在图 2.31 所示的电路中,已知 $R_1=3k\Omega$,$R_2=12k\Omega$,$R_c=1.5k\Omega$,$R_e=500\Omega$,$U_{CC}=20V$,3DG4 的 $\beta=30$。

(1) 试计算 I_{CQ}、I_{BQ} 和 U_{CEQ}。

(2) 如果换上一只 $\beta=60$ 的同类型晶体管,放大电路是否能工作在放大状态?

(3) 如果温度由 10℃升至 50℃,U_C(对地)将如何变化(增加、不变或减少)?

(4) 如果换上 PNP 型的三极管,试说明应做出哪些改动(包括电容的极性),才能保证正常工作。若 β 仍为 30,各静态值将有多大的变化?

解:

(1) $I_{CQ}\approx6.39mA$,$I_{BQ}\approx0.21mA$,$U_{CEQ}\approx7.23V$;

(2) 能工作在放大状态;

(3) U_C 将减小;

(4) 改动如图 2.32 所示，$I_{CQ}\approx6.39\text{mA}$，$I_{BQ}\approx0.21\text{mA}$，$U_{CEQ}\approx-7.23\text{V}$。

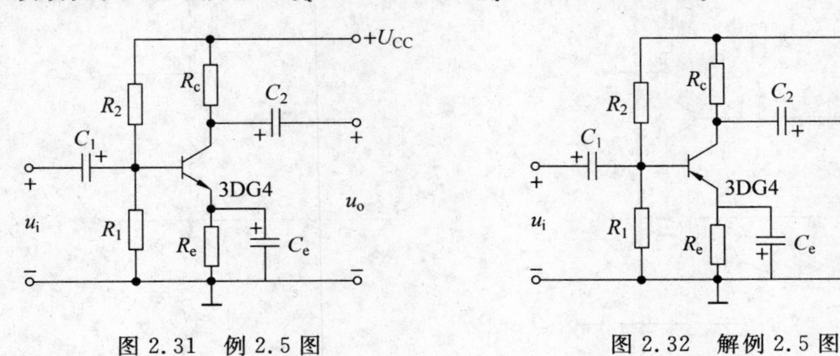

图 2.31　例 2.5 图　　　　图 2.32　解例 2.5 图

例 2.6　电路如图 2.33 所示，设各三极管均为硅管，$U_{BE}\approx0.7\text{V}$，$\beta=50$，$U_{CES}\approx0.3\text{V}$，$I_{CEO}$可忽略不计。试估算 I_B、I_C、U_{CE}。

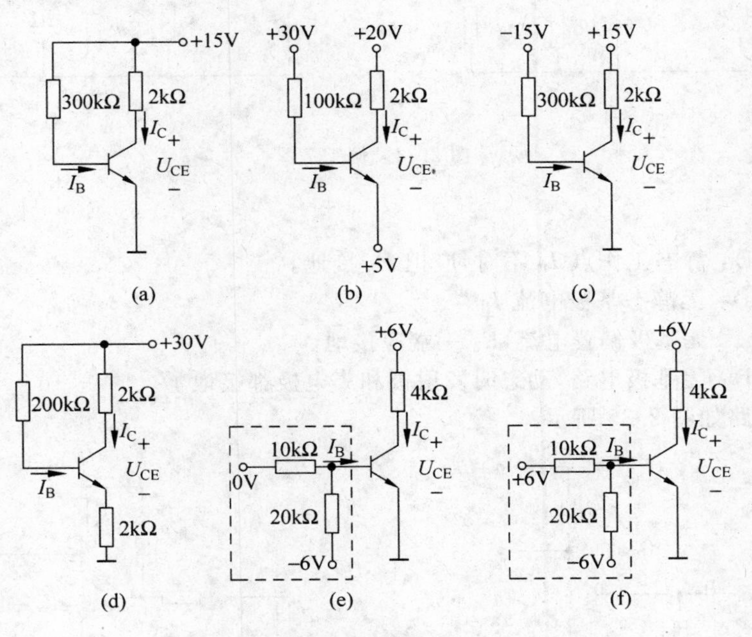

图 2.33　例 2.6 图

解：

(a) $I_B\approx47.7\mu\text{A}$，$I_C\approx2.38\text{mA}$，$U_{CE}\approx10.2\text{V}$；

(b) $I_B\approx0.243\text{mA}$，$I_C\approx7.35\text{mA}$，$U_{CE}\approx0.3\text{V}$；

(c) $I_B\approx0$，$I_C\approx0$，$U_{CE}\approx15\text{V}$；

(d) $I_B\approx97\mu\text{A}$，$I_C\approx4.85\text{mA}$，$U_{CE}\approx10.6\text{V}$；

(e) $I_B\approx0$，$I_C\approx0$，$U_{CE}\approx6\text{V}$；

(f) $I_B\approx195\mu\text{A}$，$I_C\approx1.425\text{mA}$，$U_{CE}\approx0.3\text{V}$。

例 2.7　按照放大电路的组成原则，仔细审阅图 2.34，分析各种放大电路的静态偏置和动态工作条件是否符合要求。如发现问题，应指出原因，并重画正确的电路(注意输入信号源的内阻 R_S 一般很小；分析静态偏置时，应将 u_S 短接)。

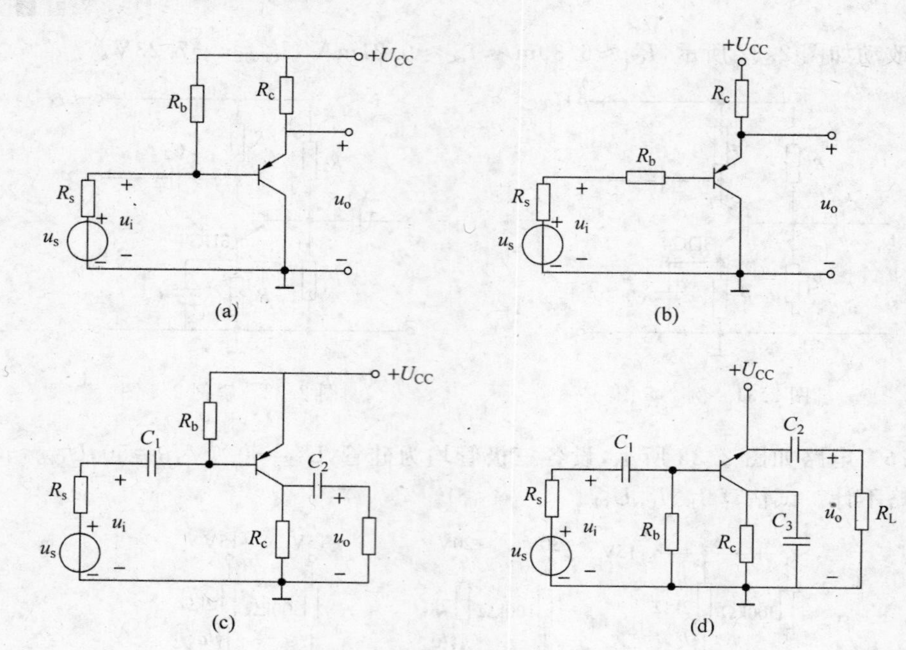

图 2.34 例 1.7 图

解：

图 2.34(a)：静态工作点 I_B 不对，应把 R_b 接地。

图 2.34(b)：无静态基极电流 I_B。

图 2.34(c)：无基极偏置电流，R_b 一端应接地。

图 2.34(d)：无基极电路，动态时发射极和集电极都接地了。

正确的电路如图 2.35 所示。

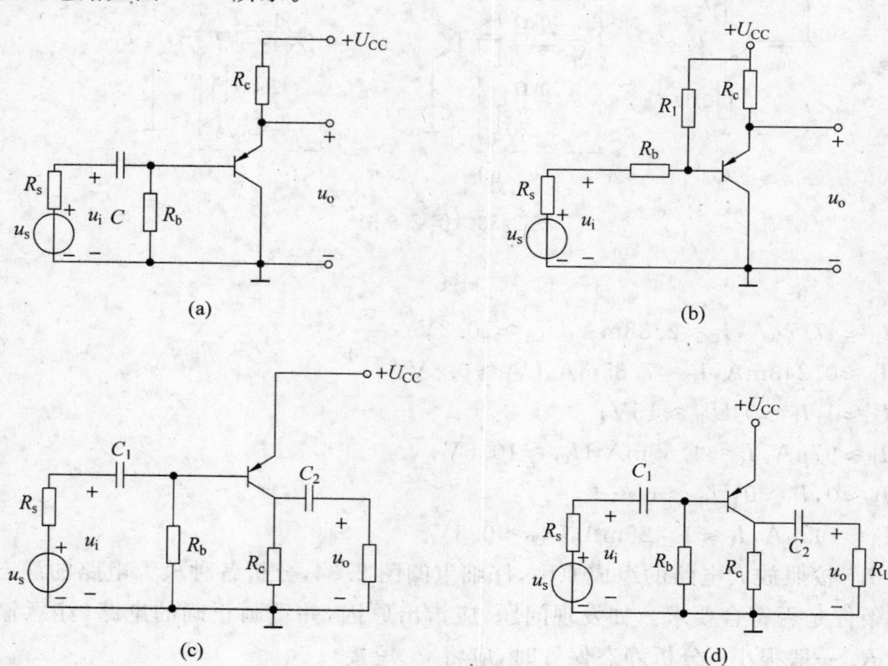

图 2.35 解例 2.7 图

例 2.8　放大电路如图 2.36(a)所示。试按照给定参数，在图 2.36(b)中：

(1) 画出直流负载线；

(2) 定出 Q 点(设 $U_{BEQ}=0.7V$)；

(3) 画出交流负载线；

(4) 画出对应于 i_B 由 $0\sim100\mu A$ 变化时，U_{CE} 的变化范围，并由此计算不失真输出电压 U_o(正弦电压有效值)。

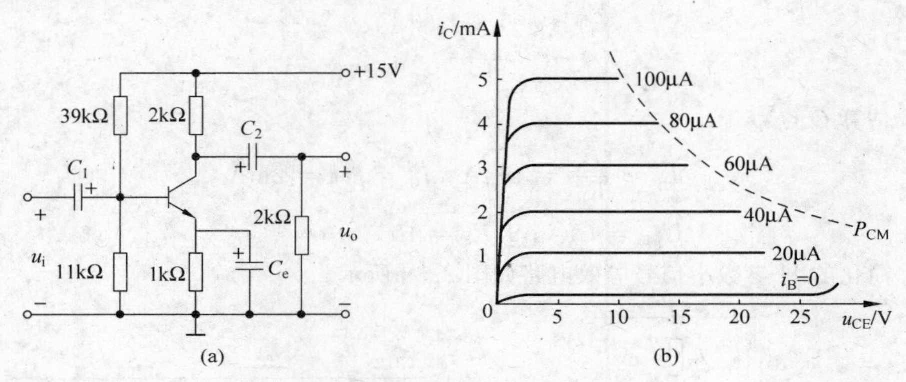

图 2.36　例 2.8 图

解：

(1) 直流负载线方程：$U_{CE}=U_{CC}-I_C(R_C+R_e)$，$U_{CE}=15-3I_C$，作在输出特性上，如图 2.37 所示。

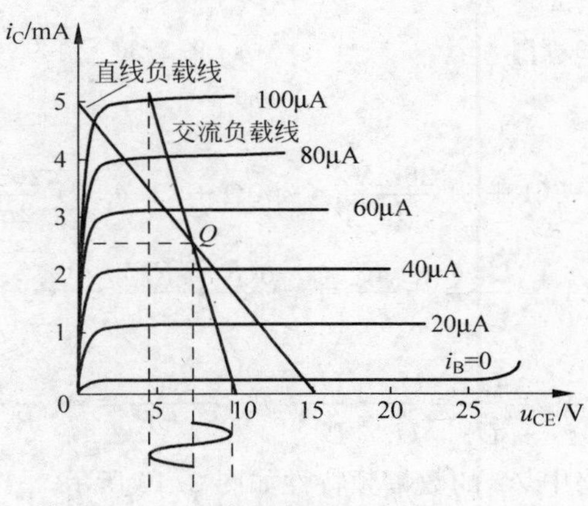

图 2.37　解例 2.8 图

(2) 先求 I_{BQ}：

$$U_{BQ}\approx\frac{11}{39+11}\times15V=3.3V$$

$$I_{CQ}\approx I_{EQ}=\frac{3.3-0.7}{1}mA=2.6mA$$

所以 Q 点如图 2.37 所示，可得：$I_{CQ}\approx2.6mA$，$U_{CEQ}\approx7.5V$。

(3) 交流等效负载为 $R'_L=R_C /\!/ R_L=1k\Omega$，所以过 Q 点作一条斜率为 $\Delta i_C/\Delta u_{CE}=1/R'_L$ 的直线，即为交流负载线，如图 2.37 所示。

(4) 当 i_B 由 $0\sim100\mu A$ 变化时，u_{CE} 的变化范围如图 2.37 所示。不失真输出电压 U_o 有

效值约为 $5V/\sqrt{2}=3.5V$。

例 2.9 单管放大电路如图 2.38 所示已知 BJT 的电流放大系数 $\beta=50$。$R_b=300k\Omega$，$R_C=4k\Omega$，$R_s=500\Omega$。

(1) 估算 Q 点；

(2) 画出简化 H 参数小信号等效电路；

(3) 估算 BJT 输入电阻 r_{be}；(4) 如输出端接入 4kΩ 的电阻负载，计算 $\dot{A}_u=\dot{U}_O/\dot{U}_i$ 及 $\dot{A}_{uS}=\dot{U}_O/\dot{U}_S$。

解：

(1) 估算 Q 点：

$$I_B \approx \frac{U_{CC}}{R_b} = 40\mu A \quad I_C = \beta I_B = 2mA$$

$$U_{CE} = U_{CC} - I_C R_c = 4V$$

(2) 简化的 H 参数小信号等效电路如图 2.39 所示。

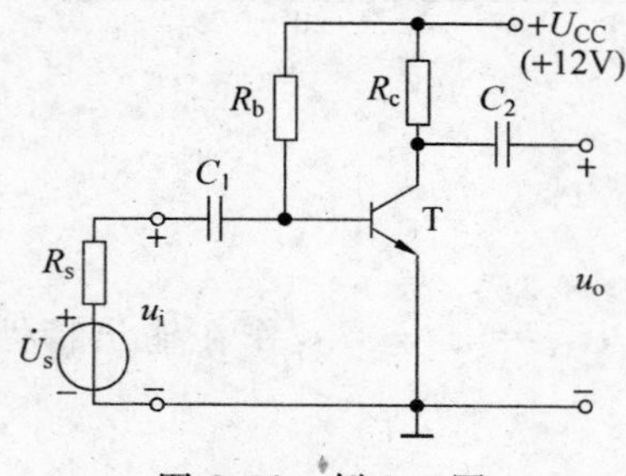

图 2.38 例 2.9 图

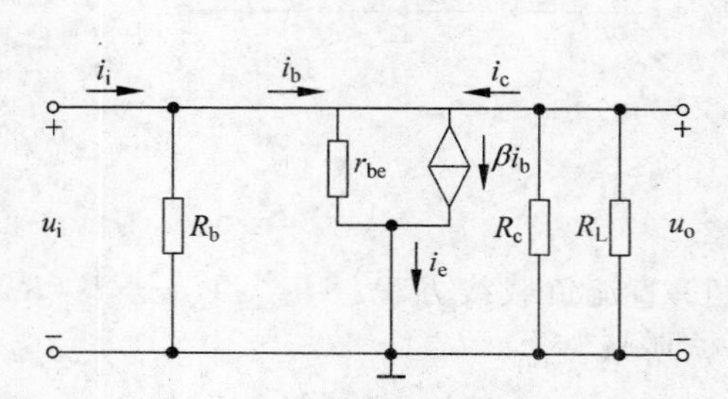

图 2.39 例 2.9 图 的等效电路

(3) 求 r_{be}：

$$r_{be} = 200\Omega + (1+\beta)\frac{26mV}{I_E} = 200\Omega + (1+50)\frac{26mV}{2mA} = 863\Omega$$

(4)
$$\dot{A}_u = \frac{\dot{U}_O}{\dot{U}_i} = -\frac{\beta R_L'}{r_{be}} = -\frac{\beta(R_c /\!/ R_L)}{r_{be}} \approx -116$$

$$\dot{A}_{uS} = \frac{\dot{U}_O}{\dot{U}_s} = \frac{\dot{U}_O}{\dot{U}_i}\cdot\frac{\dot{U}_i}{\dot{U}_s} = \dot{A}_u\frac{R_i}{R_i+R_s} = \dot{A}_u\frac{R_b /\!/ r_{be}}{R_s + R_b /\!/ r_{be}} \approx -73$$

例 2.10 某放大电路中 A_u 的数幅频特性如图 2.40 所示。

(1) 试求该电路的中频电压增益 $|\dot{A}_{uM}|$，上限频率 f_H，下限频率 f_L；

(2) 当输入信号的频率 $f=f_L$ 或 $f=f_H$ 时，该电路实际的电压增益是多少？

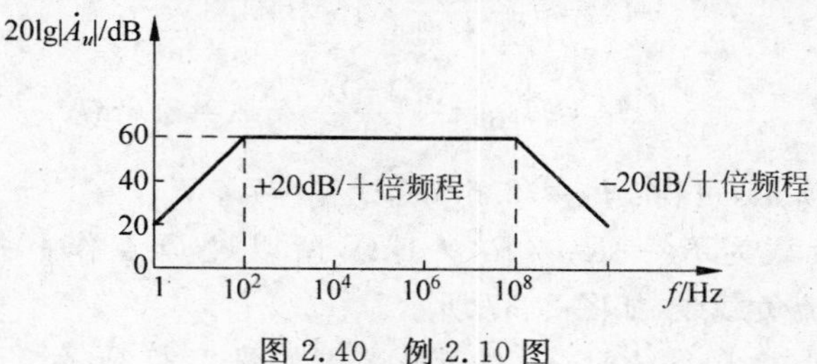

图 2.40 例 2.10 图

解：

(1) 由图 2.35 可知，中频电压增益 $|\dot{A}_{uM}|=1000$，上限频率 $f_H=10^8\,Hz$，下限频率 $f_L=10^2\,Hz$。

(2) 当 $f=f_L$ 或 $f=f_H$ 时，实际的电压增益是 57dB。

2.4 课后习题及解答

2.1 测得某放大电路中 BJT 的三个电极 A、B、C 的对地电位分别为 $U_A=-9V$，$U_B=-6V$，$U_C=6.2V$，试分析 A、B、C 中哪个是基极、发射极、集电极？此 BJT 是 NPN 管还是 PNP 管？

解：由于锗 BJT 的 $|U_{BE}|\approx0.2V$，硅 BJT 的 $|U_{BE}|\approx0.7V$，已知用 BJT 的电极 B 的 $U_B=-6V$，电极 C 的 $U_C=-6.2V$，电极 A 的 $U_A=-9V$，故电极 A 是集电极。又根据 BJT 工作在放大区时，必须保证发射结正偏、集电结反偏的条件可知，电极 B 是发射极，电极 C 是基极，且此 BJT 为 PNP 管。

2.2 从图 2.41 所示的各三极管电极上测得的对地电压数据中，分析各管的类型和电路中所处的工作状态。

(1) 是锗管还是硅管？

(2) 是 NPN 型还是 PNP 型？

(3) 是处于放大、截止或饱和状态中的哪一种？或是已经损坏？(指出哪个结已坏，是烧断还是短路？)提示：注意在放大区，硅管 $|U_{BE}|=|U_B-U_E|\approx0.7V$，锗管 $|U_{BE}|\approx0.3V$，且 $|U_{CE}|=|U_C-U_E|>0.7V$；而处于饱和区时，$|U_{CE}|\leqslant0.7V$。

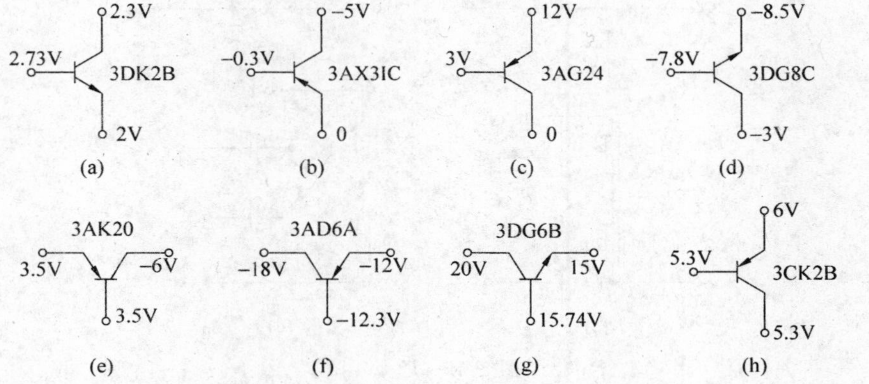

图 2.41 题 2.2 图

解：

图 2.41(a)NPN 硅管，工作在饱和状态；

图 2.41(b)PNP 锗管，工作在放大状态；

图 2.41(c)PNP 锗管，管子的 b-e 结已开路；

图 2.41(d)NPN 硅管，工作在放大状态；

图 2.41(e)PNP 锗管，工作在截止状态；

图 2.41(f)PNP 锗管，工作在放大状态；

图 2.41(g)NPN 硅管,工作在放大状态;

图 2.41(h)PNP 硅管,工作在临界饱和状态。

2.3 测量某硅 BJT 各电极对地的电压值如下,试判别管子工作在什么区域。

(a) $U_C=6V$ $U_B=0.7V$ $U_E=0$

(b) $U_C=6V$ $U_B=2V$ $U_E=1.3V$

(c) $U_C=6V$ $U_B=6V$ $U_E=5.4V$

(d) $U_C=6V$ $U_B=4V$ $U_E=3.6V$

(e) $U_C=3.6V$ $U_B=4V$ $U_E=3.4V$

解:

(a) 放大区,因发射结正偏,集电结反偏。

(b) 放大区,$U_{BE}=(2-1.3)V=0.7V$,$U_{CB}=(6-2)V=4V$,发射结正偏,集电结反偏。

(c) 饱和区。

(d) 截止区。

(e) 饱和区。

2.4 试分析图 2.42 所示各个电路的静态和动态测试对正弦交流信号有无放大作用,如有正常的放大作用,判断是同相放大还是反相放大。

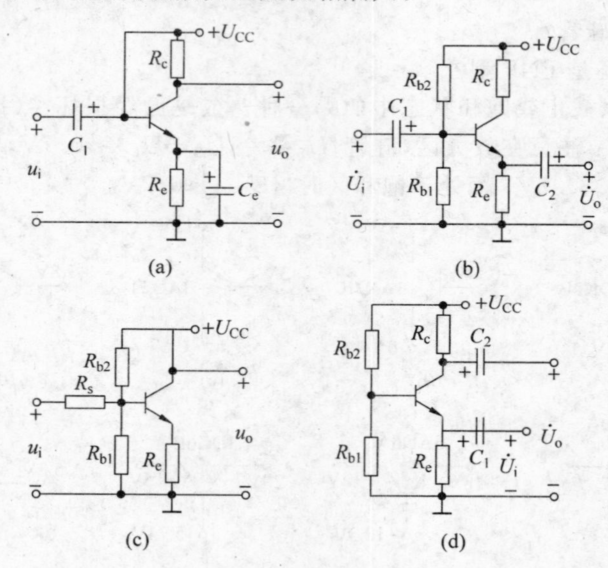

图 2.42 题 2.4 图

解:

图 2.42(a)没放大作用。因为输入端在交流通路中接地,输入信号短路;

图 2.42(b)有放大作用,属于 CC 组态,因此为同相放大电路;

图 2.42(c)没有放大作用,因为输出端交流接地;

图 2.42(d)有放大作用,属于 CB 组态,因此为同相放大电路。

2.5 共射放大电路及三极管的伏安特性如图 2.43 所示。

(1) 用图解法求出电路的静态工作点,并分析这个工作点选得是否合适?

(2) 在 U_{CC} 和三极管参数不变的情况下,为了把三极管的集电极电压 U_{CEQ} 提高到 5V 左

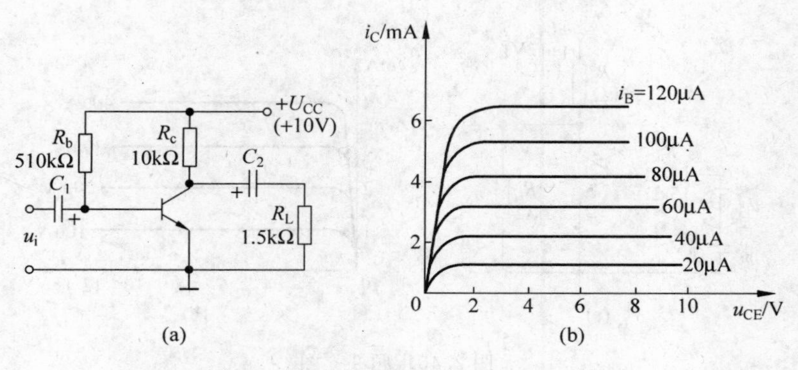

图 2.43　题 2.5 图

右，可以改变哪些电路参数？如何改变？

(3) 在 U_{CC} 和三极管参数不变的情况下，为了使 $I_{CQ}=2\text{mA}$，$U_{CEQ}=2\text{V}$，应改变哪些电路参数，改变到什么数值？

解：

(1) $I_B=\dfrac{10-0.7}{510}=18.2\mu\text{A}$，可知静态工作点不合适；

(2) 为了把三极管的集电极电压 U_{CEQ} 提高到 5V 左右，可以有多种 R_c、R_b 组合。如图 2.44 中将静态工作点设置在 Q′点，则 R_c 保持不变，取 $R_b=100\text{k}\Omega$，使 $I_B=90\mu\text{A}$。

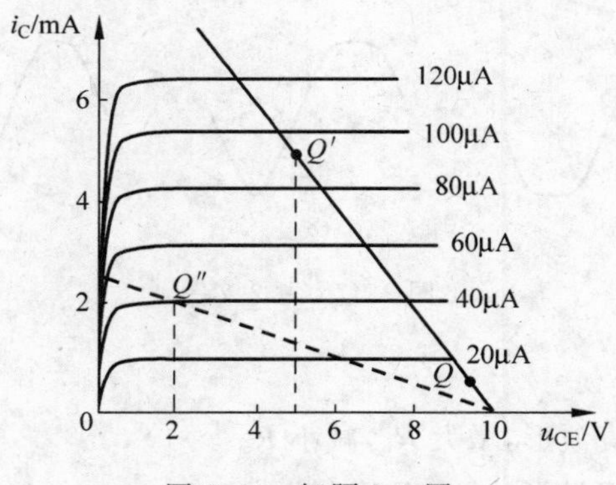

图 2.44　解题 2.5 图

(3) 应将静态工作点设置在 Q″点，可得：$R_c=4\text{k}\Omega$，$R_b\approx250\text{k}\Omega$。

2.6　电路如图 2.45(a)所示，图 2.45(b)是晶体管的输出特性，静态时 $U_{BEQ}=0.7\text{V}$。利用图解法分别求出 $R_L=\infty$ 和 $R_L=3\text{k}\Omega$ 时的静态工作点和最大不失真输出电压 U_{om}(有效值)。

解：参见图 2.46，空载时：$I_{BQ}=20\mu\text{A}$，$I_{CQ}=2\text{mA}$，$U_{CEQ}=6\text{V}$；最大不失真输出电压峰值约为 5.3V，有效值约为 3.75V。

带载时：$I_{BQ}=20\mu\text{A}$，$I_{CQ}=2\text{mA}$，$U_{CEQ}=3\text{V}$；最大不失真输出电压峰值约为 2.3V，有效值约为 1.63V。

2.7　在图 2.45(a)所示的电路中，由于电路参数不同，在信号源电压为正弦波时，测得输出波形如图 2.47 所示，试说明电路分别产生了什么失真？如何消除？

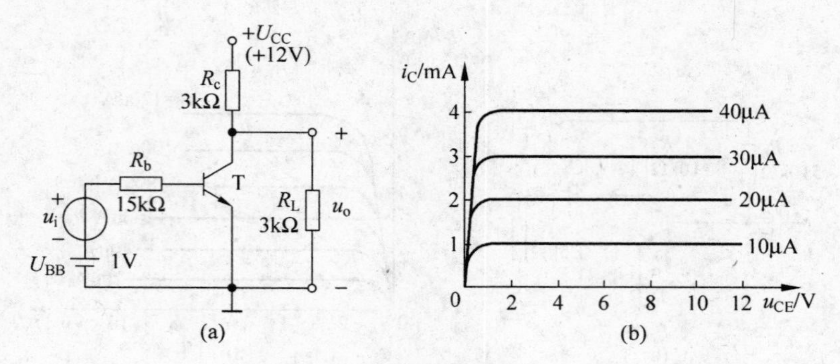

图 2.45　题 2.6 图

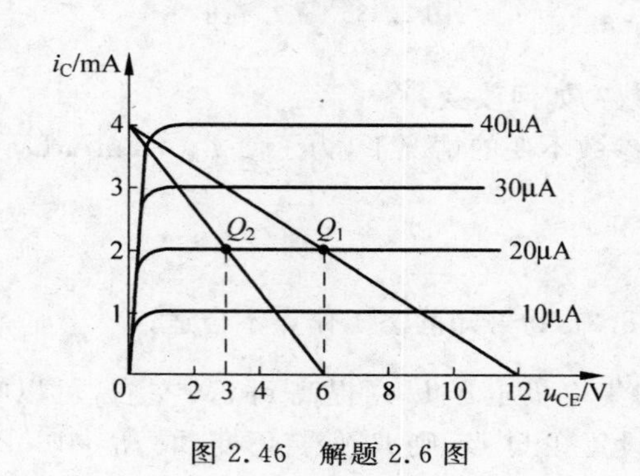

图 2.46　解题 2.6 图

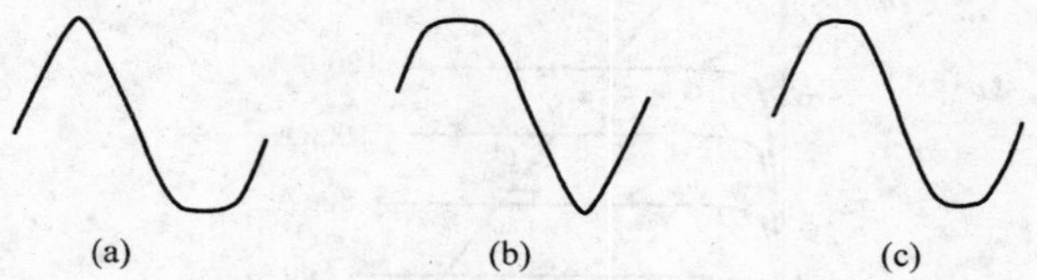

(a)　　(b)　　(c)

图 2.47　题 2.7 图

解：

图 2.47(a)为饱和失真波形，增大 R_b，减小 R_c。

图 2.47(b)为截止失真波形，减小 R_b。

图 2.47(c)表明同时出现饱和失真和截止失真，应增大 U_{CC}。

2.8　如图 2.48 所示，已知 $U_{CC}=12V$，晶体管的 $\beta=100$，$R'_b=100k\Omega$。填空：要求先填文字表达式后填得数。

（1）当 $\dot{U}_i=0$ 时，测得 $U_{BEQ}=0.7V$，若要基极电流 $I_{BQ}=20\mu A$，则 R'_b和 R_W 之和 $R_b=$________$\approx$________ kΩ；而若测得 $U_{CEQ}=6V$，则 $R_c=$________$\approx$________ kΩ。

（2）若测得输入电压有效值 $U_i=5mV$ 时，输出电压有效值 $U'_o=0.6V$，则电压放大倍数 $\dot{A}_u=$________$\approx$________。若负载电阻 R_L 值与 R_c 相等，则带上负载后输出电压有效值 $U_o=$________$=$________ V。

解：

（1）$(U_{CC}-U_{BEQ})/I_{BQ}$，565；$(U_{CC}-U_{CEQ})/\beta I_{BQ}$，3。

(2) $-U_o/U_i$，-120；$\frac{R_L}{R_c R_L}\cdot U'_o$，0.3。

2.9　已知图 2.48 所示电路中 $U_{CC}=12V$，$R_c=3k\Omega$，静态管压降 $U_{CEQ}=6V$；并在输出端加负载电阻 R_L，其阻值为 $3k\Omega$。选择一个合适的答案填入空内。

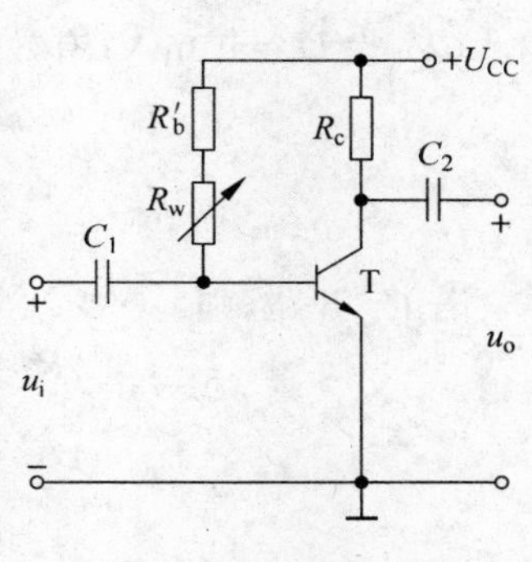

图 2.48　题 2.8 图

(1) 该电路的最大不失真输出电压有效值 $U_{om}\approx$________；

A. 2V　　B. 3V　　C. 6V

(2) 当 $\dot{U}_i=1mV$ 时，若在不失真的条件下，减小 R_W，则输出电压的幅值将________；

A. 减小　　B. 不变　　C. 增大

(3) 在 $\dot{U}_i=1mV$ 时，将 R_w 调到输出电压最大且刚好不失真，若此时增大输入电压，则输出电压波形将________；

A. 顶部失真　　B. 底部失真　　C. 为正弦波

(4) 若发现电路出现饱和失真，则为消除失真，可将________。

A. R_W 减小　　B. R_c 减小　　C. U_{CC}减小

解：(1) A　(2) C　(3) B　(4) B

2.10　电路如图 2.49 所示，晶体管的 $\beta=60$，$r_{bb'}=100\Omega$。

(1) 求解 Q 点、画微变等效电路、$\dot{A}_u$、R_i 和 R_o；

(2) 设 $U_s=10mV$(有效值)，求 U_i、U_o，若 C_3 开路，求 U_i、U_o、R_i 和 R_o。

解：

(1) Q 点：

$$I_{BQ}=\frac{U_{CC}-U_{BEQ}}{R_b+(1+\beta)R_e}\approx 31\mu A$$

$$I_{CQ}=\beta I_{BQ}\approx 1.86mA$$

$$U_{CEQ}\approx U_{CC}-I_{EQ}(R_c+R_e)=4.56V$$

微变等效电路如图 2.50 所示。

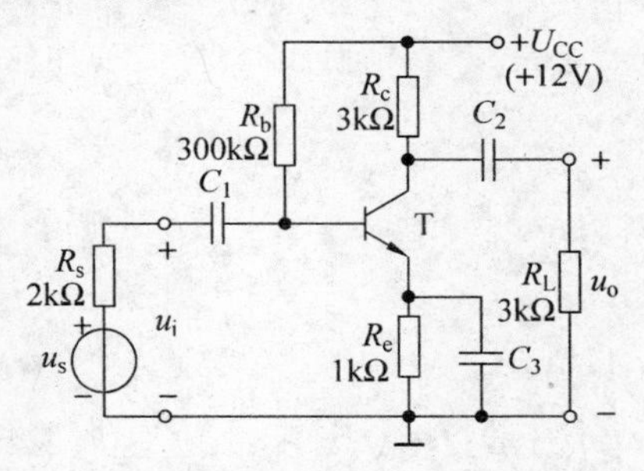

图 2.49　题 2.10 图

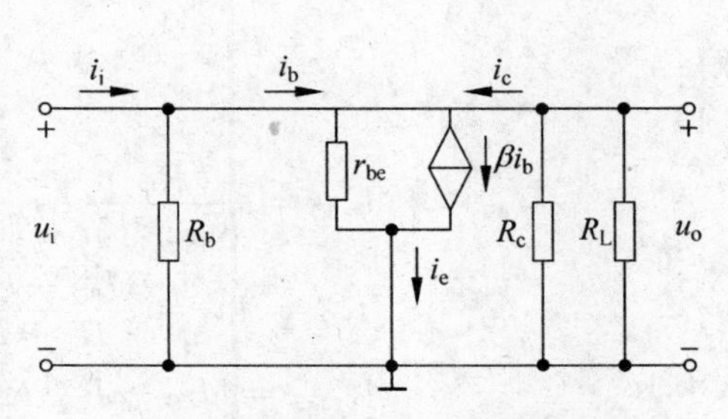

图 2.50　解题 2.10 图

$$r_{be}=r_{bb'}+(1+\beta)\frac{26mV}{I_{EQ}}\approx 952\Omega$$

$$R_i=R_b\,/\!/\,r_{be}\approx 952\Omega$$

$$\dot{A}_u=-\frac{\beta(R_c\,/\!/\,R_L)}{r_{be}}\approx -95$$

$$R_o=R_c=3k\Omega$$

(2) 设 $U_s=10\text{mV}$(有效值),则

$$U_i=\frac{R_i}{R_s+R_i}\cdot U_s\approx 3.2\text{mV}$$

$$U_o=|\dot{A}_u|U_i\approx 304\text{mV}$$

若 C_3 开路,则

$$R_i=R_b /\!/ [r_{be}+(1+\beta)R_e]\approx 51.3\text{k}\Omega$$

$$\dot{A}_u\approx -\frac{R_c /\!/ R_L}{R_e}=-1.5$$

$$U_i=\frac{R_i}{R_s+R_i}\cdot U_s\approx 9.6\text{mV}$$

$$U_o=|\dot{A}_u|U_i\approx 14.4\text{mV}$$

2.11 电路如图 2.51(a)所示,已知晶体管的 $\beta=100$,$r_{bb'}=100\Omega$,$U_{BEQ}=0.7\text{V}$。

(1) 试估算该电路的静态工作点(I_{CQ},U_{CEQ});

(2) 画出电路的微变等效电路(C_1,C_2,C_e 足够大);

(3) 求该电路的电压增益 A_u;

(4) 求输入电阻 R_i 和输出电阻 R_o;

(5) 出现图 2.51(b)所示的失真时,请问是何种失真?若调整 R_{b2} 应该将其增大还是减小?

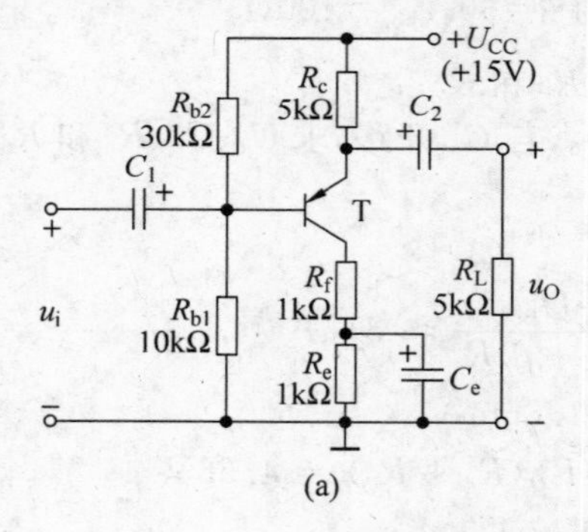

(a) (b)

图 2.51 题 2.11 图

解:

(1)

$$U_{BQ}=\frac{R_{b1}}{R_{b1}+R_{b2}}U_{CC}=3.75\text{V}$$

$$I_{EQ}=I_{CQ}=\frac{U_{BQ}-U_{BEQ}}{R_f+R_e}\approx 1.5\text{mA}$$

$$U_{CEQ}=U_{CC}-I_{CQ}(R_c+R_e+R_f)=4.5\text{V}$$

(2) 微变等效电路如图 2.52 所示。

(3) $r_{be}=1.85\text{k}\Omega$ $A_u=-\dfrac{\beta R_L'}{r_{be}+(1+\beta)R_f}\approx -2.43$

(4) $R_i=R_{b1} /\!/ R_{b2} /\!/ [r_{be}+(1+\beta)R_f]=7\text{k}\Omega$ $R_o=R_c=5\text{k}\Omega$

(5) 饱和失真,R_{b2} 增大。

2.12 电路如图 2.53 所示,设 $\beta=100$。试求:

(1) Q 点;

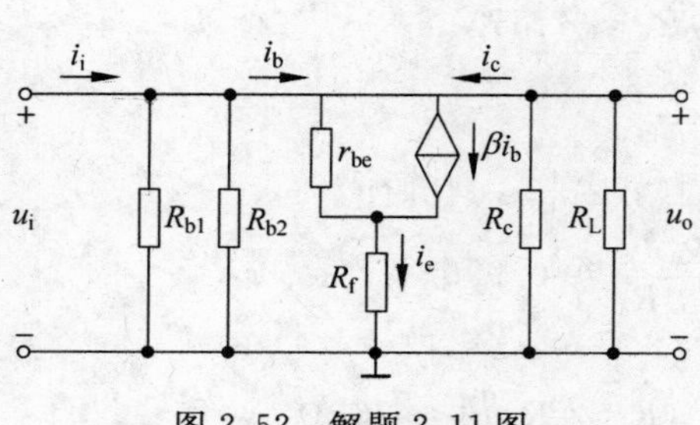

图 2.52　解题 2.11 图

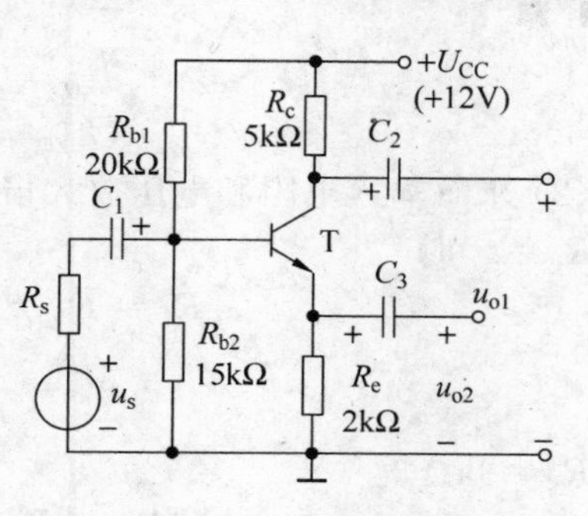

图 2.53　题 2.12 图

(2) 输入电阻 R_i；

(3) 电压增益 $\dot{A}_{u1}=\dot{U}_{o1}/\dot{U}_s$ 和 $\dot{A}_{u2}=\dot{U}_{o2}/\dot{U}_s$；

(4) 输出电阻 R_{O1} 和 R_{O2}。

解：

(1) 求 Q 点

$$U_B=\frac{R_{b2}}{R_{b1}+R_{b2}}U_{CC}\approx 4.3\text{V}$$

$$I_C\approx I_E=\frac{U_B-U_{BE}}{R_e}=1.8\text{mA}$$

$$U_{CE}=U_{CC}-I_C(R_c+R_e)=2.8\text{V}$$

$$I_B=\frac{I_C}{\beta}=18\mu\text{A}$$

(2) 求 r_{be} 及 R_i

$$r_{be}=r_{bb'}+(1+\beta)\frac{26\text{mV}}{I_E}\approx 1.66\text{k}\Omega$$

$$R_i=R_{b1}\ /\!/\ R_{b2}\ /\!/\ [r_{be}+(1+\beta)R_e]\approx 8.2\text{k}\Omega$$

(3) $\dot{A}_{U1}=\dfrac{\dot{U}_{O1}}{\dot{U}_s}=\dfrac{\dot{U}_{O1}}{\dot{U}_i}\cdot\dfrac{\dot{U}_i}{\dot{U}_s}=-\dfrac{\beta R_c}{r_{be}+(1+\beta)R_e}\cdot\dfrac{R_i}{R_i+R_s}\approx-0.79$

$\dot{A}_{U2}=\dfrac{\dot{U}_{O2}}{\dot{U}_s}=\dfrac{\dot{U}_{O2}}{\dot{U}_i}\cdot\dfrac{\dot{U}_i}{\dot{U}_s}=-\dfrac{\beta R_e}{r_{be}+(1+\beta)R_e}\cdot\dfrac{R_i}{R_i+R_s}\approx 0.8$

(4) 求 R_{O1} 和 R_{O2}：

$$R_{O1}\approx R_c=2\text{k}\Omega$$

$$R_{O2}=R_e\ /\!/\ \frac{r_{be}+(R_{b1}\ /\!/\ R_{b2}\ /\!/\ R_s)}{1+\beta}\approx 31\Omega$$

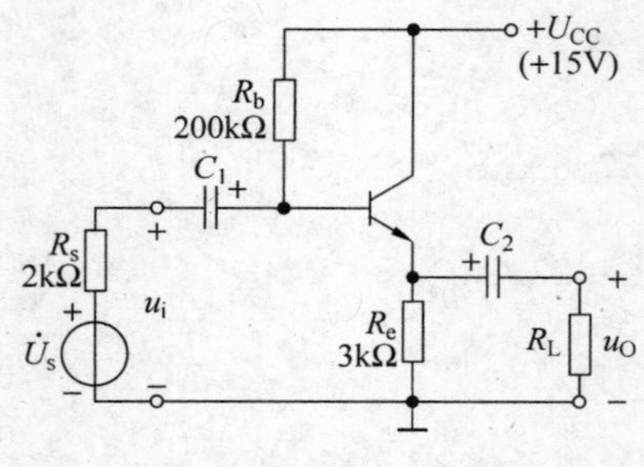

图 2.54　题 2.13 图

2.13　电路如图 2.54 所示，晶体管的 $\beta=80$，$r_{be=1k\Omega}$。

(1) 求出 Q 点；

(2) 分别求出 $R_L=\infty$ 和 $R_L=3\text{k}\Omega$ 时电路的 $\dot{A}_u$ 和 R_i；

(3) 求出 R_o。

解：

(1) 求解 Q 点：

$$I_{BQ}=\frac{U_{CC}-U_{BEQ}}{R_b+(1+\beta)R_e}\approx 32.3\mu\text{A}$$

$$I_{EQ}=(1+\beta)I_{BQ}\approx 2.61\text{mA}$$
$$U_{CEQ}=U_{CC}-I_{EQ}R_e\approx 7.17\text{V}$$

(2) 求解输入电阻和电压放大倍数：

$R_L=\infty$时

$$R_i=R_b\ /\!/\ [r_{be}+(1+\beta)R_e]\approx 110\text{k}\Omega$$
$$\dot{A}_u=\frac{(1+\beta)R_e}{r_{be}+(1+\beta)R_e}\approx 0.996$$

$R_L=3\text{k}\Omega$ 时

$$R_i=R_b\ /\!/\ [r_{be}+(1+\beta)(R_e\ /\!/\ R_L)]\approx 76\text{k}\Omega$$
$$\dot{A}_u=\frac{(1+\beta)(R_e\ /\!/\ R_L)}{r_{be}+(1+\beta)(R_e\ /\!/\ R_L)}\approx 0.992$$

(3) 求解输出电阻：

$$R_o=R_e\ \Big/\!\!\Big/\ \frac{R_s\ /\!/\ R_b+r_{be}}{1+\beta}\approx 37\Omega$$

2.14 一放大电路的增益函数为

$$A(s)=10\frac{\text{j}\omega}{\text{j}\omega+2\pi\times 10}\cdot\frac{1}{1+\dfrac{\text{j}\omega}{(2\pi\times 10^6)}}$$

试绘出它的幅频响应的伯德图，并求出中频增益、下限频率 f_L 和上限频率 f_H 以及增益下降到 1 时的频率。

解：对于实际频率而言，可用 $s=\text{j}2\pi f$ 代人原增益传递函数表达式，得

$$\dot{A}=10\frac{\text{j}2\pi f}{\text{j}2\pi f+2\pi\times 10}\cdot\frac{1}{1+\dfrac{\text{j}2\pi f}{2\pi\times 10^6}}=\frac{10}{\left(1-\text{j}\,\dfrac{10}{f}\right)}\cdot\frac{1}{\left(1+\text{j}\,\dfrac{f}{10^6}\right)}$$

由此式可知，中频增益$|A_M|=10$，$f=10\text{Hz}$，$f_H=10^6\text{Hz}$。其幅频响应的伯德图如图 2.55 所示。增益下降到 1 时的频率为 1Hz 及 10MHz。

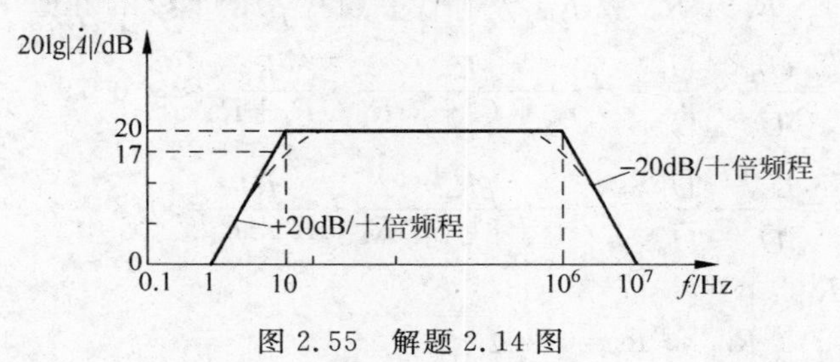

图 2.55 解题 2.14 图

2.15 一高频 BJT，在 $I_C=1.5\text{mA}$ 时，测出其低频 H 参数：$r_{be}=1.1\text{k}\Omega$，$\beta_o=50$，特征频率 $f_T=100\text{MHz}$，$C_{b'c}=3\text{pF}$，试求混合 Π 型参数 g_m、$r_{b'e}$、$r_{bb'}$、$C_{b'e}$。

解：

$$g_m=\frac{1}{r_e}=\frac{I_E}{26\text{mV}}=57.69\times 10^{-3}\text{S}=57.69\text{mS}$$

$$r_{b'e}=\frac{\beta}{g_m}=866.7\Omega\qquad r_{be'}=r_{be}-r_{b'e}=233.3\Omega$$

$$C_{b'e}=\frac{g_m}{2\pi f_T}=92\text{pF}\qquad f_\beta=\frac{f_T}{\beta}=2\text{MHz}$$

2.16 已知某电路的伯德图如图 2.56 所示，试写出$\dot{A}_u$ 的表达式。

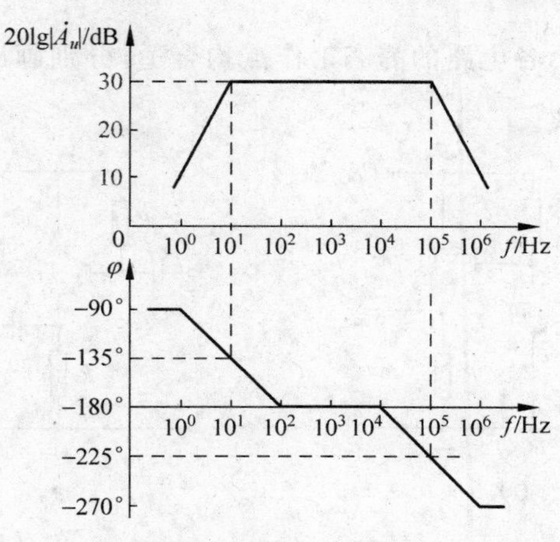

图 2.56　题 2.16 图

2.17　已知某电路电压放大倍数为下式所示,试求解:

$$\dot{A}_u = \frac{-10\mathrm{j}f}{\left(1+\mathrm{j}\,\dfrac{f}{10}\right)\left(1+\mathrm{j}\,\dfrac{f}{10^5}\right)}$$

(1) $\dot{A}_{um}=$? $f_L=$? $f_H=$?

(2) 画出伯德图。

解:

(1) 变换电压放大倍数的表达式,求出$\dot{A}_{um}$、f_L、f_H。

$$\dot{A}_u = \frac{-100\cdot\mathrm{j}\,\dfrac{f}{10}}{\left(1+\mathrm{j}\,\dfrac{f}{10}\right)\left(1+\mathrm{j}\,\dfrac{f}{10^5}\right)}$$

$$\dot{A}_{um} = -100$$

$$f_L = 10\,\mathrm{Hz}$$

$$f_H = 10^5\,\mathrm{Hz}$$

(2) 伯德图如图 2.57 所示。

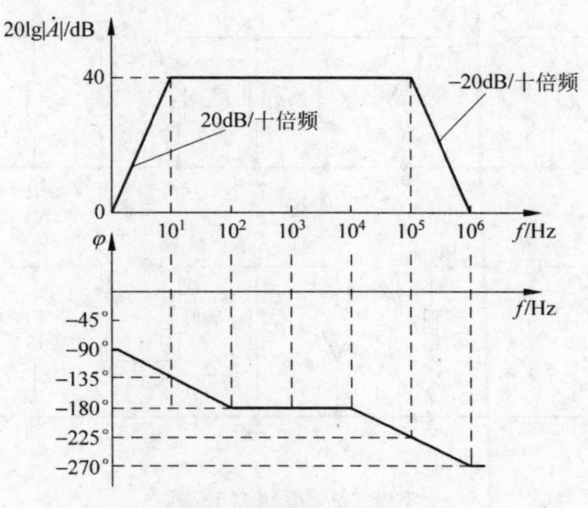

图 2.57　解题 2.17 图

2.18 设图 2.58 所示各电路的静态工作点均合适，分别画出它们的交流等效电路，并写出$\dot{A}_u$、R_i 和 R_o 的表达式。

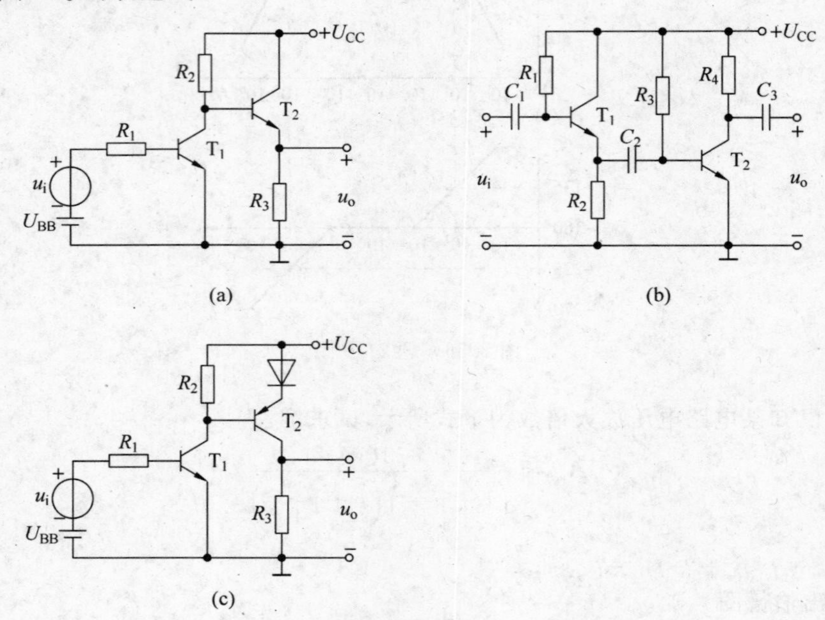

图 2.58 题 2.18 图

解：

(1) 图示各电路的交流等效电路如图 2.59 所示。

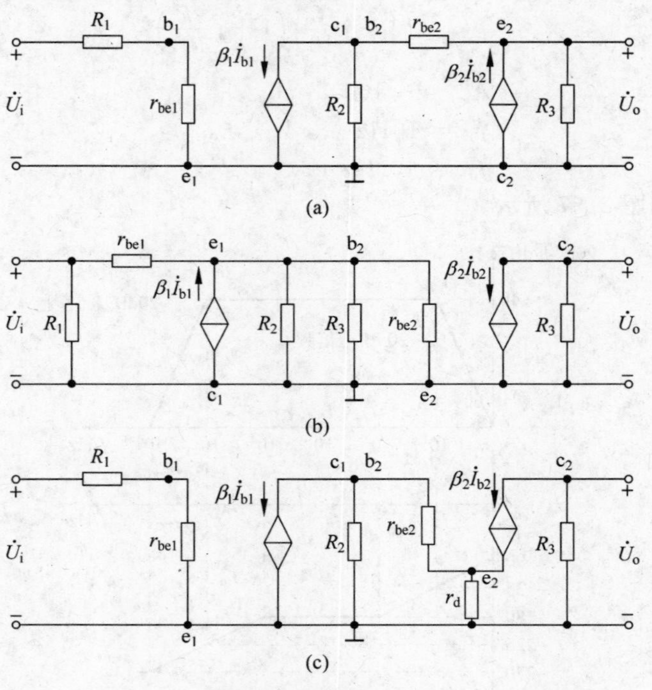

图 2.59 解题 2.18 图

(2) 各电路$\dot{A}_u$、R_i 和 R_o 的表达式如下所示。

① 对于图 2.58(a)：

$$\dot{A}_u=-\frac{\beta_1\{R_2 /\!/ [r_{be2}+(1+\beta_2)R_3]\}}{R_1+r_{be1}}\cdot\frac{(1+\beta_2)R_3}{r_{be2}+(1+\beta_2)R_3}$$

$$R_i=R_1+r_{be1}$$

$$R_o=R_3 /\!/ \frac{r_{be2}+R_2}{1+\beta_2}$$

② 对于图 2.58(b)：

$$\dot{A}_u=\frac{(1+\beta_1)(R_2 /\!/ R_3 /\!/ r_{be2})}{r_{be1}+(1+\beta_1)(R_2 /\!/ R_3 /\!/ r_{be2})}\cdot\left(-\frac{\beta_2 R_4}{r_{be2}}\right)$$

$$R_i=R_1 /\!/ [r_{be1}+(1+\beta_1)(R_2 /\!/ R_3 /\!/ r_{be2})]$$

$$R_o=R_4$$

③ 对于图 2.58(c)：

$$\dot{A}_u=-\frac{\beta_1\{R_2 /\!/ [r_{be2}+(1+\beta_2)r_d]\}}{R_1+r_{be1}}\cdot\left[-\frac{\beta_2 R_3}{r_{be2}+(1+\beta_2)r_d}\right]$$

$$R_i=R_1+r_{be1}$$

$$R_o=R_3$$

第3章 场效应管及其放大电路

3.1 主要内容

3.1.1 结型场效应管

场效应管(FET)是一种电压控制型器件,它是利用电场效应来控制其电流的大小,从而实现放大。场效应管的种类很多,根据基本结构不同,主要分为两大类:结型场效应管(JFET)和金属-氧化物-半导体场效应管(MOSFET)。结型场效应管简称JFET,根据制造材料的不同又可分为N沟道和P沟道两种,它们都具有三个电极:栅极(G)、源极(S)和漏极(D),分别与三极管的基极、发射极和集电极相对应,如图3.1所示。在JFET中,源极和漏极是可以互换的。为实现场效应管栅源电压对漏极电流的控制作用,结型场效应管在工作时,栅极和源极之间的PN结必须反向偏置。

N沟道JFET栅极、沟道之间的PN结是反向偏置的,因此,其 $i_G \approx 0$,输入电阻的阻值很高;JFET的电流 i_D 受 u_{GS} 控制;预夹断前,i_D 与 u_{DS} 呈近似线性关系,预夹断后,i_D 趋于饱和。

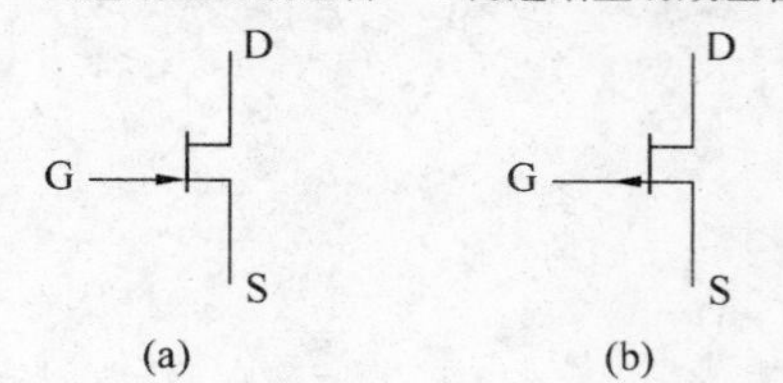

图3.1 结型场效应管符号

P沟道JFET工作时,其电源极性与N沟道JFET的电源极性相反。

JFET的输出特性用 $i_D = f(u_{DS})|_{u_{GS}=常数}$ 表示,如果FET栅极与源极之间接一可调负电源,由于栅源电压越负,耗尽层越宽,沟道电阻就越大,相应的 i_D 就越小。因此,改变栅源电压可得一族曲线,如图3.2所示。

JFET工作区域分为三个区:

截止区(夹断区):当 $u_{GS} < U_{GS(off)}$ 时,导电沟道被夹断,$i_D = 0$ 称为截止区。

可变电阻区:又称非饱和区,是预夹断前的区域。此时沟道尚未出现预夹断,管子可以看做是一个由电压控制的可变电阻。

饱和区:又称恒流区或放大区,是预夹断后的区域,管子工作在局部出现预夹断的状态,漏极电流 i_D 几乎不随 u_{DS} 变化,主要由 u_{GS} 决定。在此区域,场效应管可以看做一个恒流源。利用场效应管做放大管时,管子在此区域工作。

当 u_{DS} 增大到一定程度时,栅漏极间PN结发生雪崩击穿,i_D 迅速增大。如果不加限制,管子将会电击穿。管子不允许在此区域工作。

电流控制器件 BJT 的工作性能,是通过它的输入特性和输出特性及一些参数来反映的。FET 是电压控制器件,它除了用输出特性及一些参数来描述其性能外,由于栅极输入端基本上没有电流,故讨论它的输入特性是没有意义的。JFET 的转移特性是指在一定漏源电压 u_{DS} 下,栅源电压 u_{GS} 对漏极电流 i_D 的控制特性,用 $i_D=f(u_{GS})|_{u_{DS}=常数}$ 表示,它反映了场效应管栅源电压对漏极电流的控制作用,如图 3.3 所示。当 $u_{GS}=0$ 时,导电沟道电阻最小,i_D 最大;当 $u_{GS}=U_{GS(off)}$ 时,导电沟道被完全夹断,沟道电阻最大,此时 $i_D=0$。

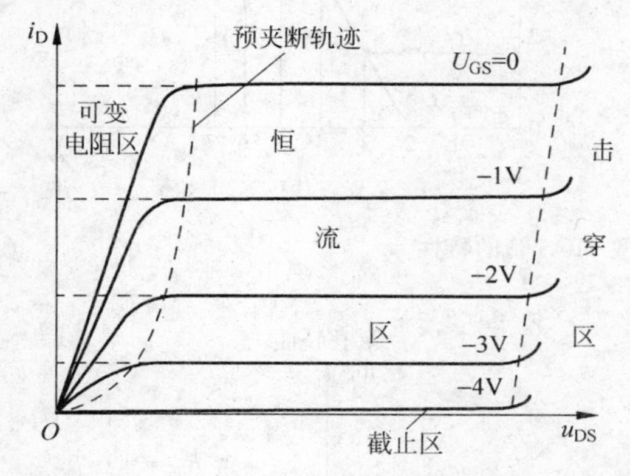

图 3.2 N 沟道结型场效应管的输出特性曲线

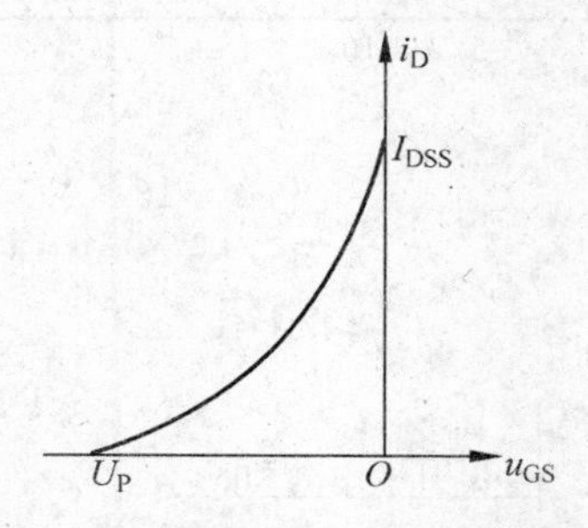

图 3.3 N 沟道结型场效应管的转移特性曲线

P 沟道结型场效应管与 N 沟道结型场效应管相比,除在结构上各部分半导体的类型相反,外电路所加的 u_{GS}、u_{DS} 的极性相反外,在特性和工作原理方面是相同的,只是电压的极性和电流的方向相反。

3.1.2 绝缘栅型场效应管

绝缘栅型场效应管用 MOSFET 表示。绝缘栅型场效应管分为增强型和耗尽型两种,每一种又包括 N 沟道和 P 沟道两种类型。增强型和耗尽型的区别是:当 $u_{GS}=0$ 时,存在导电沟道的称为耗尽型,不存在导电沟道的称为增强型。

MOSFET 的输出特性是指在栅源电压 u_{GS} 一定的条件下,漏极电流 i_D 与漏源电压 u_{DS} 之间的关系如图 3.4 所示。与结型场效应管相似,MOSFET 有三个工作区域:可变电阻区、饱和区、截止区。

N 沟道增强型 MOSFET 的工作区域如图 3.4(a)所示。

截止区:当 $u_{GS}<U_T$ 时,导电沟道尚未形成,$i_D=0$,为截止工作状态。

可变电阻区:当 $u_{DS}\leqslant(u_{GS}-U_T)$时,$u_{DS}$ 较小。

饱和区(又称恒流区或放大区):当 $u_{GS}>U_T$,且 $u_{DS}\geqslant(u_{GS}-U_T)$时,MOSFET 进入饱和区。

N 沟道耗尽型 MOSFET 可以在正或负的栅源电压下工作。N 沟道增强型 MOS 管的开启电压为 U_T 为正值,而 N 沟道耗尽型 MOS 管的夹断电压为 U_P 负值。

N 沟道耗尽型 MOSFET 的输出特性和转移特性如图 3.5 所示。

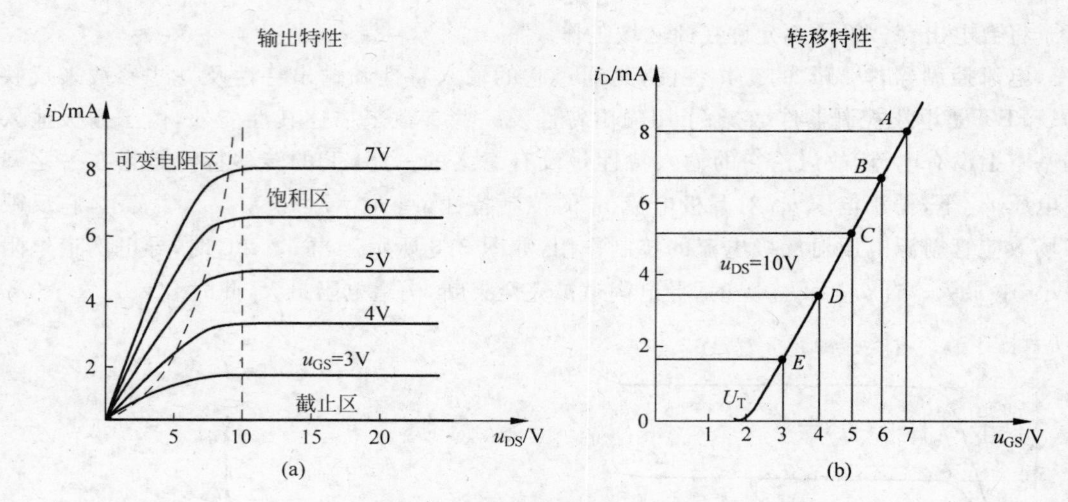

图 3.4 N 沟道增强型 MOS 管的特性

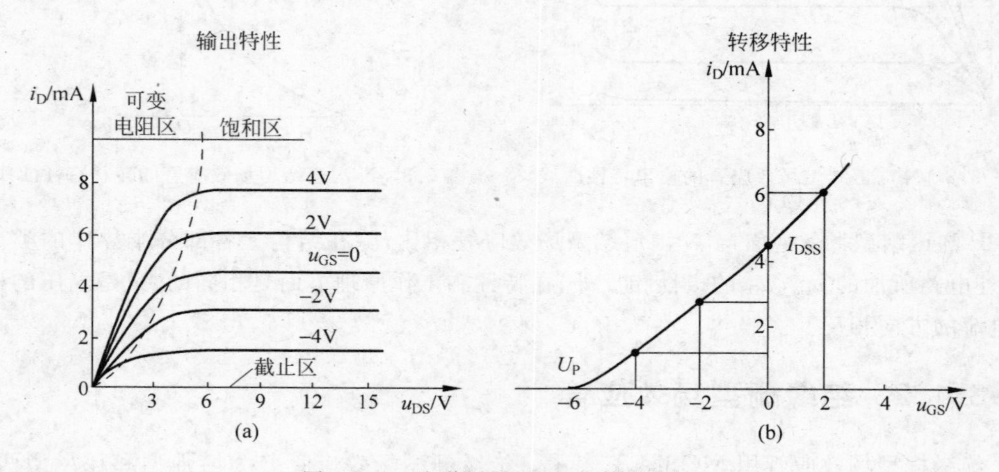

图 3.5 N 沟道耗尽型 MOS 管的特性

N 沟道耗尽型 MOS 管的工作区域同样可以分为截止区、可变电阻区和饱和区。所不同的是 N 沟道耗尽型 MOS 管的夹断电压为 U_P 负值，而 N 沟道增强型 MOS 管的开启电压为 U_T 为正值。

P 沟道 MOSFET 工作时，其电源极性与 N 沟道 MOSFET 的电源极性相反。与 N 沟道 MOS 管相似，P 沟道 MOS 管也有增强型和耗尽型两种。为了能正常工作，P 沟道 MOS 管外加的 u_{DS} 必须是负值，开启电压 U_T 也是负值。而实际的电流方向为流出漏极。

3.1.3 场效应管放大电路

场效应管是一个电压控制器件，不需要偏置电流，需要一个合适的栅源极偏置电压 U_{GS}。场效应管放大电路常用的偏置电路主要有两种：自偏压电路和分压式自偏压电路（见图 3.6）。自偏压的偏置方式不适用于增强型 FET 组成的放大电路。分压式偏置方式既适用于增强型 FET，也适用于耗尽型 FET。画出场效应管放大电路的微变等效电路可求电路的电压放大倍数、输入电阻和输出电阻。场效应管组成的三种基本放大电路，即共源极放大电路、共漏极放大电路、有共栅极放大电路，分别与晶体管的共射极放大电路、共集电极放大电路和共基极放大电路相对应。

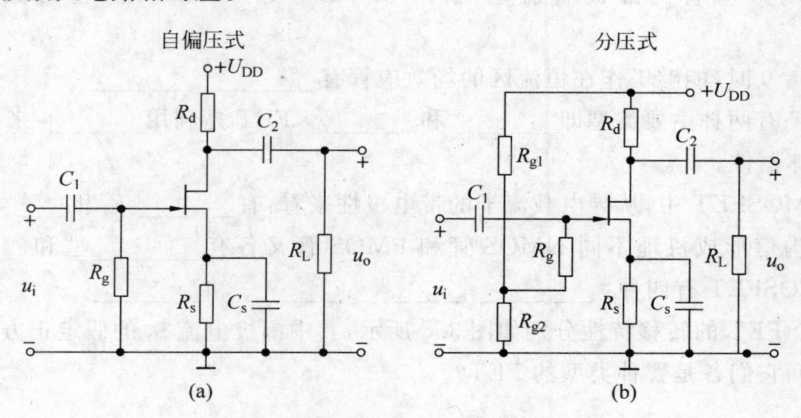

图 3.6　场效应管放大电路

求解 FET 的静态工作点时，将 i_D 与 u_{GS} 的关系式和 i_D 与 u_{DS} 的关系式联立求解，FET 工作于放大区时，所求得的 Q 点值为电路的静态工作点；否则所求得的 Q 点值没有意义。

图 3.7 为两种场效应管放大电路的微变等效电路图，由此可求电路的电压放大倍数、输入电阻和输出电阻。

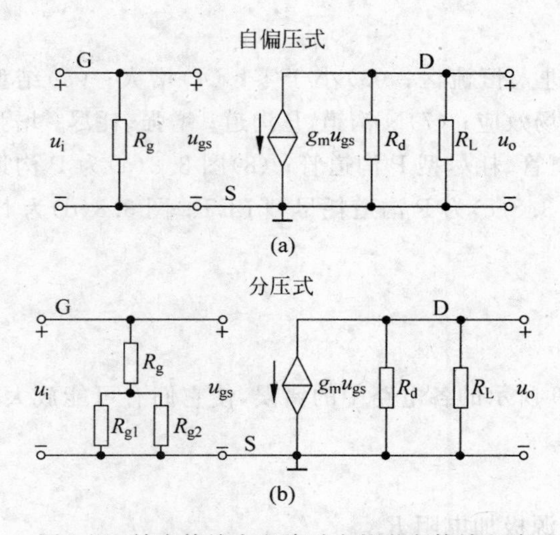

图 3.7　效应管放大电路对应的微变等效电路

3.2　基本概念自检

选择适当的答案填空

(1) 场效应管是用________控制漏极电流的。

(2) 结型场效应管发生预夹断后,管子________。

(3) 增强型 PMOS 管的开启电压________。

(4) 当场效应管的漏极直流电流 I_D 从 2mA 变为 4mA 时,它的低频跨导 g_m 将________。

(5) $U_{GS}=0$ 时,能够工作在恒流区的场效应管有________、________。

(6) FET 有两种主要类型即________和________,FET 是利用________来控制其电流大小的半导体器件。

(7) 在 MOSFET 中,从导电载流子的带电极性来看,有________管和________管之分;而按照导电沟道形成机理不同 NMOS 管和 PMOS 管又各有________型和________型两种。因此,MOSFET 有四种:________、________、________和________。

(8) 四个 FET 的转移特性分别如图 3.8 所示,其中漏极电流 i_D 的假定正方向是它的实际方向。试问它们各是哪种类型的 FET?

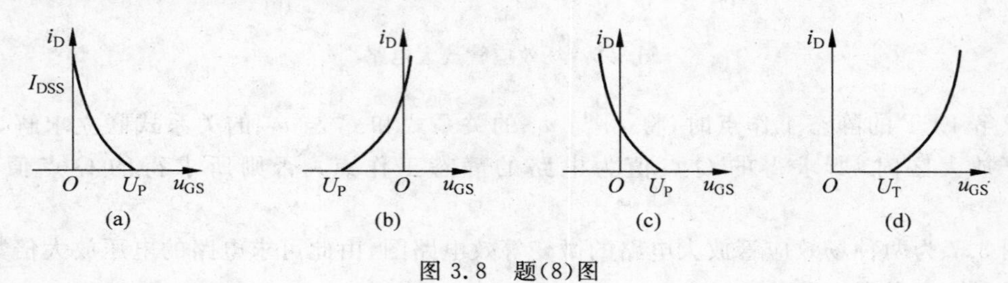

图 3.8 题(8)图

答案:

(1)栅源电压;(2)进入恒流区;(3)小于零;(4)增大;(5)结型管耗尽型 MOS 管;(6)MOSFET、JFET、电场效应;(7)N 沟道、P 沟道;增强、耗尽;增强型 N 沟道管、增强型 P 沟道管、耗尽型 N 沟道管、耗尽型 P 沟道管;(8)图 3.8(a)为 P 沟道 JFET;图 3.8(b)为 N 沟道耗尽型 FET;图 3.8(c)为 P 沟道耗尽型 FET;图 3.8(d)为 N 沟道增强型 FET。

3.3 典型例题

例 3.1 改正图 3.9 所示的各电路中的错误,使它们有可能放大正弦波电压,要求保留电路的共漏接法。

解:

对于图 3.9(a)应在源极加电阻 R_s。

对于图 3.9(b)应在漏极加电阻 R_d。

对于图 3.9(c)应在输入端加耦合电容。

对于图 3.9(d)应在 R_g 支路加 $-U_{GG}$,$+U_{DD}$ 改为 $-U_{DD}$。

改正电路如图 3.10 所示。

例 3.2 已知图 3.11(a)所示电路中场效应管的转移特性和输出特性分别如图 3.11(b)和图 3.11(c)所示。

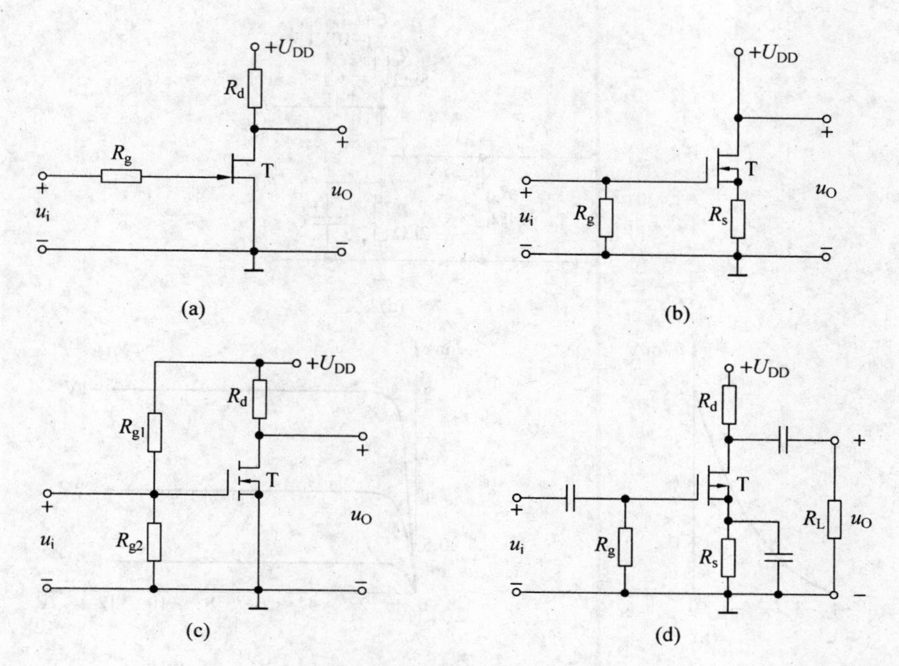

图 3.9　例 3.1 图

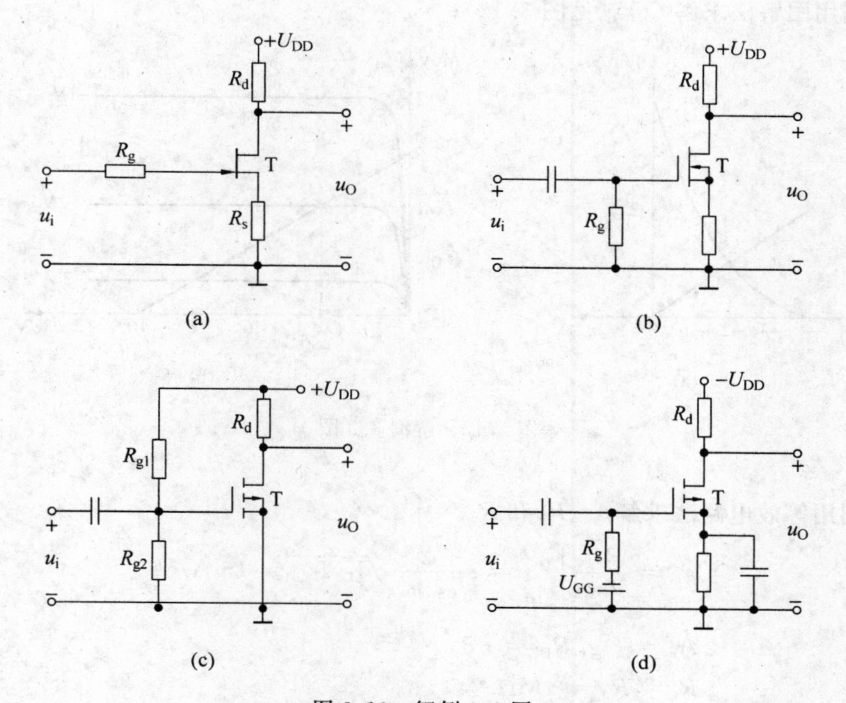

图 3.10　解例 3.1 图

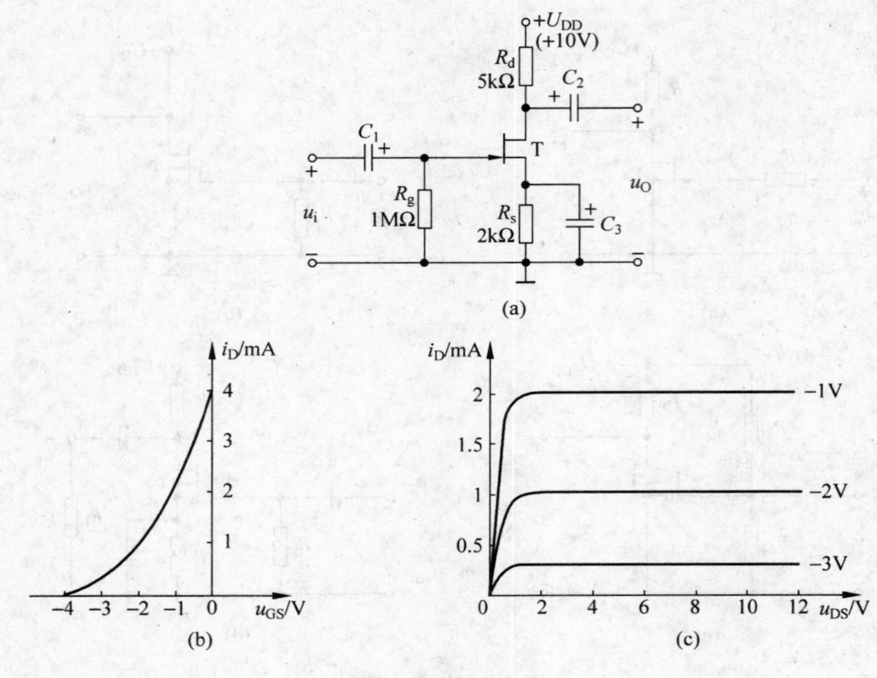

图 3.11　例 3.2 图

(1) 利用图解法求解 Q 点(见图 3.12);

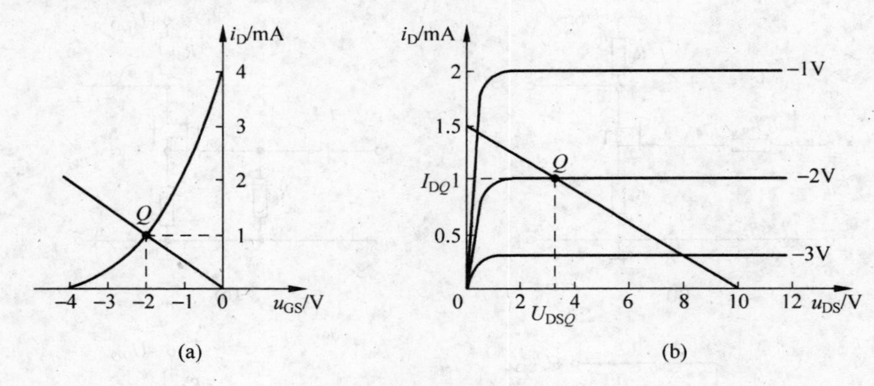

图 3.12　解例 3.2 图

(2) 利用等效电路法求解 $\dot{A}_u$、R_i 和 R_o。

$$g_m = \left.\frac{\partial i_D}{\partial u_{GS}}\right|_{U_{DS}} = \frac{-2}{U_{GS(off)}}\sqrt{I_{DS}I_{DQ}} = 1\text{mA/V}$$

$$\dot{A}_u = -g_m R_D = -5$$

$$R_i = R_g = 1\text{M}\Omega$$

$$R_o = R_d = 5\text{k}\Omega$$

例 3.3　分别判断图 3.13 所示的各电路中的场效应管是否有可能工作在恒流区。

解：图 3.13(a)所示的电路：可能。图 3.13(b)所示的电路：不能。图 3.13(c)所示的电路：不能。图 3.13(d)所示的电路：可能。

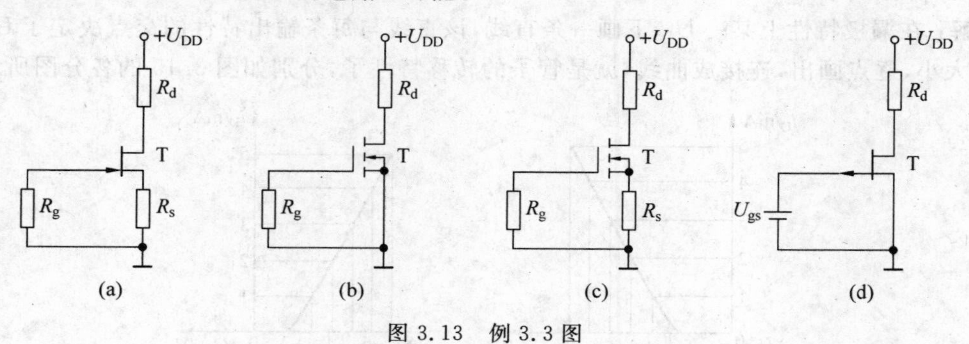

图 3.13　例 3.3 图

3.4 课后习题及解答

3.1　绝缘栅场效应管漏极特性曲线如图题 3.14(a)～图 3.14(d)所示。

说明图 3.14 中各曲线对应何种类型的场效应管。

根据图中曲线粗略地估计：开启电压 U_T、夹断电压 U_P 和饱和漏极电流 I_{DSS} 或 I_{DO} 的数值。

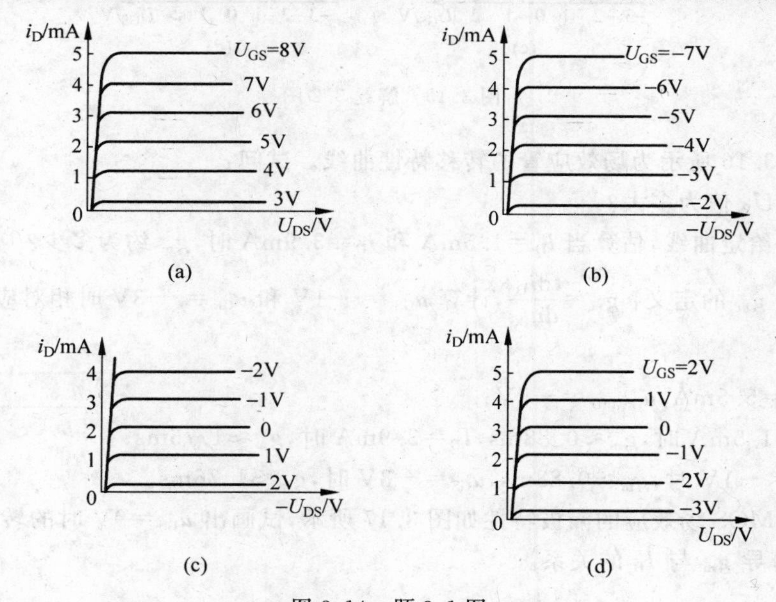

图 3.14　题 3.1 图

解：

图 3.14(a)：增强型 N 沟道 MOS 管，$U_{GS(th)}\approx 3V$，$I_{DO}\approx 3mA$；

图 3.14(b)：增强型 P 沟道 MOS 管，$U_{GS(th)}\approx -2V$，$I_{DO}\approx 2mA$；

图 3.14(c)：耗尽型 P 沟道 MOS 管，$U_{GS(off)}\approx 2V$，$I_{DSS}\approx 2mA$；

图 3.14(d)：耗尽型 N 沟道 MOS 管，$U_{GS(off)}\approx -3V$，$I_{DSS}\approx 3mA$。

3.2　场效应管漏极特性曲线同图 3.14 所示。分别画出各种管子对应的转移特性曲线

$i_D=f(U_{GS})$。

解：在漏极特性上某一U_{DS}下画一条直线，该直线与每条输出特性的交点决定了U_{GS}和I_D的大小，逐点画出，连接成曲线，就是管子的转移特性了，分别如图3.15的各分图所示。

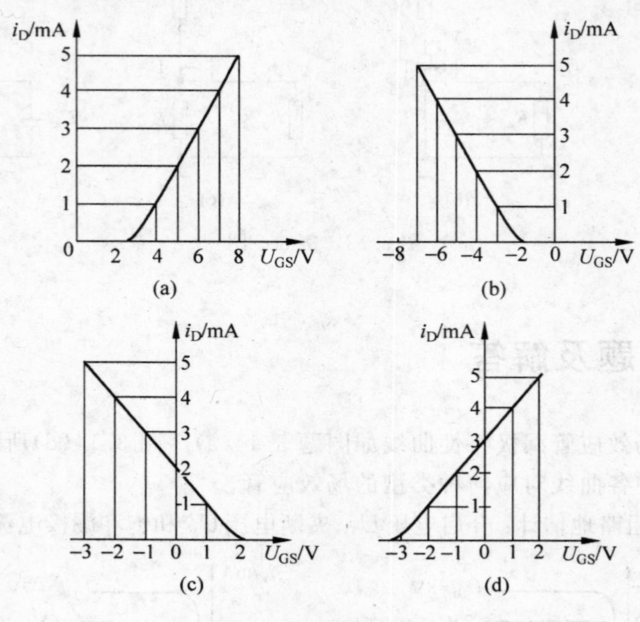

图3.15 解题3.2图

3.3 图3.16所示为场效应管的转移特性曲线。试问：

(1) I_{DSS}、U_P值为多大？

(2) 根据给定曲线，估算当$i_D=1.5\text{mA}$和$i_D=3.9\text{mA}$时，g_m约为多少？

(3) 根据g_m的定义：$g_m=\dfrac{di_D}{du_{GS}}$，计算$u_{GS}=-1\text{V}$和$u_{GS}=-3\text{V}$时相对应的$g_m$值。

解：

(1) $I_{DSS}=5.5\text{mA}$，$u_{GS(off)}=-5\text{V}$；

(2) $I_D=1.5\text{mA}$时，$g_m\approx0.88\text{ms}$，$I_D=3.9\text{mA}$时，$g_m\approx1.76\text{ms}$；

(3) $u_{GS}=-1\text{V}$时，$g_m\approx0.88\text{ms}$，$u_{GS}=-3\text{V}$时，$g_m\approx1.76\text{ms}$。

3.4 某MOS场效应的漏极特性如图3.17所示，试画出$u_{DS}=9\text{V}$时的转移特性曲线，并定性分析跨导g_m与I_D的关系。

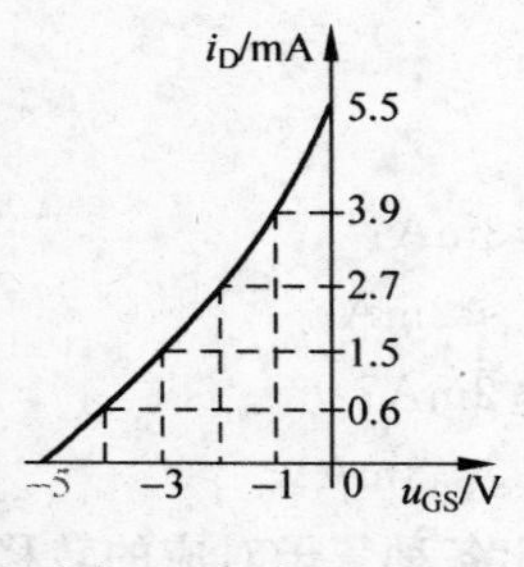

图3.16 题3.3图

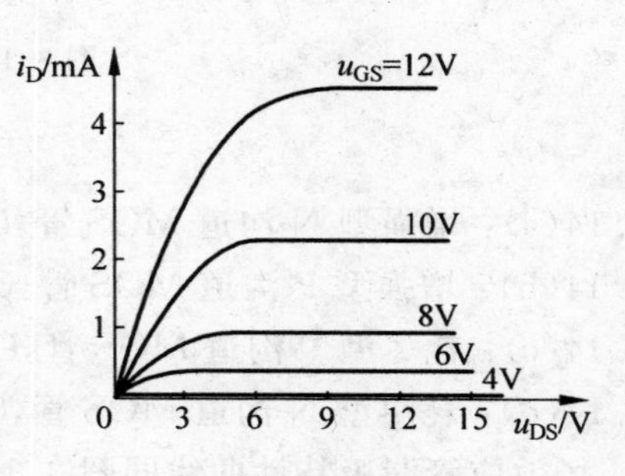

图3.17 题3.4图

解：在 $u_{DS}=9V$ 处作一垂直线，与各 u_{GS} 下的输出特性曲线相交，各交点决定了 U_{GS} 和 I_D，从而逐点描绘转移特性曲线，如图 3.18 所示。从转移特性曲线的某一点作切线，可得 g_m 的大小。

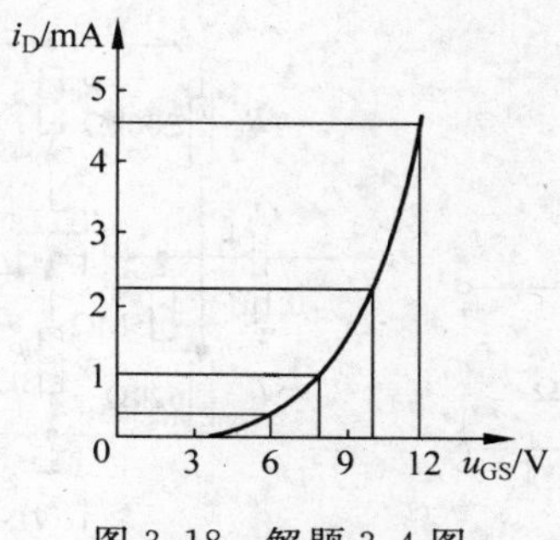

图 3.18　解题 3.4 图

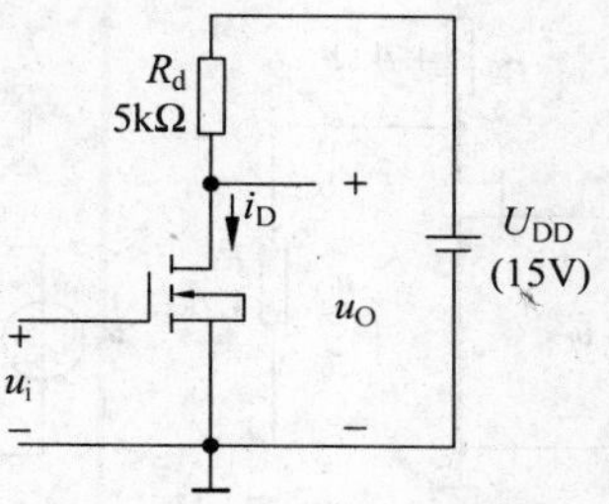

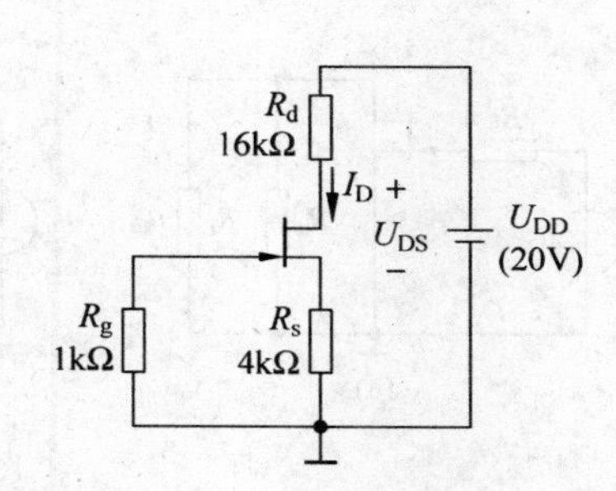

图 3.19　题 3.5 图

3.5　由 MOS 管组成的共源电路如图 3.19 所示，其漏极特性曲线同图 3.18。分析：

(1) 当 $u_i=2V、4V、8V、10V、12V$ 时，该 MOS 管分别处于什么工作区？

(2) 若 $u_i=8+6\sin\omega t(V)$，试画出 i_D 和 $u_O(u_{DS})$ 的波形。

解：

(1) $u_i=2V、4V$ 时，MOS 管工作在截止区；

$u_i=6V、8V$ 时，MOS 管工作在恒流区（放大区）；

$u_i=10V、12V$ 时，MOS 管工作在可变电阻区。

(2) i_D 和 $u_O(u_{DS})$ 的波形如图 3.20 所示。

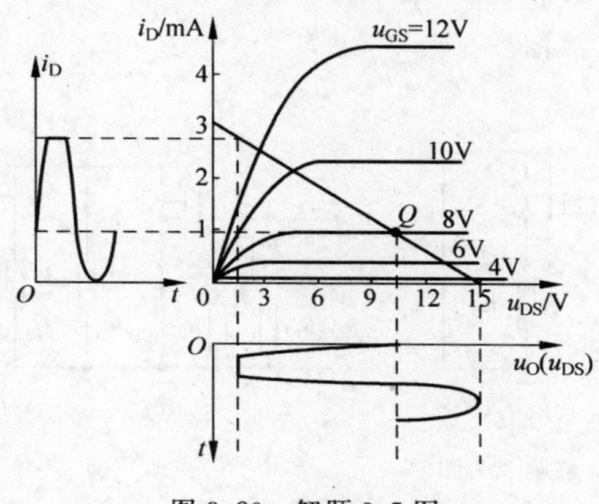

图 3.20　解题 3.5 图

Rd 16kΩ, ID, UDS, UDD (20V), Rg 1kΩ, Rs 4kΩ

图 3.21　题 3.6 图

3.6　在图 3.21 所示的电路中，设 N 沟道 JFET 的 $I_{DSS}=2mA$，$U_P=-4V$。试求 I_D 和 U_{DS}。

解：由

$$U_{DS}=U_{DD}-I_D(R_d+R_e)$$

$$I_D=I_{DSS}\left(1-\frac{U_{GS}}{U_{GS(off)}}\right)^2$$

$$U_{GS}=I_DR_s$$

求得：$I_D=0.5\text{mA}$　$U_{GS}=10\text{V}$

3.7　在图 3.22 所示的 FET 基本放大电路中，设耗尽型 FET 的 $I_{DS}=2\text{mA}$，$U_P=-4\text{V}$；增强型 FET 的$U_T=2\text{V}$，$I_{DO}=2\text{mA}$。

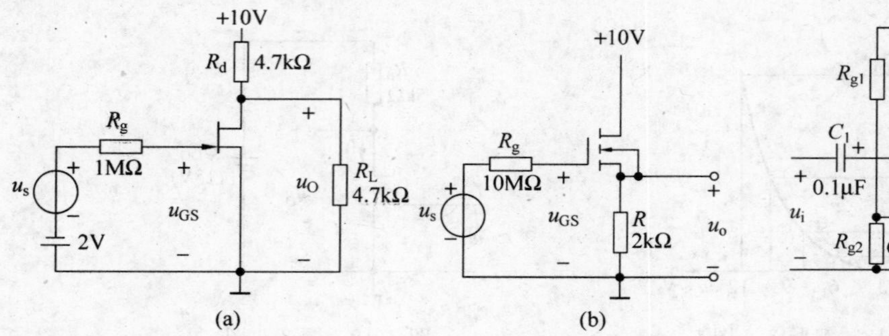

图 3.22　题 3.7 图

(1) 计算各电路的静态工作点；

(2) 画出交流通路并说明各放大电路的组态。

解：

(1) 对于图 3.22(a)：$I_{DQ}\approx0.5\text{mA}$，$U_{GSQ}=-2\text{V}$，$U_{DSQ}\approx3.8\text{V}$；

对于图 3.22(b)：$I_{DQ}\approx0.76\text{mA}$，$U_{GSQ}\approx-1.5\text{V}$，$U_{DSQ}\approx8.5\text{V}$；

对于图 3.22(c)：$I_{DQ}\approx0.25\text{mA}$，$U_{GSQ}=2.8\text{V}$，$U_{DSQ}\approx13\text{V}$。

(2) 交流通路如图 3.23 所示。

图 3.23(a)为共源极放大电路(CS)；

图 3.23(b)为共漏极放大电路(CD)；

图 3.23(c)为共源极放大电路(CS)。

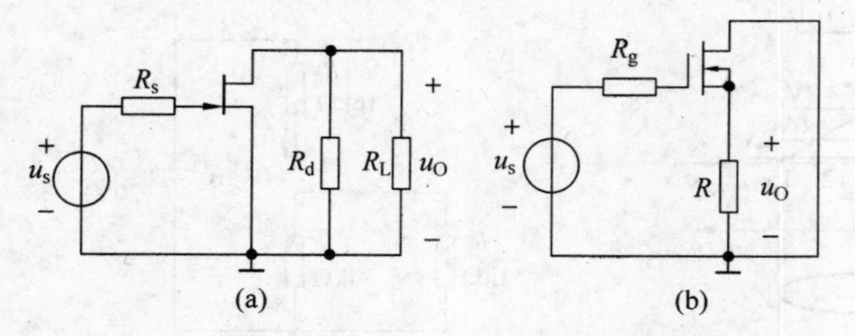

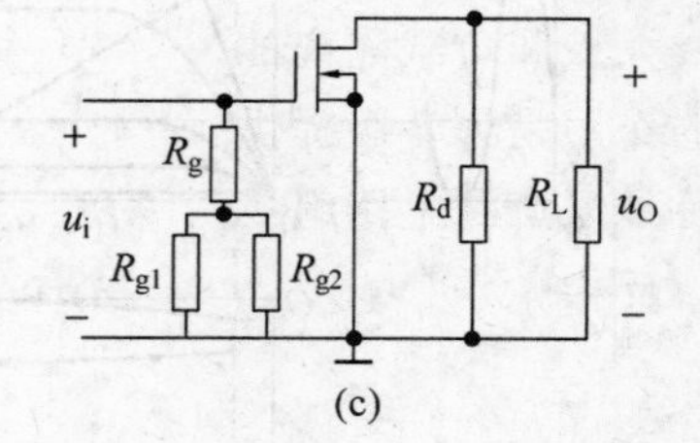

图 3.23　解题 3.7 图

第4章 模拟集成电路

4.1 主要内容

4.1.1 集成运算放大器概述

集成运算放大器(简称集成运放)是一种高增益的直接耦合多极放大电路。内部电路用有源器件代替无源器件,二极管大多由晶体管构成,只能制作小容量的电容。性能理想的运放应该具有电压增益高、输入电阻大、输出电阻小、工作点漂移小等特点。集成运放发展已经历了四代产品,类型和品种相当丰富,但在结构上基本一致,其内部通常包含输入级、中间级、输出级以及偏置电路四个基本组成部分,如图4.1所示。

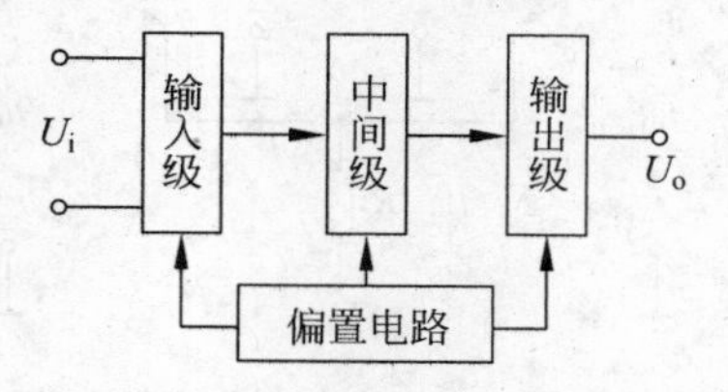

图4.1 集成运算放大器的组成

输入级都采用具有恒流源的差分放大电路,又称差动输入级。中间级是电压放大电路,具有较高的电压增益,常采用复合晶体管共射极放大电路和有源负载电路来提高放大能力。输出级的主要作用是输出足够的电流以满足负载的需要,同时还需要有较低的输出电阻和较高的输入电阻,以起到将放大级和负载隔离的作用,同时还要有较大的动态范围,通常采用互补推挽电路。偏置电路的作用是为各级提供合适的工作电流,并使整个运放的静态工作点稳定且功耗较小,一般由各种恒流源电路组成。

反相输入、同相输入和差分输入是运算放大器最基本的信号输入方式。

4.1.2 电流源电路

电流源电路输出电流比较稳定,而且具有较大的交流等效电阻,在集成电路中用它给放大电路提供稳定的偏置电流或作为有源负载。

镜像电流源电路中 T_1 和 T_2 两管的参数完全一致,T_1 集电极和基极短接,被接成二极管形式,集电结在零偏置情况下依靠内电场的作用下具有吸引电子的能力,因此两管的集电极电流相等。只要基准电流稳定,输出电流也就稳定;改变基准电流,输出电流也就改变,基准电流受电源电压影响较大,故该电路对电源的稳定性要求较高,

比例电流源电路改变了镜像电流源中输出电流与基准电流相等的关系,而使输出电流与基准电流成比例关系,从而克服镜像电流源的缺点。

微电流源电路提供在集成电路中需要的微安级的小电流。

4.1.3 差分放大电路

如果一个电路的输入信号为零时，而输出信号却不为零，这种现象称为零点漂移，简称零漂。零漂是直接耦合放大电路中存在的主要问题，当温度变化时，半导体三极管的各项参数也随之变化，从而造成静态工作点的漂移，因温度变化引起的零点漂移称为温漂。直接耦合放大电路中各级静态工作点相互影响，故前级的漂移可经放大后送至末级，造成输出端产生较大的电压波动，即产生零漂。集成运算电路的输入级多采用差分放大电路，能有效抑制因温度变化引起的零点漂移。

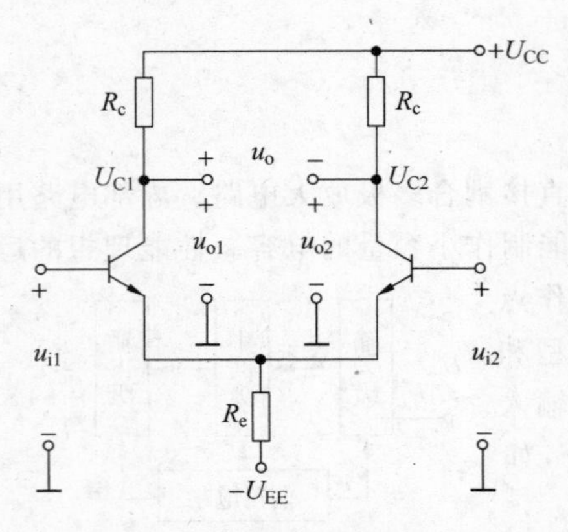

图 4.2 基本差分放大电路

基本电路结构是由两个特性完全相同的晶体管共射电路组合而成，电路采用正负双电源供电，如图 4.2 所示。由于电路的对称性，温度的变化对 T_1、T_2 组成的左右两个放大电路的影响是一致的，相当于给两个放大电路同时加入了大小和极性完全相同的输入信号。因此，在电路完全对称的情况下，两管的集电极电位始终相同，差分放大电路的输出为零，不会出现普通直接耦合放大电路中的漂移电压。如果电路不是完全对称，由于射极电阻 R_e 的负反馈作用也能减小集电极电位的漂移，即单端输出的零点漂移也较小。可见，差分放大电路利用电路对称性和射极电阻 R_e 的负反馈抑制了零点漂移现象。

差分放大电路两个输入端信号之差定义为输入信号的差模分量(即差模信号)，即 $u_{id}=u_{i1}-u_{i2}$，差分放大电路两个输入端信号的平均值定义为输入信号的共模分量(即共模信号)，即 $u_{ic}=\frac{1}{2}(u_{i1}+u_{i2})$，任意一对信号可以分解为差模信号和共模信号，即电路中差模和共模信号是共存的。

在差分电路中，射极电阻 R_e 越大，差分电路的共模抑制比就越大，抑制共模信号的能力就越强。实际电路中，R_e 的增大是有限的，这是因为负电源 U_{EE} 确定以后，R_e 过大，就会使发射极电流 I_E 减小，r_{be} 增大，使差模电压放大倍数减小；另一个原因是在集成电路中不易制作较大阻值的电阻。因此通常用一个具有很大交流等效电阻而直流电阻又不大的晶体管恒流源来代替典型差分放大电路中的 R_e。有源负载差分放大电路如图 4.3(a)所示，图 4.3(b)是其简化表示。

在集成电路中都是用恒流源来代替发射极公共电阻 R_e，R_e 对差模信号来说相当于短路，对共模信号来说相当于 $2R_e$。

在电路完全对称、双端输入、双端输出的情况下，差分放大电路与单边电路的电压增益相等，该电路是用成倍的元器件以换取抑制共模信号的能力。通常把差分放大电路的差模电压放大倍数 A_{ud} 与共模电压放大倍数的 A_{uc} 比值作为评价其性能优劣的主要指标，称为共模抑制比，记作 K_{CMR}。

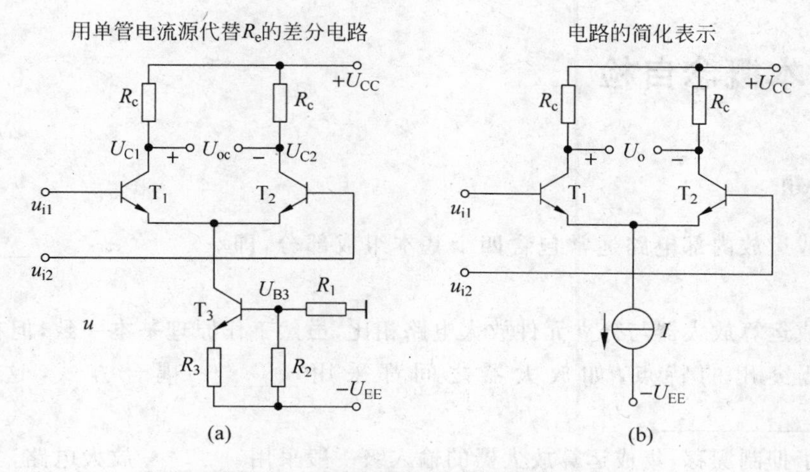

图 4.3　具有恒流源的差分放大电路

差分放大电路具有四种不同的工作状态：双端输入，双端输出；单端输入，双端输出；双端输入，单端输出；单端输入，单端输出。单端输出只有双端输出电压的一半，因而差模电压放大倍数也只有双端输出时的一半。由于单端输入与双端输入情况相同，因而单端输入、双端输出电路计算与双端输入、双端输出电路计算相同；单端输入、单端输出电路计算与双端输入、单端输出电路计算相同。单端输出时，若输入输出信号不在同一侧，则为同相输出；反之，则为反相输出。

4.1.4　集成电路的输出级电路

放大电路的输出级应有一定的带负载能力，输出电阻要小，动态范围要大。因此，集成电路的输出级常采用互补推挽放大电路，T_1、T_2 分别为 NPN 型和 PNP 型晶体管，要求 T_1 和 T_2 管特性对称，并且正负电源对称，该电路可以看成是两个复合的射极跟随器。在输入信号一个完整的周期内，两个管子轮流导通，各导通半个周期，负载上得到一个完整波形的输出信号。

4.1.5　集成运放

集成运放按制造工艺分类，有 BJT、CMOS 和兼容型的 BiFET 三种类型。BJT 型运放一般输入偏置电流及器件功耗较大，它的输出级可提供较大的负载电流；CMOS 型运放输入电阻高、功耗低，可在低电源电压下作；BiFET 兼容型运放一般以 FET 作为输入级，它具有高输入电阻、高精度和低噪声的特点。

了解集成运放的主要参数的定义及其含义，根据性能和应用场合的不同，选用集成运放。集成运放可分为通用型和专用型。通用型运放的各种指标比较均衡全面，适用于一般工程的要求。为了满足一些特殊要求，目前制造出具有特殊功能的专用型运放，可分为高输入电阻、低漂移、低噪声、高精度、高速、宽带、低功耗、高压、大功率、仪用型、程控型和互导型等。

4.2 基本概念自检

1. 填空题

(1) 集成运放内部电路通常包含四个基本组成部分,即________、________、________和________。

(2) 集成运算放大器与分立元件放大电路相比,虽然工作原理基本一致,但在电路结构上具有自己突出的特点,如放大器之间都采用________耦合方式,这样做是因为________________。

(3) 为了抑制漂移,集成运算放大器的输入级一般采用________放大电路,并利用恒流源或长尾电阻引入一个共模负反馈,以提高________,减小________。

(4) 电流源电路是模拟集成电路的基本单元电路,其特点是________小,________很大,并具有温度补偿作用。常作为放大电路的有源负载和决定放大电路各级 Q 点的________。

(5) 共模信号就是伴随输入信号一起加入的________信号,共模电压增益越________(大或小),说明放大电路的性能越好。

(6) 共模抑制比的计算式为________,是描述差分放大器对________的抑制能力。

(7) 差分放大电路中,若 $u_{i1}=+40\text{mV}$,$u_{i2}=+20\text{mV}$,$A_{ud}=-100$,$A_{uc}=-0.5$,则可知该差分放大电路的共模输入信号 $u_{ic}=$________;差模输入电压 $u_{id}=$________,输出电压为 $u_o=$________。

(8) 差分放大电路具有电路结构________的特点,因此具有很强的抑制零点漂移的能力,它能放大________模信号,而抑制________模信号。

答案:

(1)输入级、中间放大级、输出级、偏置电路;(2)直接、集成工艺难于制造大容量电容;(3)差分、输入电阻、输出电阻;(4)直流电阻、动态输出电阻、偏置电流;(5)干扰、小;(6) $|A_{ud}/A_{uc}|$、共模信号;(7)30mV、20mV、2015mV;(8)对称、差模、共模。

2. 选择题

(1) 通用型集成运放适用于放大________。

A. 高频信号 B. 低频信号 C. 任何频率信号

(2) 集成运放制造工艺使得同类半导体管的________。

A. 指标参数准确 B. 参数不受温度影响 C. 参数一致性好

(3) 为增大电压放大倍数,集成运放的中间级多采用________。

A. 共射放大电路 B. 共集放大电路 C. 共基放大电路

(4) 集成运放的输出级一般采用互补对称放大电路是为了________。

A. 稳定电压放大倍数 B. 提高带负载能力 C. 减小线性失真

(5) 差分放大电路由双端输入改为单端输入，则差模电压放大倍数________。

A. 提高一倍　　B. 不变　　C. 减小为原来的一半

答案：

(1) B

(2) C

(3) A

(4) C

(5) B

4.3 典型例题

例 4.1 采用射极恒流源的差分放大电路如图 4.4 所示。设差分放大管 T_1、T_2 特性对称，$\beta_1=\beta_2=50$，$r_{bb'}=300\Omega$，T_3 管 $\beta_3=50$，$r_{ce3}=100\text{k}\Omega$，电位器 R_w 的滑动端置于中心位置，其余元件参数如图 4.4 中所示。

(1) 求静态电流 I_{CQ1}、I_{CQ2}、I_{CQ3} 和静态电压 U_{OQ}；

(2) 计算差模电压放大倍数 $\dot{A}_{d2}$，输入电阻 R_{id} 和输出电阻 R_o；

(3) 计算共模电压放大倍数 $\dot{A}_{c2}$ 和共模抑制比 K_{CMR}；

(4) 若 $u_{i1}=0.02\sin\omega t\text{V}$，$u_{i2}=0$，画出 u_O 的波形，并标明静态分量和动态分量的幅值大小，指出其动态分量与输入电压之间的相位关系。

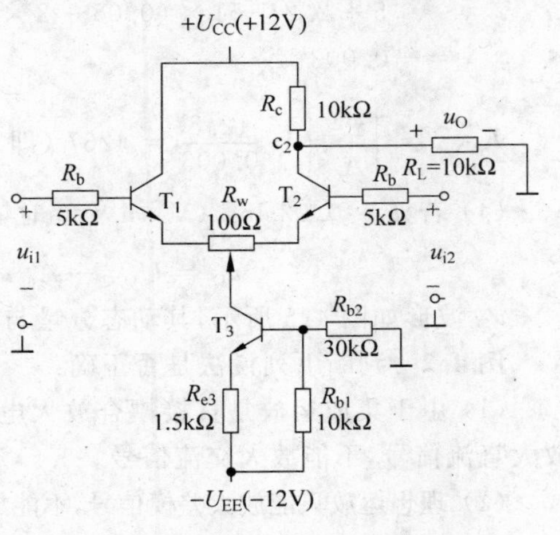

图 4.4 例 4.1 图

解：

(1) 求静态工作点：

$$I_{CQ3}=\frac{\dfrac{R_{b1}}{R_{b1}+R_{b2}}U_{EE}-U_{BE}}{\dfrac{R_{b1}//R_{b2}}{\beta_3}+R_{e3}}=\frac{\dfrac{10}{10+30}\times 12-0.7}{\dfrac{10//30}{50}+1.5}=1.4\text{mA}$$

$$I_{CQ1}=I_{CQ2}=\frac{1}{2}I_{CQ3}=0.7\text{mA}$$

$$U_{OQ2}=\frac{R_L}{R_c+R_L}U_{CC}-I_{CQ2}(R_c//R_L)=\frac{10\times 12}{10+10}-0.7\times(10//10)=2.5\text{V}$$

(2) 计算差模性能指标：

$$r_{be1}=r_{be2}=r'_{bb}+(1+\beta)\frac{U_T}{I_{C1Q}}=300+51\times\frac{26}{0.7}=2.2\text{k}\Omega$$

$$r_{be3}=300+51\times\frac{26}{1.4}=1.25\text{k}\Omega$$

$$\dot{A}_{d2}=\frac{\beta(R_c//R_L)}{2(R_b+r_{be1})+(1+\beta)R_w}=\frac{50\times5}{2\times(5+2.2)+51\times0.1}=12.8$$

$$R_{id}=2(R_b+r_{be1})+(1+\beta)R_w=2\times(5+2.2)+51\times0.1=19.5\text{k}\Omega$$

$$R_o=R_c=10\text{k}\Omega$$

(3) 计算共模性能指标：

$$R_{o3}=\left(1+\frac{\beta_3R_{e3}}{R_{b3}+r_{be3}+R_{e3}}\right)r_{ce}=\left(1+\frac{50\times1.5}{10//30+1.25+1.5}\right)\times100=832(\text{k}\Omega)$$

$$\dot{A}_{c2}=\frac{-\beta(R_c//R_L)}{R_b+r_{be2}+(1+\beta)(\frac{1}{2}R_w+2R_{o3})}=-\frac{50\times5}{5+2.2+51\times(0.05+2\times832)}=-0.003$$

$$K_{CMR}=\left|\frac{\dot{A}_{d2}}{\dot{A}_{c2}}\right|=\frac{12.8}{0.003}=4267\ (\text{即 }72.6\text{dB})$$

(4) 若 $u_{i1}=0.02\sin\omega t(\text{V})$，$u_{i2}=0$ 时，则

$$u_O=U_{O2Q}+\dot{A}_{d2}u_{i1}=2.5+0.26\sin\omega t(\text{V})$$

u_O 波形如图 4.5 所示，其动态分量与 u_{i1} 之间相位相同。

例 4.2 判断下列说法是否正确：

(1) 由于集成运放是直接耦合放大电路，因此只能放大直流信号，不能放大交流信号。

(2) 理想运放只能放大差模信号，不能放大共模信号。

(3) 不论工作在线性放大状态还是非线性状态，理想运放的反相输入端与同相输入端之间的电位差都为零。

(4) 不论工作在线性放大状态还是非线性状态，理想运放的反相输入端与同相输入端均不从信号源索取电流。

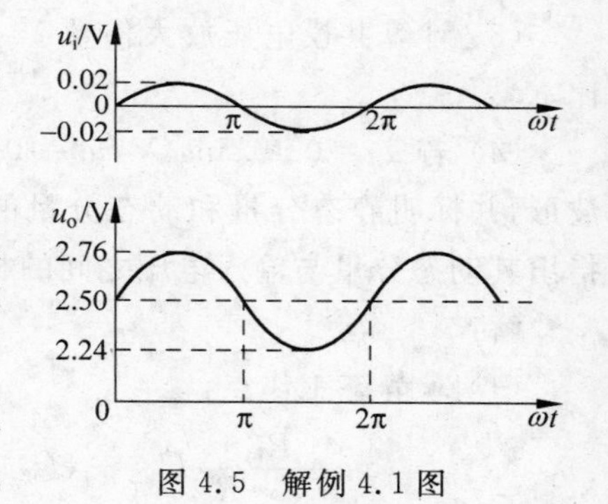

图 4.5 解例 4.1 图

(5) 实际运放在开环时，输出很难调整至零电位，只有在闭环时才能调整至零电位。

解：

(1) 错误。集成运放可以放大交流信号。

(2) 正确。

(3) 错误。当工作在非线性状态下，理想运放反相输入端与同相输入端之间的电位差可以不为零。

(4) 正确。

(5) 正确。

例 4.3 已知某集成运放开环电压放大倍数 $A_{od}=5000$，最大电压幅度 $U_{om}=\pm10\text{V}$，接

成闭环后其电路框图及电压传输特性曲线如图 4.6 所示。在图 4.6(a)中,设同相端上的输入电压 $u_i=0.5+0.01\sin\omega t$(V),反相端接参考电压 $U_{REF}=0.5$V,试画出差动模输入电压 u_{id} 和输出电压 u_O 随时间变化的波形。

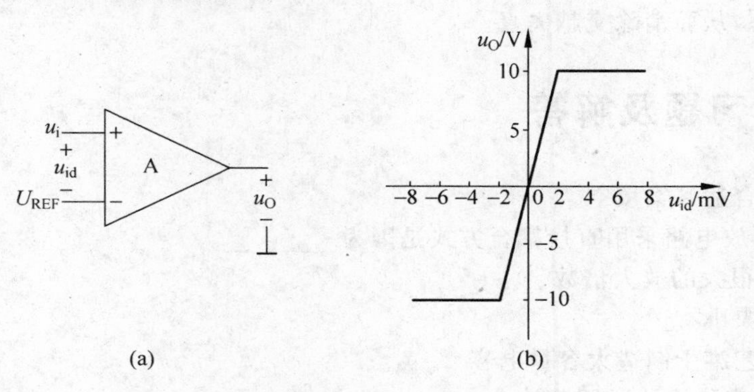

图 4.6 例 4.3 图

解:$u_O=A_{od}\cdot u_{id}=5000\times0.001\sin\omega t=50\sin\omega t$(V),但由于运放的最大输出电压幅度为 $U_{om}=\pm10$V,所以当 $|u_{id}|\leqslant2$mV 时,按上述正弦规律变化;而当 $|u_{id}|>2$mV 时,u_O 已饱和。输出电压波形如图 4.7 所示。

例 4.4 电路如图 4.8 所示。

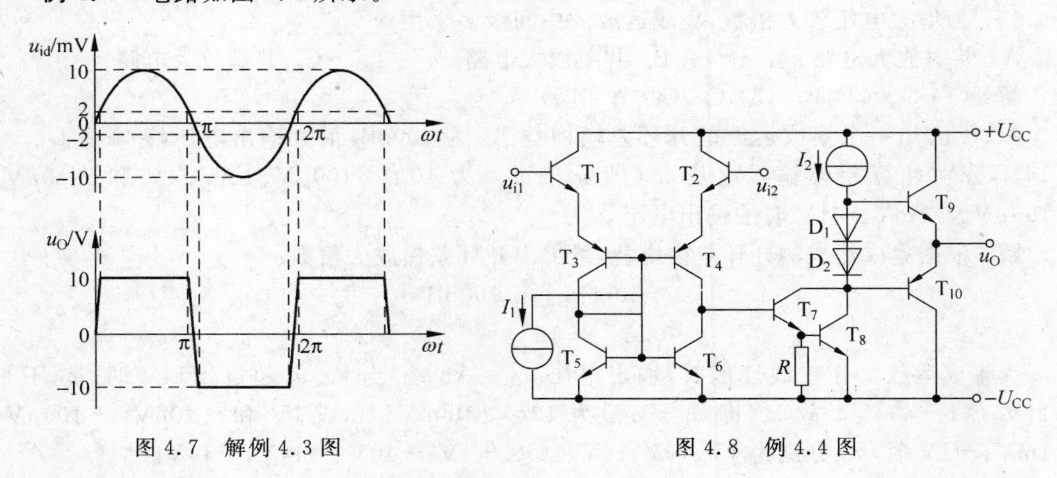

图 4.7 解例 4.3 图　　　　图 4.8 例 4.4 图

试完成:

(1) 说明电路是几级放大电路,各级分别是哪种形式的放大电路(共射、共集、差放……)。

(2) 分别说明各级采用了哪些措施来改善其性能指标(如增大放大倍数、输入电阻……)。

解:

(1) 三级放大电路,第一级为共集-共基双端输入单端输出差分放大电路,第二级是共射放大电路,第三级是互补输出级。

(2) 第一级采用共集-共基形式,增大输入电阻,改善高频特性;利用有源负载(T_5、T_6)增大差模放大倍数,使单端输出电路的差模放大倍数近似等于双端输出电路的差模放大倍数,同时减小共模放大倍数。

第二级为共射放大电路，以 T_7、T_8 构成的复合管为放大管、以恒流源作集电极负载，增大放大倍数。

第三级为互补输出级，加了偏置电路，利用 D_1、D_2 的导通压降使 T_9 和 T_{10} 在静态时处于临界导通状态，从而消除交越失真。

4.4 课后习题及解答

4.1 选择合适答案填空

(1) 集成运放电路采用直接耦合方式是因为________。

A. 可获得很大的放大倍数

B. 可使温漂小

C. 集成工艺难于制造大容量电容

(2) 通用型集成运放适用于放大________。

A. 高频信号　　B. 低频信号　　C. 任何频率信号

(3) 集成运放制造工艺使得同类半导体管的________。

A. 指标参数准确　　B. 参数不受温度影响　　C. 参数一致性好

(4) 集成运放的输入级采用差分放大电路是因为可以________。

A. 减小温漂　　B. 增大放大倍数　　C. 提高输入电阻

(5) 为增大电压放大倍数，集成运放的中间级多采用________。

A. 共射放大电路　　B. 共集放大电路　　C. 共基放大电路

解：(1) C　(2) B　(3) C　(4) A　(5) A

4.2 已知一个集成运放的开环差模增益 A_{od} 为 100dB，最大输出电压峰-峰值 $U_{opp}=\pm14V$，分别计算差模输入电压 u_i（即 u_P-u_N）为 $10\mu V$、$100\mu V$、1mV、1V 和 $-10\mu V$、$-100\mu V$、−1mV、−1V 时的输出电压 u_O。

解：根据集成运放的开环差模增益，可求出开环差模放大倍数：

$$20\lg A_{od}=100\text{dB}$$

$$A_{od}=10^5$$

当集成运放工作在线性区时，输出电压 $u_O=A_{od}u_i$；当 $A_{od}u_i$ 超过 ±14V 时，u_O 不是 +14V，就是 −14V。故 u_i（即 u_P-u_N）为 $10\mu V$、$100\mu V$、1mV、1V 和 $-10\mu V$、$-100\mu V$、−1mV、−1V 时，u_O 分别为 1V、10V、14V、14V、−1V、−10V、−14V、−14V。

4.3 电路如图 4.9 所示，已知 $\beta_1=\beta_2=\beta_3=100$。各管的 U_{BE} 均为 0.7V，试求 I_{C2} 的值。

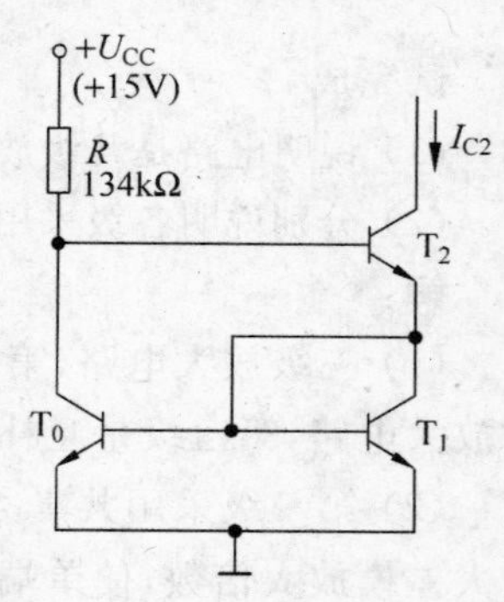

图 4.9　题 4.3 图

解：分析估算如下：

$$I_R=\frac{U_{CC}-U_{BE2}-U_{BE1}}{R}=100\mu A$$

$$I_{C0}=I_{C1}=I_{C2}$$

$$I_{E2}=I_{E1}$$

$$I_R=I_{C0}+I_{B2}=I_{C0}+I_{B1}=I_{C2}+\frac{I_{C2}}{\beta}$$

$$I_{C2}=\frac{\beta}{1+\beta}\cdot I_R\approx I_R=100\mu A$$

4.4　某集成运放的一个偏置电路如图 4.10 所示，设 T_1、T_2 管的参数完全相同。问：

(1) T_1、T_2 和 R 组成什么电路？

(2) I_{C2} 与 I_{REF} 有什么关系？写出 I_{C2} 的表达式。

解：

(1) T_1、T_2 和 R 组成基本镜像电流源电路。

(2) $I_{C2}=I_{REF}=\dfrac{U_{CC}-U_{BE}}{R_{REF}}$

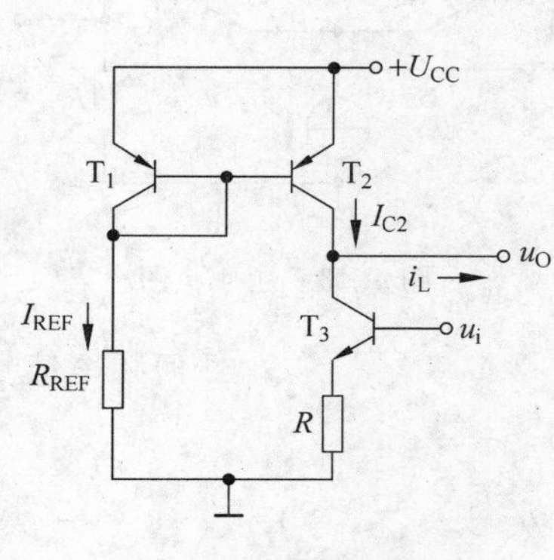

图 4.10　题 4.4 图

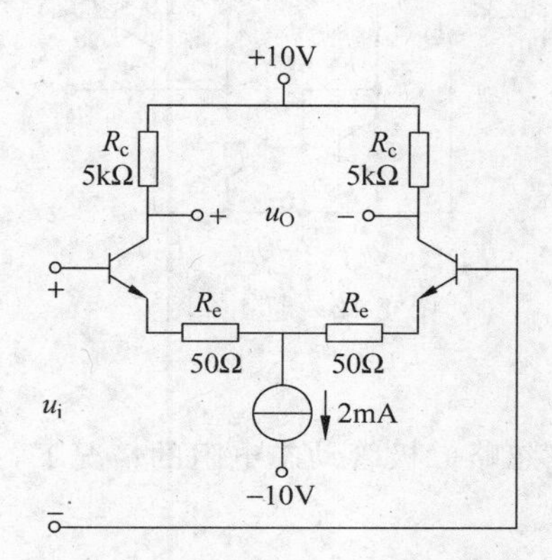

图 4.11　题 4.5 图

4.5　在图 4.11 所示的差分放大电路中，已知晶体管的 $\beta=80$，$r_{be}=2\text{k}\Omega$。

(1) 求输入电阻 R_i 和输出电阻 R_o；

(2) 求差模电压放大倍数 $\dot{A}_{ud}$。

解：

(1) $R_i=2(r_{be}+R_e)=2\times(2+0.05)\text{k}\Omega=4.1\text{k}\Omega$

$R_o=2R_c=10\text{k}\Omega$

(2) $\dot{A}_{ud}=-\dfrac{\beta R_c}{r_{be}+(1+\beta)R_e}=-\dfrac{80\times5}{2+81\times0.05}=-66$

4.6　电路如图 4.12 所示，具有理想的对称性。设各管 β 均相同。

(1) 说明电路中各晶体管的作用；

(2) 若输入差模电压为 $(u_{i1}-u_{i2})$，则由此产生的差模电流为 Δi_D，求解电路电流放大倍数 A_i 的近似表达式。

解：

(1) 图 4.12 所示的电路为双端输入单端输出的差分放大电路。T_1 和 T_2、T_3 和 T_4 分别组成的复合管为放大管，T_5 和 T_6 组成的镜像电流源为有源负载。

(2) 由于用 T_5 和 T_6 所构成的镜像电流源作为有源负载，将左半部分放大管的电流变化量转换到右边，故输出电流变化量及电路电流放大倍数分别为

$$\Delta i_O \approx 2(1+\beta)\beta\Delta i_i$$

$$A_i=\frac{\Delta i_O}{\Delta i_i}\approx 2(1+\beta)\beta$$

4.7　电路如图 4.13 所示，T_1 与 T_2 管的特性相同，所有晶体管的 β 均相同，R_{c1} 远大于二极管的正向电阻。当 $u_{i1}=u_{i2}=0$ 时，$u_O=0$。

(1) 求解电压放大倍数的表达式；

(2) 当有共模输入电压时，u_O=？简述理由。

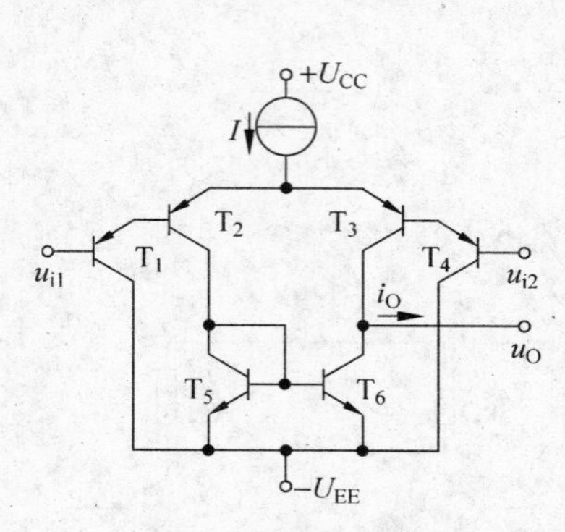

图 4.12 题 4.6 图

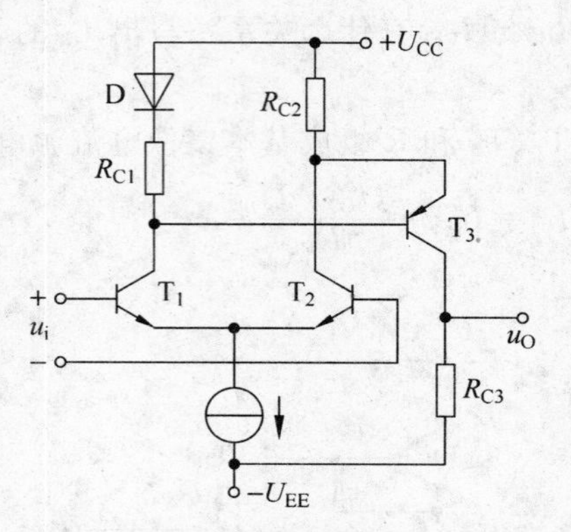

图 4.13 题 4.7 图

解：

(1) 在忽略二极管动态电阻的情况下，有

$$A_{u_1} \approx -\beta \cdot \frac{R_{c1} \,/\!/\, \dfrac{r_{be3}}{2}}{r_{be1}}$$

$$A_{u_2} = -\beta \cdot \frac{R_{c2}}{r_{be3}}$$

$$A_u = A_{u1} \cdot A_{u2}$$

(2) 当有共模输入电压时，u_O 近似为零。由于 $R_{c1} \gg r_d$，$\Delta u_{C1} \approx \Delta u_{C2}$，因此 $\Delta u_{BE3} \approx 0$，故 $u_O \approx 0$。

4.8 通用型运放 F747 的内部电路如图 4.14 所示，试分析：

(1) 偏置电路由哪些元件组成？基准电流约为多少？

(2) 哪些是放大管，组成几级放大电路，每级各是什么基本电路？

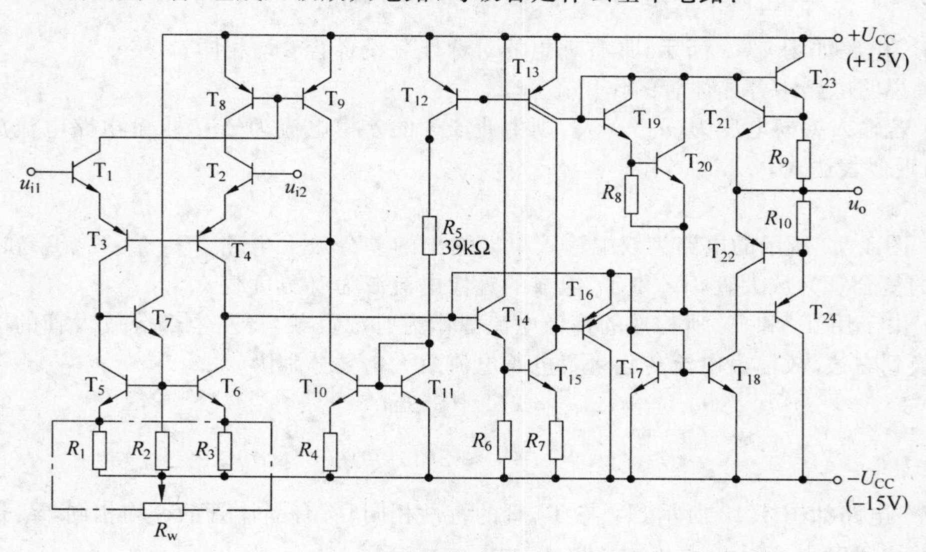

图 4.14 题 4.8 图

(3) T_{19}、T_{20} 和 R_8 组成的电路的作用是什么？

解：

(1) 由 T_{10}、T_{11}、T_9、T_8、T_{12}、T_{13}、R_5 构成。

(2) 图 4.14 为三级放大电路：

$T_1 \sim T_4$ 构成共集-共基差分放大电路，$T_{14} \sim T_{16}$ 构成共集-共射-共集电路，T_{23}、T_{24} 构成互补输出级。

(3) 消除交越失真。互补输出级两只管子的基极之间电压为

$$U_{B23-B24} = U_{BE20} + U_{BE19}$$

使 T_{23}、T_{24} 处于微导通，从而消除交越失真。

注：本章习题中的集成运放均为理想运放。

第5章 反馈

5.1 主要内容

5.1.1 反馈的基本概念

在电子电路中，将放大电路输出电量(电压或电流)的一部分或全部通过反馈元件或反馈网络，用一定的方式送回到输入回路，以影响输入电量(电压或电流)的过程称为反馈。反馈体现了输出信号对输入信号的反作用。引入反馈的放大电路称为反馈放大电路，任意一个反馈放大电路都可以表示为一个基本放大电路和反馈网络组成的闭环系统，如图5.1所示。

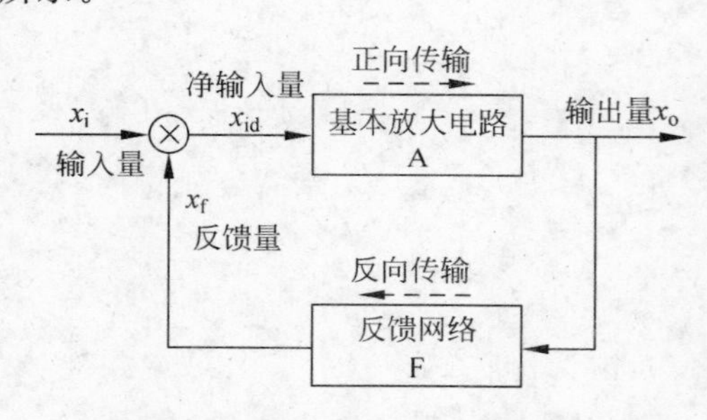

图5.1 反馈放大电路的组成框图

x_i 用来表示反馈放大电路的输入信号，x_o 是输出信号，x_f 是反馈信号，x_{id} 是基本放大电路的净输入信号。x_{id} 是反馈信号 x_f 与输入信号 x_i 比较(相加或相减)后的信号，若净输入信号 x_{id} 由反馈信号 x_f 与输入信号 x_i 相加而大于输入信号 x_i，称电路引入正反馈。相反，x_{id} 由反馈信号 x_f 与输入信号 x_i 相减而小于输入信号 x_i，电路引入负反馈。x_i、x_{id}、x_f 及 x_o 可以是电压，也可以是电流。

判断一个放大电路中是否存在反馈，只要看该电路的输出回路与输入回路之间是否存在反馈通路，反馈信号是否影响到基本放大电路的净输入信号。若没有反馈网络，则不能形成反馈，这种情况称为电路开环。若有反馈网络存在，基本放大电路的净输入信号受到影响，则形成了反馈，电路闭环。

存在于放大电路的直流通路中的反馈信号是直流量，称为直流反馈。直流反馈影响放大电路的直流性能，如静态工作点。存在于交流通路中的反馈信号为交流量，称为交流反馈。交流反馈影响放大电路的交流性能，如增益、输入电阻、输出电阻和带宽等。

反馈放大电路中的反馈信号送回到输入回路与原输入信号共同作用后，对净输入信号的影响有两种：其中一种是使净输入信号量比没有引入反馈时减小了，那么这种反馈称为负反馈，另外一种是使净输入信号量比没有引入反馈时增加了，这种反馈则称为正反馈。

判断正反馈和负反馈即反馈极性的基本方法是瞬时变化极性法，简称瞬时极性法。具体方法如下：

(1)假设输入信号在某一瞬时变化的极性为正(相对于信号共同端而言),用(+)号标出。

(2)假设信号的频率在放大电路的通带内,然后根据各种基本放大电路的输出信号与输入信号间的相位关系,从输入到输出逐级标出放大电路中各有关点电位的瞬时极性,或有关支路电流的瞬时流向,以确定输出信号的瞬时极性。继而判断出反馈信号的瞬时极性。

(3)根据反馈信号与输入信号的连接情况,判断反馈信号是削弱还是增强了净输入信号,如果是削弱了净输入信号,则为负反馈,反之则为正反馈。

从电路结构上亦可简单判断正负反馈。定反馈的极性时,一般有这样的结论：在放大电路的输入回路,输入信号电压 u_i 和反馈信号电压 u_f 相比较。当输入信号 u_i 和反馈信号 u_f 在同一端点时,如果引入的反馈信号 u_f 和输入信号 u_i 同极性,则为正反馈；若二者的极性相反,则为负反馈。当输入信号 u_i 和反馈信号 u_f 不在同一端点时,若引入的反馈信号 u_f 和输入信号 u_i 同极性,则为负反馈；若二者的极性相反,则为正反馈。图 5.2 展示了反馈极性的判定方法。

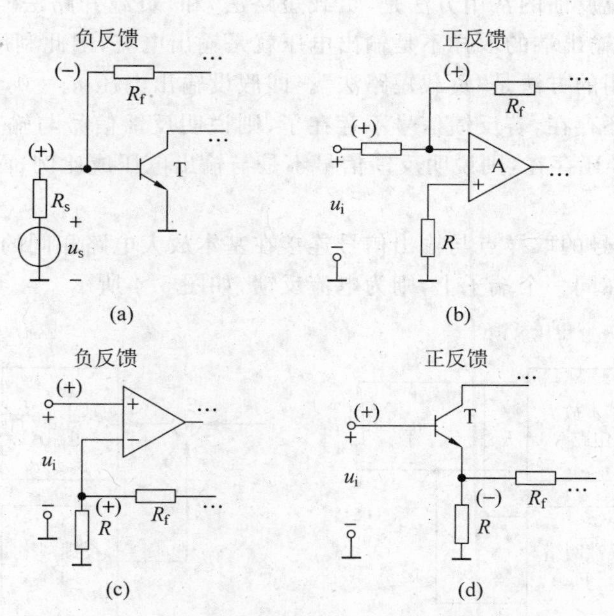

图 5.2 反馈极性的判断

在放大电路输入端,反馈网络的出口与基本放大电路串联连接,以实现电压比较的称为串联反馈。这时,x_i、x_f 及 x_{id} 均以电压形式出现,净输入电压受到影响。凡是反馈网络的出口与基本放大电路并联连接,以实现电流比较,而使得净输入电流受到影响的,称为并联反馈。

串联负反馈要求信号源内阻越小越好。相反,对于并联负反馈而言,为增强负反馈效果,则要求信号源内阻越大越好。

通常,从电路结构上亦可进行简单判断,若反馈信号与信号源信号连接在基本放大电路不同的输入端子上,即为串联反馈。若连接在同一个端子上,则为并联反馈,如图 5.3 所示。

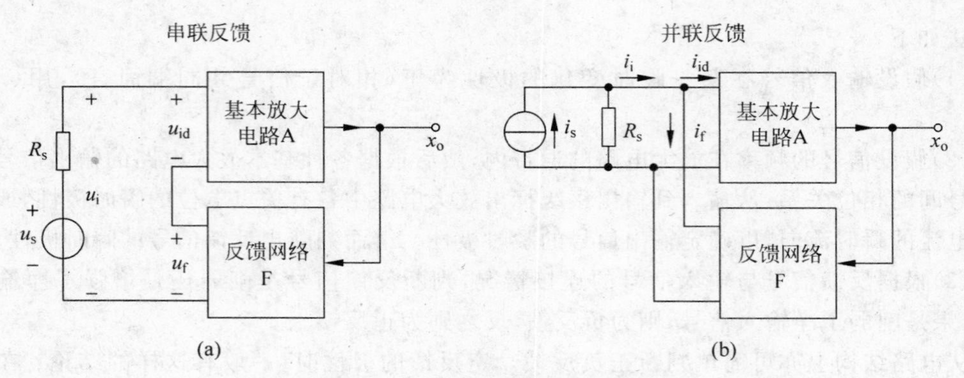

图 5.3 串联、并联反馈的判断

由反馈网络在放大电路输出端的取样对象决定反馈是电压反馈还是电流反馈。如果把输出电压的一部分或全部取出来回送到放大电路的输入回路，即反馈信号取自输出电压，则称为电压反馈。

判断电压与电流反馈的常用方法是“负载短路法”和“负载开路法”，由于输出端只有电压和电流两种信号，输出端的取样不是输出电压就是输出电流，因此利用其中一种方法就能判定反馈方式。常用的方法是“负载短路法”。即假设输出电压 $u_o=0$，或令负载电阻 $R_L=0$，看反馈信号是否还存在，若反馈信号不存在了，则说明反馈信号与输出电压成比例，是电压反馈；若反馈信号还存在，则说明反馈信号不是与输出电压成比例，而是与输出电流成比例，是电流反馈。

通常，若反馈信号的取样点与输出信号连接在基本放大电路相同的输出端子上，即为电压反馈。若不连接在同一个端子上，则为电流反馈，如图 5.4 所示。

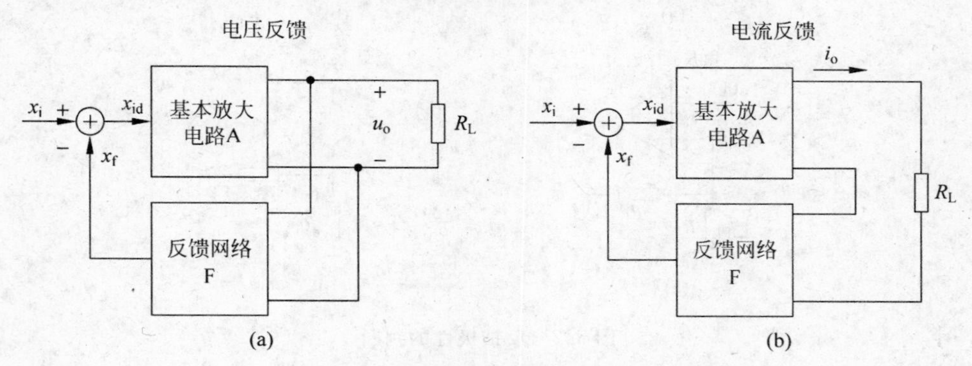

图 5.4 电压、电流反馈的判断

5.1.2 负反馈放大电路的四种组态

负反馈放大电路有四种基本组态（或类型）如图 5.5 所示，分别为电压串联、电压并联、电流串联和电流并联负反馈放大电路。

电压负反馈的重要特性是能稳定输出电压。电压负反馈放大电路具有较好的恒压输出特性。因此，可以说电压串联负反馈放大电路是一个电压控制的电压源，电压并联负反馈放大电路是一个电流控制的电压源。

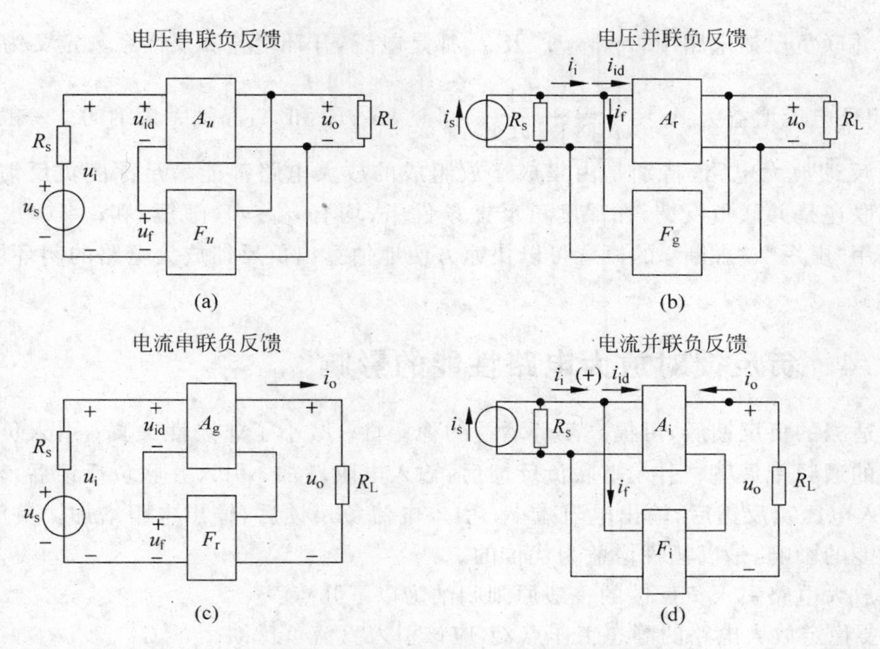

图 5.5 负反馈放大电路有四种基本类型

电流负反馈的特性是稳定输出电流，电流负反馈具有近似于恒流的输出特性。电流串联负反馈放大电路是一个电压控制的电流源，电流并联负反馈放大电路是一个电流控制的电流源。

反馈组态不同，放大电路的性能就完全不同。

引入负反馈后，放大电路的闭环增益 A_f 改变了，其大小与 $(1+AF)$ 这一因数有关。$(1+AF)$ 是衡量反馈程度的重要指标，负反馈放大电路的所有性能的改变程度都与 $(1+AF)$ 有关。通常把 $(1+AF)$ 的大小称为反馈深度，AF 称为环路增益。

5.1.3 负反馈放大电路的分析和近似计算

电压串联负反馈电路中，x_i、x_o、x_f 及 x_{id} 都是电压，开环增益和反馈系数定义为 $A_u=\frac{u_o}{u_{id}}$，$F_u=\frac{u_f}{u_o}$，闭环电压增益 $A_{uf}=\frac{u_o}{u_i}=\frac{A_u}{1+A_uF_u}$，可见，$A_u$、$F_u$ 和 A_{uf} 都是量纲为一的量（又称无量纲量）。

电压并联负反馈电路中，x_i、x_f 及 x_{id} 是电流，而 x_o 是电压，电压并联负反馈电路的开环增益和反馈系数定义为 $A_r=\frac{u_o}{i_{id}}$，$F_g=\frac{i_f}{u_o}$ 闭环互阻增益 为 $A_{rf}=\frac{u_o}{i_i}=\frac{A_r}{1+A_rF_g}$，可见，$A_r$ 和 A_{rf} 的量纲为电阻量纲，而 F_g 的量纲为电导量纲。

电流串联负反馈电路中，x_i、x_f 及 x_{id} 都是电压，而 x_o 是电流，电流串联负反馈电路的开环增益和反馈系数定义为 $A_g=\frac{i_o}{u_{id}}$，$F_r=\frac{u_f}{i_o}$，闭环互导增益为 $A_{gf}=\frac{i_o}{u_i}=\frac{A_g}{1+A_gF_r}$，可见，$A_g$ 和 A_{gf} 的量纲为电导量纲，而 F_r 的量纲为电阻量纲。

电流并联负反馈电路中，x_i、x_o、x_f 及 x_{id}都是电流，开环增益和反馈系数定义为 $A_i=\frac{i_o}{i_{id}}$，$F_i=\frac{i_f}{i_o}$，闭环电流增益为 $A_{if}=\frac{i_o}{i_i}=\frac{A_i}{1+A_iF_i}$，可见，$A_i$、$F_i$ 和 A_{if}都是无量纲的。一般情况下，大多数负反馈放大电路，特别是由集成运放组成的放大电路都能满足深度负反馈的条件。不论是串联还是并联负反馈，在深度负反馈条件下，均有 $u_{id}\approx0$（虚短）和$i_{id}\approx0$（虚断）同时存在。利用“虚短”、“虚断”的概念可以快速方便地估算出负反馈放大电路的闭环增益或闭环电压增益。

5.1.4 负反馈对放大电路性能的影响

引入适当的负反馈后，可提高闭环增益的稳定性；减小了非线性失真；引入负反馈后，放大电路的通频带展宽；引入串联负反馈后，输入电阻增加；引入并联负反馈后，输入电阻减小；引入电压负反馈后，输出电阻减小；引入电流负反馈后，输出电阻增加。负反馈对放大电路性能的影响，是以牺牲增益为代价的。

可将放大电路引入负反馈的一般原则归纳为以下几点：

(1) 要稳定放大电路的静态工作点 Q，应该引入直流负反馈。

(2) 要改善放大电路的动态性能（如增益的稳定性、稳定输出量、减小失真、扩展频带等），应该引入交流负反馈。

(3) 要稳定输出电压，减小输出电阻，提高电路的带负载能力，应该引入电压负反馈。

(4) 要稳定输出电流，增大输出电阻，应该引入电流负反馈。

(5) 要提高电路的输入电阻，减小电路向信号源索取的电流，应该引入串联负反馈。

(6) 要减小电路的输入电阻，应该引入并联负反馈。

注意，在多级放大电路中，为了达到改善放大电路性能的目的，所引入的负反馈一般为级间反馈。

交流负反馈放大电路中，反馈深度 $|1+\dot{A}\dot{F}|$ 或环路增益 $|\dot{A}\dot{F}|$ 的大小决定了负反馈对放大电路性能的影响程度，反馈深度或环路增益越大，放大电路的性能越好。但当反馈程度过深时，放大电路的性能不但得不到改善，反而会使电路产生自激振荡而不能稳定地工作。

5.2 基本概念自检

1. 判断下列说法是否正确（在括号中打×或√）

(1) 由于接入负反馈，则反馈放大电路的 A 就一定是负值，接入正反馈后 A 就一定是正值。 (　　)

(2) 在负反馈放大电路中，放大器的放大倍数越大，闭环放大倍数就越稳定。 (　　)

(3) 在深度负反馈放大电路中，只有尽可能地增大开环放大倍数，才能有效地提高闭环放大倍数。 (　　)

(4) 在深度负反馈的条件下，由于闭环放大倍数 $A_{uf}\approx1/F$，与管子的参数几乎无关，因

此可以任意选择晶体管来组成放大级，管子的参数也就没什么意义了。 ( )

(5) 负反馈可以提高放大电路放大倍数的稳定性。 ( )

(6) 放大电路引入负反馈，则负载电阻变化时，输出电压基本不变。 ( )

(7) 在深度负反馈的条件下，闭环放大倍数 $A_{uf} \approx 1/F$，它与反馈网络有关，而与放大器开环放大倍数 A 无关，故可省去放大通路，仅留下反馈网络，以获得稳定的放大倍数。( )

(8) 负反馈放大电路的放大倍数与组成它的基本放大电路的放大倍数量纲相同。( )

解：(1) × (2) × (3) × (4) × (5) √ (6) × (7) × (8) √

2. 选择合适的答案填空

(1) 对于放大电路，所谓开环是指________；

A. 无信号源 B. 无反馈通路 C. 无电源 D. 无负载

而所谓闭环是指________。

A. 考虑信号源内阻 B. 存在反馈通路

C. 接入电源 D. 接入负载

(2) 在输入量不变的情况下，若引入反馈后________，则说明引入的反馈是负反馈。

A. 输入电阻增大 B. 输出量增大

C. 净输入量增大 D. 净输入量减小

(3) 直流负反馈是指________。

A. 直接耦合放大电路中所引入的负反馈

B. 只有放大直流信号时才有的负反馈

C. 在直流通路中的负反馈

(4) 交流负反馈是指________。

A. 阻容耦合放大电路中所引入的负反馈

B. 只有放大交流信号时才有的负反馈

C. 在交流通路中的负反馈

(5) 为了实现下列五项目的，填写应引入的反馈。

A. 直流负反馈 B. 交流负反馈

① 为了稳定静态工作点，应引入________；

② 为了稳定放大倍数，应引入________；

③ 为了改变输入电阻和输出电阻，应引入________；

④ 为了抑制温漂，应引入________；

⑤ 为了展宽频带，应引入________。

解：(1) B、B (2) D (3) C (4) C (5) A、B、B、A、B

3. 电路分析

(1) 在图 5.6 中所示的电路中，哪些元件组成了级间反馈通路，引入的反馈是正反馈还是负反馈？是直流反馈还是交流反馈，设图中所有电容对交流信号均可视为短路。

解：在图 5.6(a)所示的电路中，由 R_3、A_2 引入了交、直流负反馈。

在图 5.6(b)所示的电路中，由 R_6 引入了交、直流负反馈。

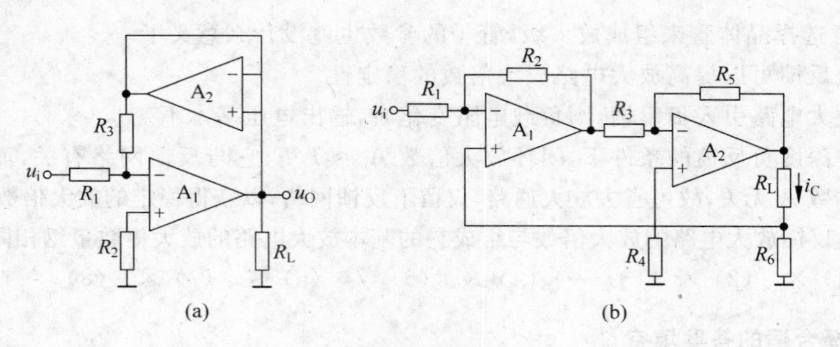

图 5.6 题 3 图

(2) 在什么条件下,引入负反馈才能减少放大器的非线性失真系数和提高信噪比?如果输入信号中混入了干扰,能否利用负反馈加以抑制?

解:负反馈只能减少由放大器内部产生的非线性失真和噪声。而为了提高信噪比,还必须在引入负反馈的同时,增大输入信号。若输入信号中混进了干扰,或输入信号本身具有非线性失真,则反馈无能为力。

5.3 典型例题

例 5.1 判断图 5.7 中各电路是哪种类型的反馈,并说明电路的作用。

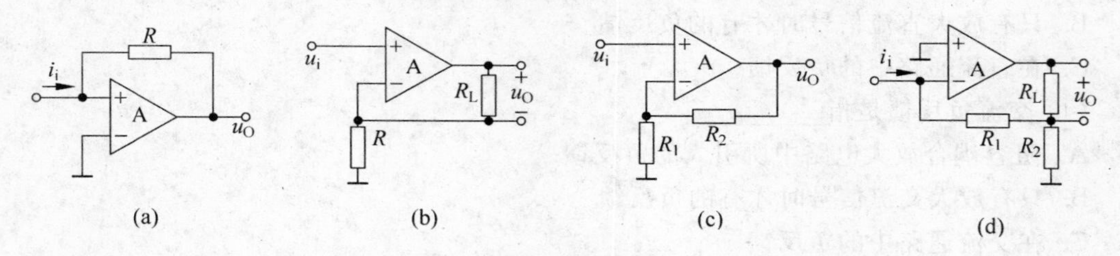

图 5.7 例 5.1 图

解:对于图 5.7(a):根据瞬时极性法判断正、负反馈,设反相端瞬时电压极性为正,输出端电压瞬时极性为负,反馈信号瞬时极性为负,是负反馈;在输入端反馈网络与运放并联,输入信号与反馈信号为电流形式,是并联反馈;在输出端,另输出电压 $u_O=0$,反馈信号不存在,是电压反馈,图 5.7(a)是电压并联负反馈,可实现电流-电压的转换;

对于图 5.7(b):设同相端瞬时电压极性为正,输出端电压瞬时极性为正,反馈信号瞬时极性为正,净输入量减小,是负反馈;在输入端反馈网络与运放串联,输入信号与反馈信号为电压形式,是串联反馈;在输出端另输出电压 $u_O=0$,反馈信号依然存在,是电流反馈,为电流串联负反馈,可实现电压-电流转换电路;

图 5.7(c):同图 5.7(b)是负反馈,是串联反馈;在输出端另输出电压 $u_O=0$,反馈信号依然存在,是电压反馈,为电压串联负反馈,是可实现输入电阻高、输出电压稳定的电压放大电路;

对于图 5.7(d):根据以上分析方法,可判断其为电流并联负反馈,实现输入电阻低、输出电流稳定的电流放大电路。

例 5.2 在图 5.8 所示的各种放大电路中，试按动态反馈分析各电路分别属于哪种反馈类型？（正/负反馈；电压/电流反馈；串联/并联反馈），并说明各个反馈电路的效果是稳定电路中的哪个输出量？（说明是电流，还是电压）

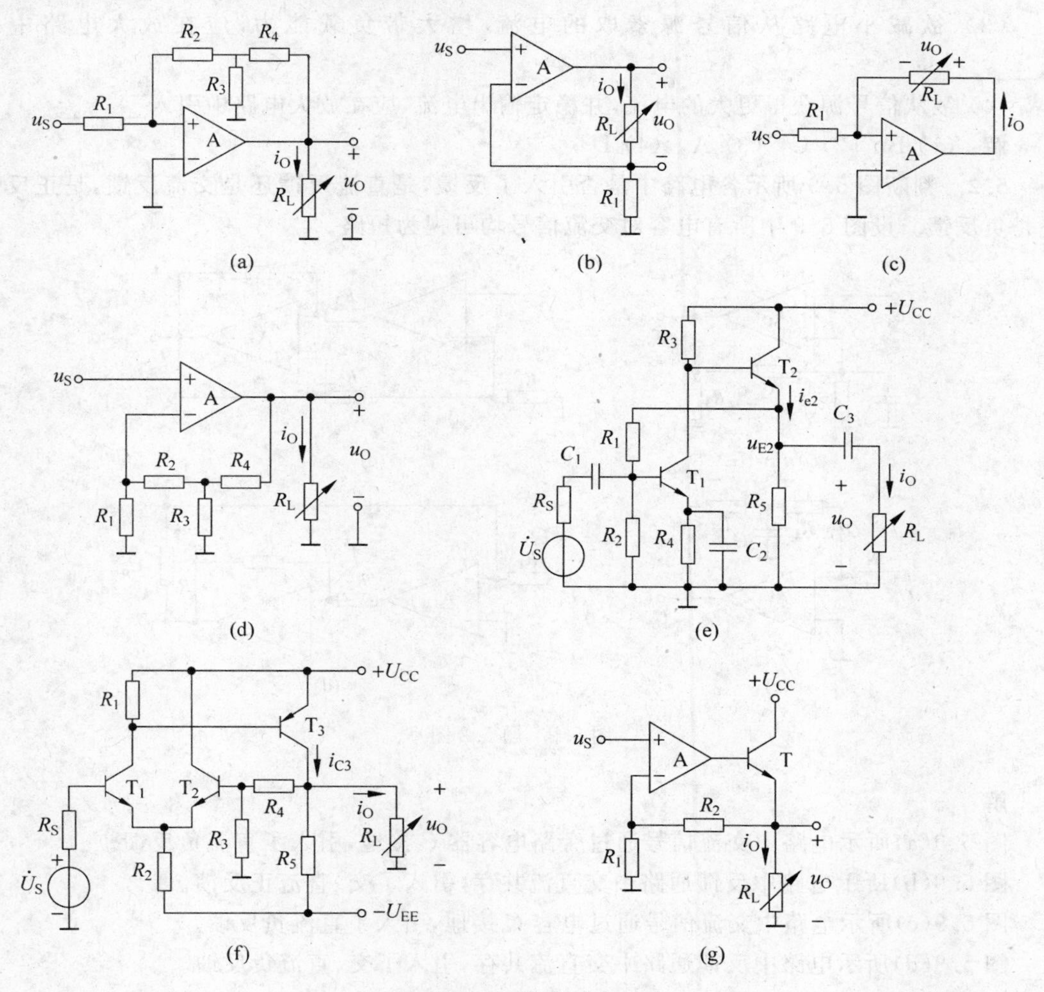

图 5.8 例 5.2 图

解：图 5.8(a)为电压并联负反馈，稳定 u_O；图 5.8(b)为电流串联负反馈，稳定 i_O；图 5.8(c)为电流并联负反馈，稳定 i_O；图 5.8(d)为电压串联负反馈，稳定 u_O；图 5.8(e)为电压并联负反馈，稳定 u_O；图 5.8(f)为电压串联负反馈，稳定 u_O；图 5.8(g)为电压串联负反馈，稳定 u_O。

5.4 课后习题及解答

5.1 已知交流负反馈有以下四种组态，选择合适的答案填入下列空格内，只填入 A、B、C 或 D。

A. 电压串联负反馈　　　　　　　　B. 电压并联负反馈

C. 电流串联负反馈　　　　　　　　D. 电流并联负反馈

(1) 欲得到电流一电压转换电路,应在放大电路中引入________;

(2) 欲将电压信号转换成与之成比例的电流信号,应在放大电路中引入________;

(3) 欲减小电路从信号源索取的电流,增大带负载能力,应在放大电路中引入________;

(4) 欲从信号源获得更大的电流,并稳定输出电流,应在放大电路中引入________。

解:(1) B　(2) C　(3) A　(4) D

5.2　判断图 5.9 所示各电路中是否引入了反馈,是直流反馈还是交流反馈,是正反馈还是负反馈。设图 5.9 中所有电容对交流信号均可视为短路。

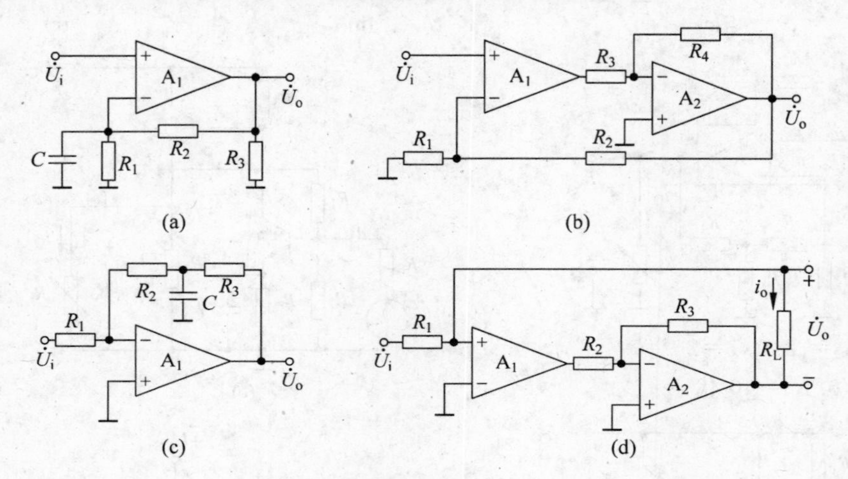

图 5.9　题 5.2 图

解:

图 5.9(a)所示电路中交流信号通过旁路电容器 C 接地,引入了直流负反馈。

图 5.9(b)所示电路中反馈通路中交直流共存,引入了交、直流正反馈。

图 5.9(c)所示电路中交流信号通过电容 C 接地,引入了直流负反馈。

图 5.9(d)所示电路中反馈通路中交直流共存,引入了交、直流负反馈。

5.3　判断图 5.10 所示各电路的反馈极性和组态(包括交、直流反馈,串联或并联,电压或电流)。

解:

图 5.10(a)所示电路中 R_2、R_1 引入了交流和直流电压串联正反馈。

图 5.10(b)所示电路中 R_e 引入了交流和直流电压串联负反馈。

图 5.10(c)所示电路中 R_4 引入了交流和直流电压并联负反馈。

图 5.10(d)所示电路中 R_{b2}、R_f 引入了交流和直流电压串联负反馈。

5.4　有一负反馈放大器,其开环增益 $A=100$,反馈系数 $F=1/10$。试问它的反馈深度和闭环增益各为多少?

解:反馈深度为 $1+AF=1+100\times0.1=11$;闭环增益为 $A_f=A/(1+AF)\approx9.09$。

5.5　有一负反馈放大器,当输入电压为 0.1V 时,输出电压为 2V,而在开环时,对于 0.1V 的输入电压,其输出电压则有 4V。试计算其反馈深度和反馈系数。

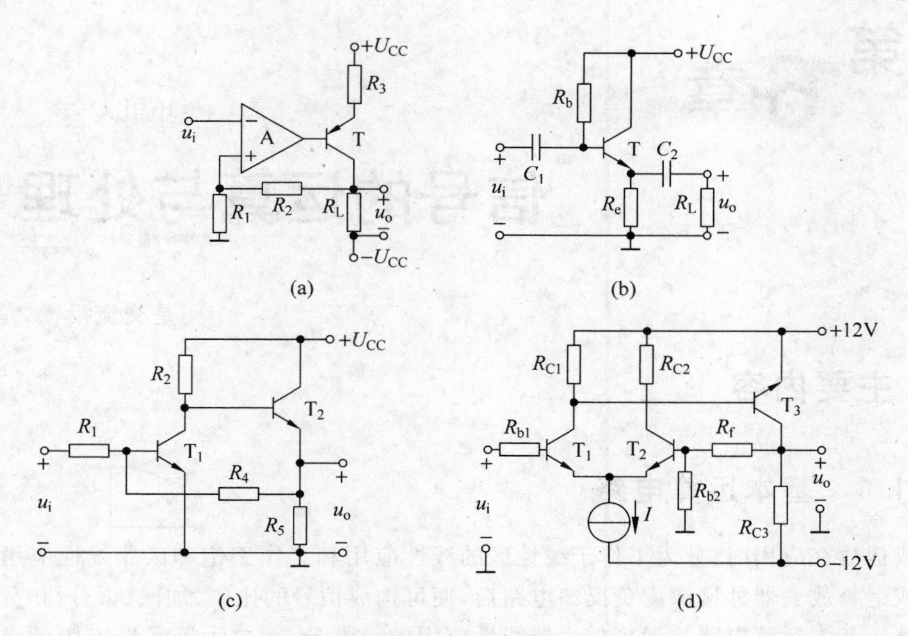

图 5.10　题 5.3 图

解：$A_f=2/0.1=20=A/(1+AF)$；

$A=4/0.1=40$ 代入上式得 $F=1/40=0.025$；反馈深度为 $1+AF=1+40\times0.025=2$。

5.6　由差分放大电路和理想集成运放组成的反馈电路如图 5.11 所示，回答下列问题：

(1) 要由 U_o 到 b_2 的反馈为电压串联负反馈，则 c_1 和 c_2 应分别接入运放的哪个端是同相端还是反相端？

(2) 若引入电压并联负反馈，则 c_1 和 c_2 又应分别接入运放的哪个端？R_f 应接至何处？

解：

(1) c_1 接入运放的反相端，c_2 接同相端。

(2) 若引入电压并联负反馈，则 c_1 接入运放的同相端，c_2 接反相端。R_f 应接至 b_1 端，如图 5.12 所示。

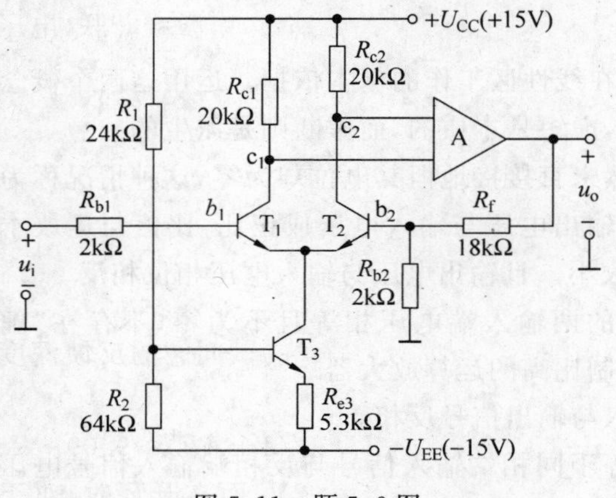

图 5.11　题 5.6 图

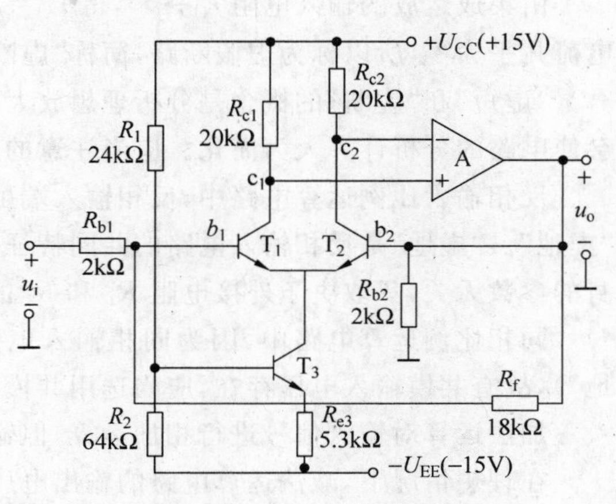

图 5.12　题 5.6(2) 解图

第6章 信号的运算与处理

6.1 主要内容

6.1.1 基本运算电路

集成运放在应用时,分为工作于线性区的线性应用和工作于饱和区非线性应用两种情况。集成运算放大器外接深度负反馈电路后,便可构成信号的比例、加减、微分、积分等基本运算电路。基本运算电路是运算放大器线性应用的一部分,而放大器线性应用的必要条件是引入深度负反馈。

将集成运放的性能参数理想化,便可得到实际集成运放的理想化模型。理想运算放大器的主要条件是:

(1) 开环电压放大倍数 $A_{od}\to\infty$;

(2) 输入电阻 $r_{id}\to\infty$;

(3) 输出电阻 $r_{od}\to 0$;

(4) 共模抑制比 $K_{CMR}\to\infty$。

当集成运放工作在线性区时,输出电压在有限值之间变化,而集成运放的 $A_{od}\to\infty$,则 $u_{id}=u_{od}/A_{od}\approx 0$,由 $u_{id}=u_{+}-u_{-}$,得 $u_{+}\approx u_{-}$。说明,同相端和反相端电压几乎相等,所以称为虚假短路,简称"虚短"。

由集成运放的输入电阻 $r_{id}\to\infty$,得 $i_{+}=i_{-}\approx 0$。说明,流入集成运放的同相端和反相端电流几乎为零,所以称为虚假断路,简称"虚断"。

"虚短"和"虚断"的概念是分析理想放大器在线性区工作的基本依据。运用这两个概念会使电路的分析计算大为简化。应当注意的是,虚短是本质的,而虚断则是派生的。

反相输入比例运算电路中,反相输入端虽然未直接接地但其电位却为零,这种情况称为"虚地"。"虚地"是反相输入电路的共同特征。输出电压与输入电压成正比,比值与运放本身的参数无关,只取决于外接电阻 R_1 和 R_f 的大小。且输出电压与输入电压相位相反。

同相比例运算电路中,因为同相输入电路的两输入端电压相等且不为零(不存在"虚地"),故有共模输入电压存在,应当选用共模抑制比高的运算放大器。

加法运算对输入信号进行相加运算,但输入与输出信号反相。

在理想情况下,减法运算电路的输出电压等于同相端输入信号与反相端输入信号电压之差,具有很好的抑制共模信号的能力。

积分运算电路可以完成对输入信号的积分运算，即输出电压与输入电压的积分成正比。

将积分运算电路中的 R 和 C 互换，就可得到微分运算电路，微分是积分的逆运算，其输出电压与输入电压的微分成正比。

6.1.2　滤波电路的基本概念与分类

滤波电路是一种能使有用频率信号通过而同时抑制无用频率信号的电子装置。工程上常用它来作信号处理、数据传送和抑制干扰等。以往的模拟滤波器主要应用无源元件 R、L 和 C 组成，集成运放迅速发展以来，由它和 R、C 组成的有源滤波电路，具有不用电感、体积小、重量轻等优点。滤波电路的理想特性是：

(1) 通带范围内信号无衰减地通过，阻带范围内无信号输出；

(2) 通带与阻带之间的过渡带为零。

按照通带和阻带的相互位置不同，常用滤波电路的幅频特性如图 6.1 所示。

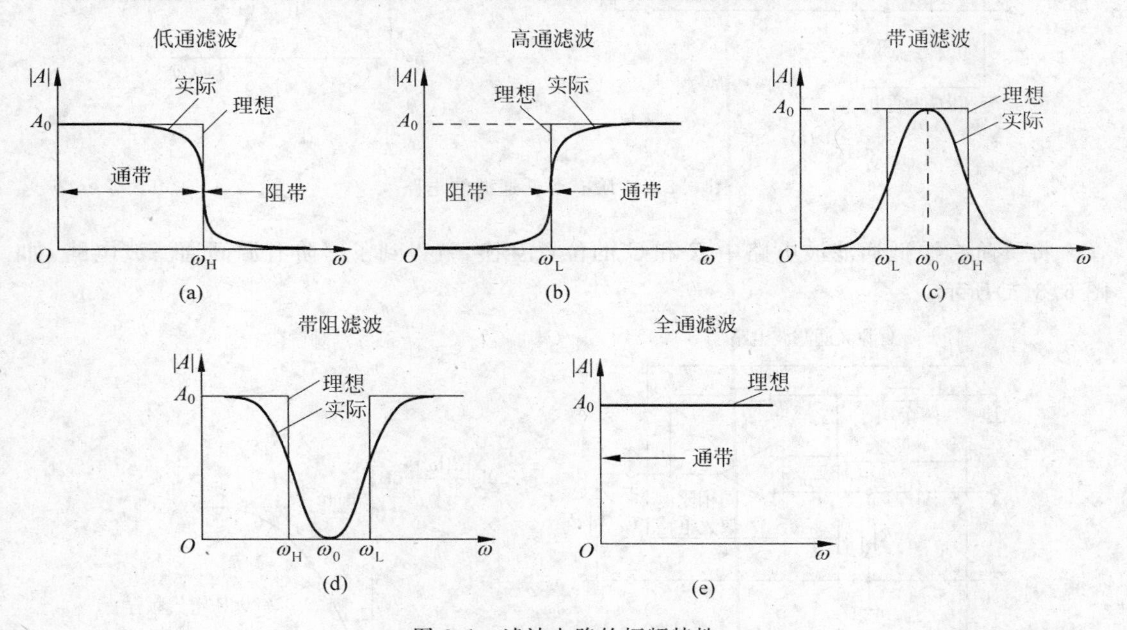

图 6.1　滤波电路的幅频特性

低通滤波电路的功能是通过从零到某一截止角频率 ω_H 的低频信号，而对大于 ω_H 的所有频率则给予衰减，其带宽 $BW=\omega_H/2\pi$。

高通滤波电路在 $0<\omega<\omega_L$ 范围内的频率为阻带，高于 ω_L 的频率为通带，带宽 $BW=\infty$。

带通滤波电路的 ω_L 为低边截止角频率，ω_H 为高边截止角频率，ω_0 为中心角频率，它有两个阻带：$0<\omega<\omega_L$ 和 $\omega>\omega_H$，因此带宽 $BW=(\omega_H-\omega_L)/2\pi$。

带阻滤波电路有两个通带：$0<\omega<\omega_H$ 及 $\omega>\omega_L$，和一个阻带：$\omega_H<\omega<\omega_L$。因此它的功能是衰减 ω_L 到 ω_H 间的信号。带阻滤波电路抑制频带中心所在角频率 ω_0 又称中心角频率。

全通滤波电路没有阻带，它的通带是从零到无穷大，但相移的大小随频率改变。

6.1.3 一阶有源滤波电路

一级 RC 低通电路的输出端再加上一个电压跟随器或同相比例放大电路，成了一个简单的一阶有源低通滤波电路，如图 6.2(a)所示。RC 低通电路对信号滤波，电压跟随器或同相比例放大电路使 RC 低通电路与负载很好地隔离开来，或者起放大作用。

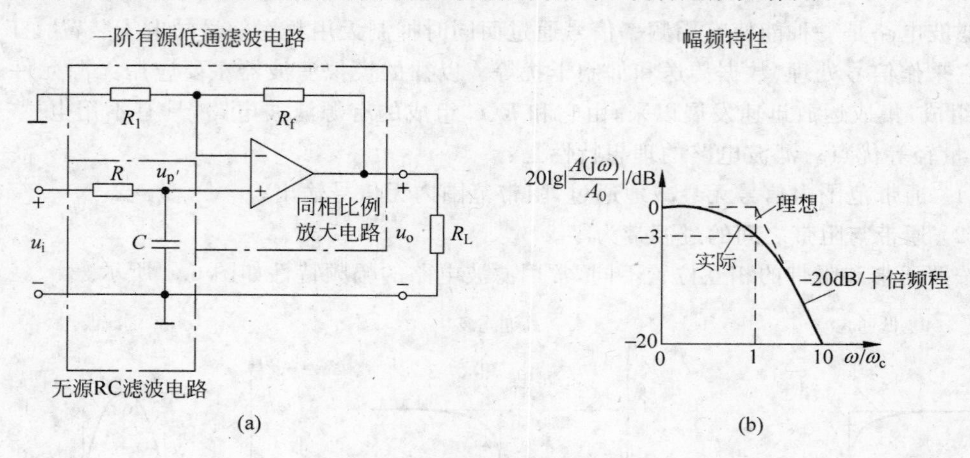

图 6.2 一阶有源低通滤波电路

将一阶有源低通滤波电路中 R 和 C 的位置互换，就得到了一阶有源高通滤波电路，如图 6.3(a)所示。

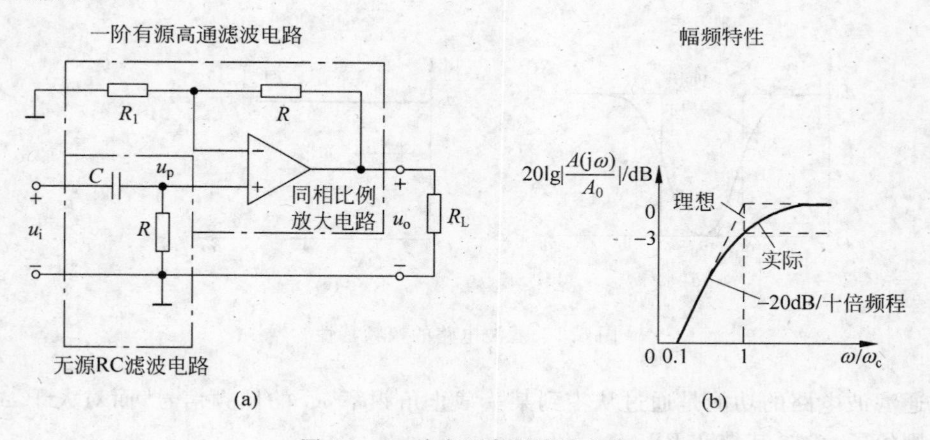

图 6.3 一阶有源高通滤波电路

一阶滤波电路的截止角频率为 $\omega=1/(RC)$，通带电压增益等于构成一阶有源滤波电路的同相比例放大电路的电压增益。

一阶滤波器的滤波效果还不够好，它的衰减率只是 20dB/十倍频程。

6.1.4 高阶有源滤波电路

最常用的有源滤波电路有三种：巴特沃思(Butterworth)、切比雪夫(Chebyshev)和贝塞尔(Bessel)滤波电路。巴特沃思滤波电路的幅频响应在通带中具有最平幅度特性，但从通带到阻带衰减较慢；切比雪夫滤波电路能迅速衰减，但允许通带中有一定纹波；而贝塞尔滤波电路着重于相频响应，其相移与频率基本成正比，可得失真较小的波形。在高阶滤波电路中用得最多的是巴特沃思有源滤波电路。

二阶有源低通滤波电路由两级 RC 滤波电路和同相比例放大电路组成，如图 6.4(a)所示。其特点是输入阻抗高，输出阻抗低，同相比例放大电路的电压增益就是低通滤波器的通带电压增益。$\omega_c=1/(RC)$为特征角频率，也是 3dB 截止角频率，而 $Q=\dfrac{1}{3-A_{uf}}$则称为等效品质因数。二阶比一阶低通滤波电路的滤波效率好得多。当进一步增加滤波电路阶数，其幅频响应就更接近理想特性。

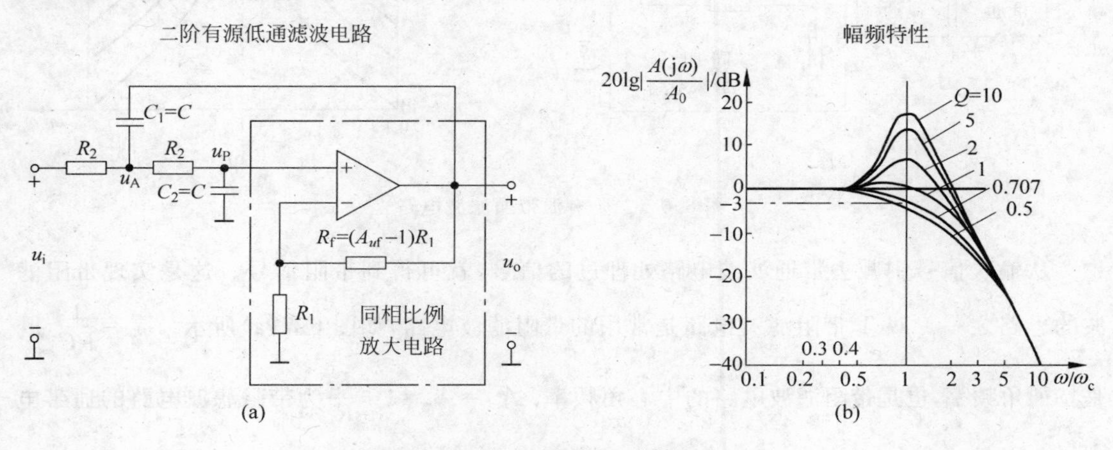

图 6.4　二阶有源低通滤波电路

将二阶有源低通滤波电路中的 R 和 C 位置互换，则可得到二阶有源高通滤波电路，其特点与二阶有源低通滤波电路一致，如图 6.5 所示。

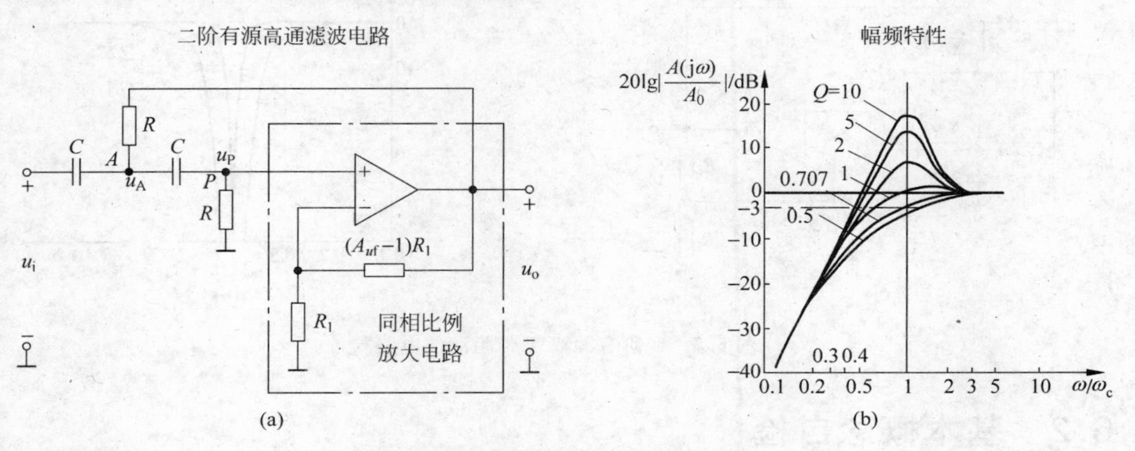

图 6.5　二阶有源高通滤波电路

若低通滤波电路的截止用频率 ω_H 大于高通滤波电路的截止角频率 ω_L，则可以将低通与高通滤波电路相串联，构成带通滤波电路，如图 6.6(a)所示。两者覆盖的通带就提供了一个带通响应。$\omega_0=1/(RC)$，既是特征角频率，也是带通滤波电路的中心角频率。$A_0=$

$A_{uf}/3-A_{uf}$是带通滤波电路的通带电压增益，$Q=\dfrac{1}{3-A_{uf}}$是品质因数，Q值越高，通带越窄。带通滤波电路的通带宽度 $BW=\omega_0/(2\pi Q)=f_0/Q$。

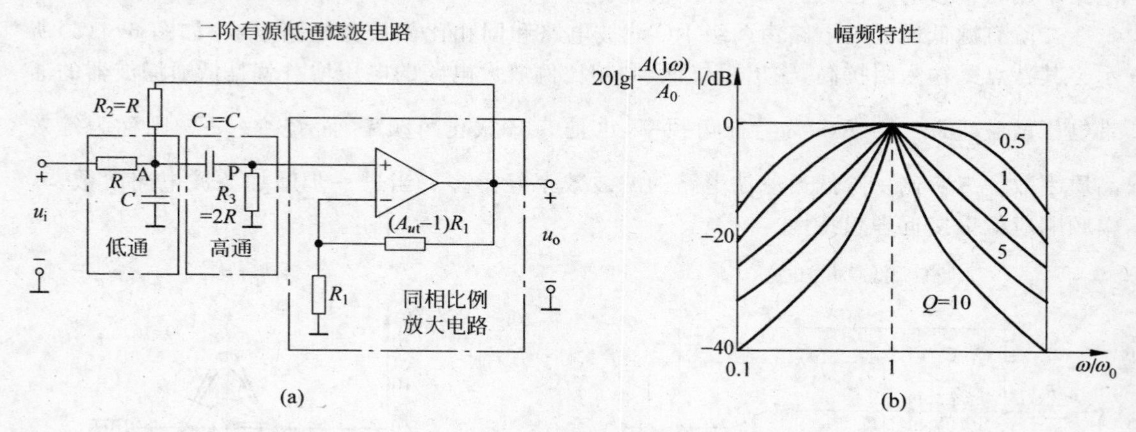

图 6.6　二阶有源带通滤波电路

从输入信号中减去带通滤波电路处理过的信号，就可得到带阻信号。这是实现带阻滤波的思路之一。双 T 带阻滤波电路是常用的带阻滤波电路，如图 6.7(a)所示。$\omega_0=\dfrac{1}{RC}$，既是特征角频率，也是带阻滤波电路的中心角频率；$A_{uf}=A_0=1+\dfrac{R_f}{R_1}$为带阻滤波电路的通带电压增益；$Q=\dfrac{1}{2(2-A_0)}$。$A_0$ 越接近 2，带阻滤波电路的选频特性越好，即阻断的频率范围越窄。

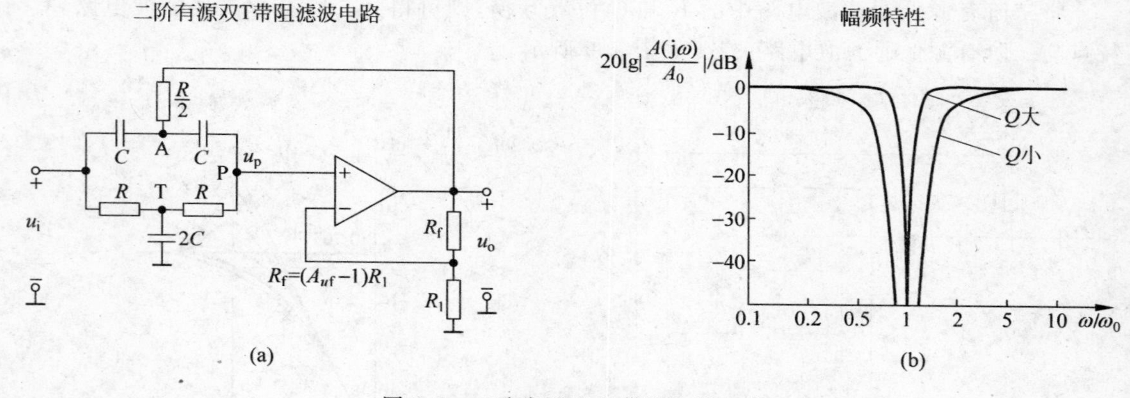

图 6.7　二阶有源双 T 带阻滤波电路

6.2 基本概念自检

1. 选择合适的答案填空

(1) 理想运算放大器的性能参数均被理想化，即输入电阻为________，输出电阻为________，输出电压为________，其中开环电压增益为________。

(2) 运算放大器有两个工作区。在________区，运算放大器放大小信号；输入为大信号时，它工作在________区，输出电压扩展到________。

(3) 运放电路工作在线性区时，具有________和________两个特点，凡是运放电路都可利用这两个概念来分析电路的输入、输出关系。

(4) 反相比例电路中集成运放反相输入端为________点，而同相比例电路中集成运放两个输入端对地的电压基本上等于________电压。

(5) ________比例运算电路的输入电流等于零，而________比例运算电路的输入电流等于________过反馈电阻中的电流。

(6) ________运算电路可实现 $A_u > 1$ 的放大器；________运算电路可实现 $A_u < 0$ 的放大器。

(7) 反相求和电路中集成运放的反相输入端为虚地点，流过反馈电阻的电流等于各输入电流的________。

(8) ________比例运算电路的输入电阻大，而________比例运算电路的输入电阻小。

(9) ________运算电路可实现函数 $Y = aX_1 + bX_2 + cX_3$，a、b 和 c 均小于零。

(10) ________运算电路可将三角波电压转换成方波电压。

(11) 为了避免 50Hz 电网电压的干扰进入放大器，应选用________滤波电路。

(12) 已知输入信号的频率为 10～12kHz，为了防止干扰信号的混入，应选用________滤波电路。

(13) 为了获得输入电压中的低频信号，应选用________滤波电路。

(14) 为了使滤波电路的输出电阻足够小，保证负载电阻变化时滤波特性不变，应选用________滤波电路。

解：

(1)无穷大、零、$A_{up}(u_p - u_n)$、无穷大；(2)线性区、非线性区、饱和值 $\pm U_{om}$；(3)虚短、虚断；(4)反相输入、输入电压；(5)同相、反相；(6)同相比例、反相比例；(7)和；(8)同相、反相；(9)反相求和；(10)微分；(11)带阻；(12)带通；(13)低通；(14)有源。

2. 选择题

(1) 从现有以下五种电路中，选择一个合适的答案填空。

A. 反相比例运算电路　　B. 同相比例运算电路

C. 积分运算电路　　D. 微分运算电路

E. 加法运算电路

① 欲得到脉冲信号，可选用________。

② 欲将正弦波电压叠加上一个直流量，应选用________。

③ 欲实现 $A_u = -100$ 的放大电路，应选用________。

④ 欲将方波电压转换成三角波电压，应选用________。

⑤ ________中集成运放反相输入端为虚地，而________中集成运放两个输入端的电位等于输入电压。

(2) 集成运放在作放大电路使用时，其电压增益主要决定于(　　)。

A. 反馈网络电阻　　B. 开环输入电阻　　C. 开环电压放大倍数

解：(1) D、E、A、C、B、A；(2) A。

6.3 典型例题

例 6.1　电路如图 6.8 所示，集成运放输出电压的最大幅值为±14V，请给表 6-1 填上适当的数据。

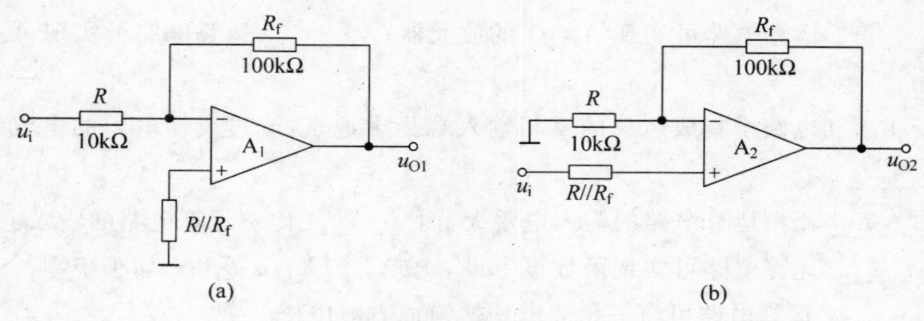

图 6.8　例 6.1 图

表 6-1　例 6.1 用表

u_i/V	0.1	0.5	1.0	1.5
u_{O1}/V				
u_{O2}/V				

解：$u_{O1}=(-R_f/R)u_i=-10u_i$，$u_{O2}=(1+R_f/R)u_i=11u_i$。当集成运放工作到非线性区时，输出电压不是+14V，就是−14V，如表 6-2 所示。

表 6-2　求解结果

u_i/V	0.1	0.5	1.0	1.5
u_{O1}/V	−1	−5	−10	−14
u_{O2}/V	1.1	5.5	11	14

例 6.2　设计一个比例运算电路，要求输入电阻 $R_i=20\text{k}\Omega$，比例系数为−100。

解：可采用反相比例运算电路，电路形式如图 6.9 所示。$R=20\text{k}\Omega$，$R_f=2\text{M}\Omega$。

例 6.3　电路如图 6.10(a)和图 6.10(b)所示，图中运放是理想的，试分别写出它们的输出电压和输入电压的函数关系。

解：

对于图 6.10(a)：$u_O=2u_{i1}-4u_{i2}$

图 6.10(b)：$u_O=-10u_{i1}+10u_{i2}=10(u_{i2}-u_{i1})$

例 6.4　在同相输入加法电路如图 6.11 所示，求输出电压 u_O；当 $R_1=R_2=R_3=R_f$ 时，$u_O=$？

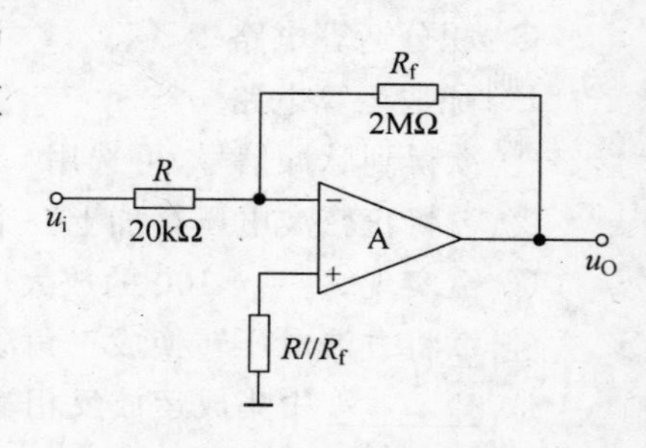

图 6.9　解例 6.2 图

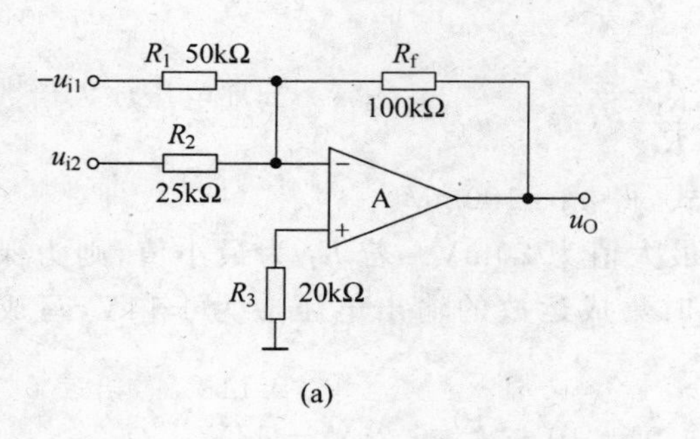

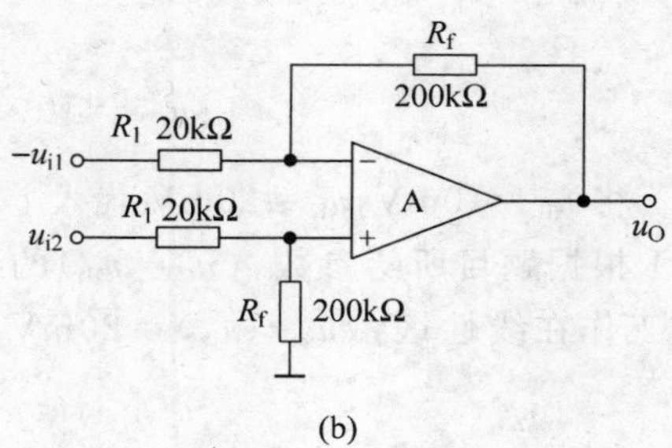

图 6.10 例 6.3 图

解：输出电压为

$$u_O = \left(1 + \frac{R_f}{R_3}\right) u_P$$

式中

$$u_P = \frac{R_2}{R_1 + R_2} u_{i1} + \frac{R_2}{R_1 + R_2} u_{i2}$$

即

$$u_O = \left(1 + \frac{R_f}{R_3}\right)\left(\frac{1}{R_1 + R_2}\right)(R_2 u_{i1} + R_1 u_{i2})$$

若 $R_1 = R_2 = R_3 = R_f$，则 $u_O = u_{i1} + u_{i2}$。

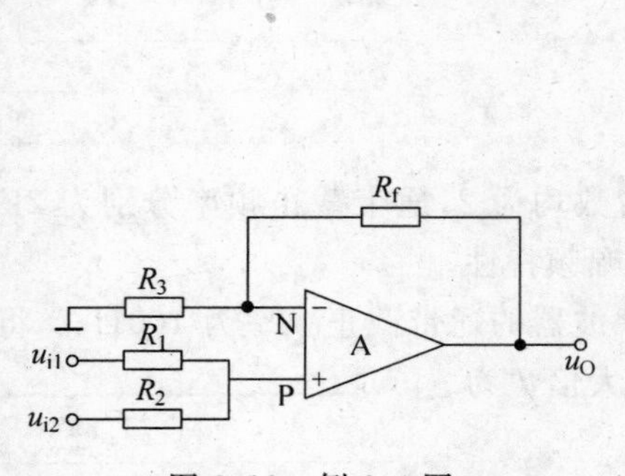

图 6.11 例 6.4 图

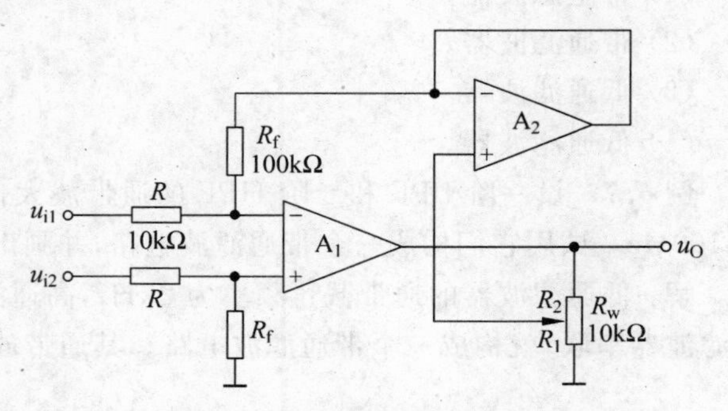

图 6.12 例 6.5 图

例 6.5 电路如图 6.12 所示。试完成：

(1) 写出 u_O 与 u_{i1}、u_{i2}的运算关系式；

(2) 当 R_W 的滑动端在最上端时，若 $u_{i1} = 10\text{mV}$，$u_{i2} = 20\text{mV}$，则 $u_O = ?$

(3) 若 u_O 的最大幅值为 $\pm 14\text{V}$，输入电压最大值 $u_{i1max} = 10\text{mV}$，$u_{i2max} = 20\text{mV}$，最小值均为 0，则为了保证集成运放工作在线性区，R_2 的最大值为多少？

解：

(1) A_2 同相输入端电位为

$$u_{P2} = u_{N2} = \frac{R_f}{R}(u_{i2} - u_{i1}) = 10(u_{i2} - u_{i1})$$

输出电压为

$$u_O = \left(1 + \frac{R_2}{R_1}\right) \cdot u_{P2} = 10\left(1 + \frac{R_2}{R_1}\right)(u_{i2} - u_{i1})$$

或

$$u_O = 10 \cdot \frac{R_W}{R_1} \cdot (u_{i2} - u_{i1})$$

(2) 将 $u_{i1} = 10\text{mV}$，$u_{i2} = 20\text{mV}$ 代入上式，得 $u_O = 100\text{mV}$。

(3) 根据题目所给参数，$(u_{i2} - u_{i1})$ 的最大值为 20mV。若 R_1 为最小值，则为保证集成运放工作在线性区，$(u_{i2} - u_{i1}) = 20\text{mV}$ 时集成运放的输出电压应为 +14V，写成表达式为

$$u_O = 10 \cdot \frac{R_W}{R_{1\min}} \cdot (u_{i2} - u_{i1}) = 10 \cdot \frac{10}{R_{1\min}} \cdot 20\text{V} = 14\text{V}$$

故

$$R_{1\min} \approx 143\Omega$$

$$R_{2\max} = R_W - R_{1\min} \approx (10 - 0.143)\text{k}\Omega \approx 9.86\text{k}\Omega$$

例 6.6 在下列各种情况下，应分别采用哪种类型(低通、高通、带通、带阻)的滤波电路。

(1) 抑制 50Hz 交流电源的干扰；

(2) 处理具有 1Hz 固定频率的有用信号；

(3) 从输入信号中取出低于 2kHz 的信号；

(4) 抑制频率为 100kHz 以上的高频干扰。

解：

(1) 带阻滤波器。

(2) 带通滤波器。

(3) 低通滤波器。

(4) 低通滤波器。

例 6.7 设一阶 LPF 和二阶 HPF 的通带放大倍数均为 2，通带截止频率分别为 2kHz 和 100Hz。试用它们构成一个带通滤波电路，并画出幅频特性。

解：低通滤波器的通带截止频率为 2kHz，高通滤波器的通带截止频率为 100Hz。将两个滤波器串联，就构成一个带通滤波电路。其通带放大倍数为

$$\dot{A}_{up} = 4$$

通带增益为

$$20\lg|\dot{A}_{up}| \approx 12$$

幅频特性如图 6.13 所示。

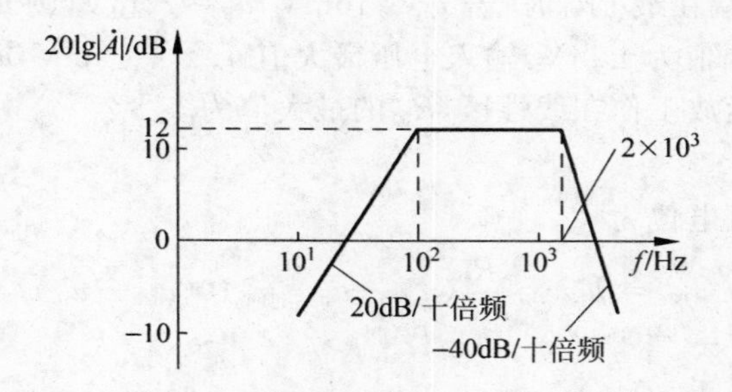

图 6.13 解例 6.7 图

6.4 课后习题及解答

6.1 分别求图 6.14 所示的各电路的运算关系。

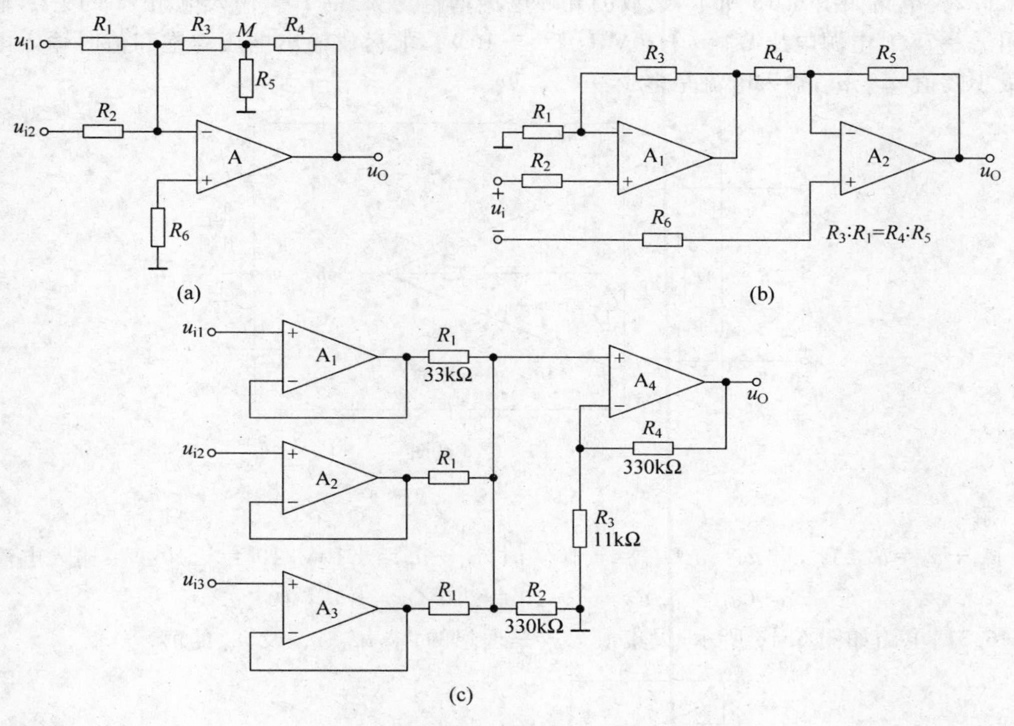

图 6.14　题 6.1 图

解：图 6.14(a)为反相求和运算电路；图 6.14(b)所示的 A_1 构成同相比例运算电路，A_2 构成加减运算电路；图 6.14(c)所示的 A_1、A_2、A_3 均可构成电压跟随器电路，A_4 构成反相求和运算电路。

对于图 6.14(a)：设 R_3、R_4、R_5 的节点为 M，则

$$u_M=-R_3\left(\frac{u_{i1}}{R_1}+\frac{u_{i2}}{R_2}\right)$$

$$i_{R4}=i_{R3}-i_{R5}=\frac{u_{i1}}{R_1}+\frac{u_{i2}}{R_2}-\frac{u_M}{R_5}$$

$$u_O=u_M-i_{R4}R_4=-\left(R_3+R_4+\frac{R_3R_4}{R_5}\right)\left(\frac{u_{i1}}{R_1}+\frac{u_{i2}}{R_2}\right)$$

图 6.14(b)：先求解 u_{O1}，再求解 u_O。

$$u_{O1}=\left(1+\frac{R_3}{R_1}\right)u_{i1}$$

$$u_O=-\frac{R_5}{R_4}u_{O1}+\left(1+\frac{R_5}{R_4}\right)u_{i2}=-\frac{R_5}{R_4}\left(1+\frac{R_3}{R_1}\right)u_{i1}+\left(1+\frac{R_5}{R_4}\right)u_{i2}$$

$$=\left(1+\frac{R_5}{R_4}\right)(u_{i2}-u_{i1})$$

图 6.14(c)：A_1、A_2、A_3 的输出电压分别为 u_{i1}、u_{i2}、u_{i3}。由于在 A_4 组成的反相求和运算电路中反相输入端和同相输入端外接电阻阻值相等，所以

$$u_O = \frac{R_4}{R_1}(u_{i1} + u_{i2} + u_{i3}) = 10(u_{i1} + u_{i2} + u_{i3})$$

6.2 电路如图 6.15 所示，运放的开环电压增益为 $A_{uo} = 10^6$，输入电阻 $r_i = 10^9\,\Omega$，输出电阻 $r_o = 75\Omega$，电源电压 $U_+ = +10\text{V}$，$U_- = -10\text{V}$。求运放输出电压为饱和值时输入电压的最小幅值 $u_p - u_n$，输入电流是多少？

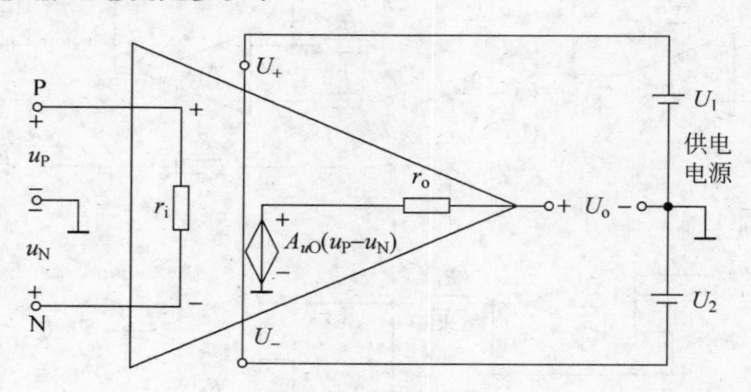

图 6.15　题 6.2 图

解：

$u_p - u_n = u_o / A_{uo}$，当 $u_o = \pm U_{om} = \pm 10\text{V}$ 时，$u_p - u_n = \pm 10\text{V}/10^6 = \pm 10\mu\text{V}$；输入电流为

$$i = (u_p - u_n)/r_i = \pm 10\mu\text{V}/10^9\,\Omega = \pm 1 \times 10^{-8}\,\mu\text{A}$$

6.3 电路如图 6.16 所示，设集成运放是理想的，求 u_{O1}、u_{O2} 及 u_O 的值。

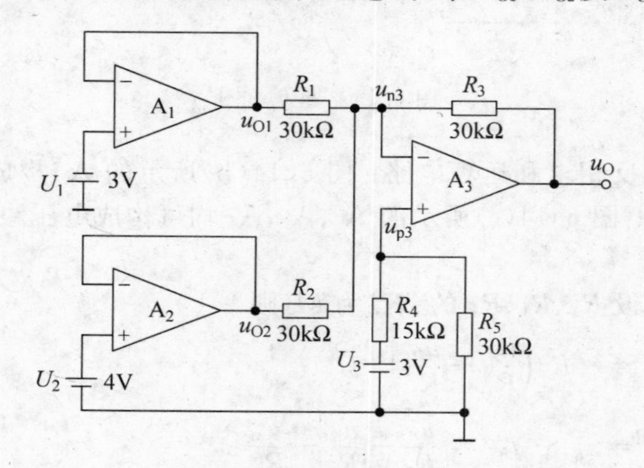

图 6.16　题 6.3 图

解：

A_1、A_2 组成电压跟随电路，有

$$u_{O1} = U_1 = -3\text{V}, \quad u_{O2} = U_2 = 4\text{V}$$

A_3 组成加减电路。利用叠加原理。当 $U_3 = 0$，反相加法时，A_3 的输出电压为

$$u_O' = -\frac{R_3}{R_1}u_{O1} - \frac{R_3}{R_2}u_{O2} = -\frac{30}{30}(-3\text{V}) - \frac{30}{30}(4\text{V}) = -1\text{V}$$

当 $u_{O1} = 0$、$u_{O2} = 0$、$U_3 = +3\text{V}$ 时，A_3 的输出电压为

$$u''_O = \left(1 + \frac{R_3}{R_1 /\!/ R_2}\right) u_P$$

$$u_P = \frac{R_5}{R_4 + R_5}(U_3) = \frac{30}{15+30} \times 3\text{V} = 2\text{V}$$

$$u''_O = \left(1 + \frac{30}{15}\right) \times 2\text{V} = 6\text{V}$$

u'_O与 u''_O叠加得输出电压为

$$u_O = u'_O + u''_O = -1\text{V} + 6\text{V} = 5\text{V}$$

6.4 已知图 6.17 中的集成运放均为理想运放，试分别求解电路的运算关系。

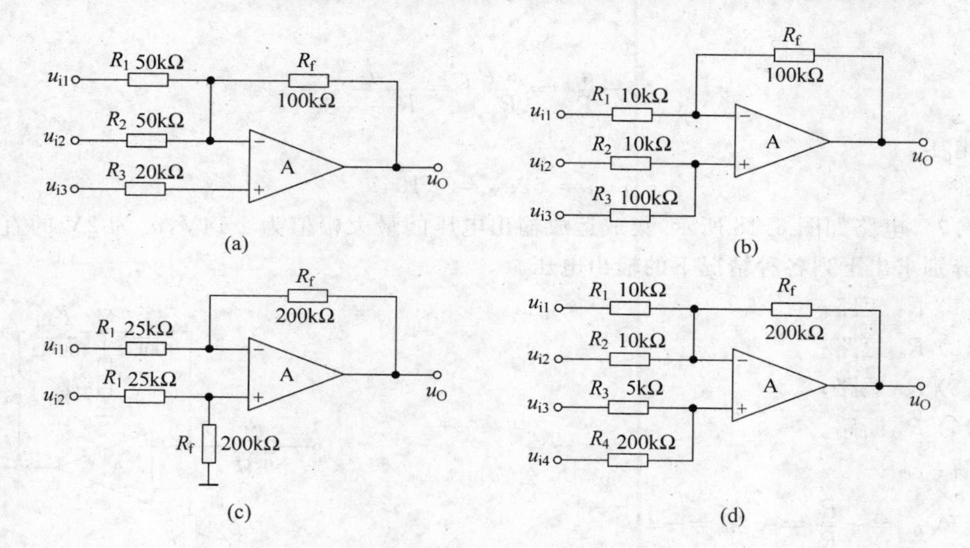

图 6.17 题 6.4 图

解：

对于图 6.17(a)：$u_O = -\frac{R_f}{R_1} \cdot u_{i1} - \frac{R_f}{R_2} \cdot u_{i2} + \frac{R_f}{R_3} \cdot u_{i3} = -2u_{i1} - 2u_{i2} + 5u_{i3}$。

图 6.17(b)：$u_O = -\frac{R_f}{R_1} \cdot u_{i1} + \frac{R_f}{R_2} \cdot u_{i2} + \frac{R_f}{R_3} \cdot u_{i3} = -10u_{i1} + 10u_{i2} + u_{i3}$。

图 6.17(c)：$u_O = \frac{R_f}{R_1}(u_{i2} - u_{i1}) = 8(u_{i2} - u_{i1})$。

图 6.17(d)：$u_O = -\frac{R_f}{R_1} \cdot u_{i1} - \frac{R_f}{R_2} \cdot u_{i2} + \frac{R_f}{R_3} \cdot u_{i3} + \frac{R_f}{R_4} \cdot u_{i4}$

$= -20u_{i1} - 20u_{i2} + 40u_{13} + u_{14}$。

6.5 在图 6.17 所示的各电路中，集成运放的共模信号分别为多少？写出表达式。

解：因为集成运放同相输入端和反相输入端之间净输入电压为零，所以它们的电位就是集成运放的共模输入电压。图示各电路中集成运放的共模信号分别为

对于图 6.17(a)：$u_{iC} = u_{i3}$。

图 6.17(b)：$u_{iC} = \frac{R_3}{R_2 + R_3} \cdot u_{i2} + \frac{R_2}{R_2 + R_3} \cdot u_{i3} = \frac{10}{11} u_{i2} + \frac{1}{11} u_{i3}$。

图 6.17(c)：$u_{iC}=\dfrac{R_f}{R_1+R_f}\cdot u_{i2}=\dfrac{8}{9}u_{i2}$。

图 6.17(d)：$u_{iC}=\dfrac{R_4}{R_3+R_4}\cdot u_{i3}+\dfrac{R_3}{R_3+R_4}\cdot u_{i4}=\dfrac{40}{41}u_{i3}+\dfrac{1}{41}u_{i4}$。

6.6 电路如图 6.18 所示，试求：

(1) 输入电阻；

(2) 比例系数。

解：由图 6.18 可知 $R_i=50\text{k}\Omega, u_M=-2u_i$。

$$i_{R2}=i_{R4}+i_{R3}$$

即

$$-\frac{u_M}{R_2}=\frac{u_M}{R_4}+\frac{u_M-u_O}{R_3}$$

输出电压

$$u_O=52u_M=-104u_i$$

6.7 电路如图 6.18 所示，集成运放输出电压的最大幅值为±14V，u_i 为 2V 的直流信号。分别求出下列各种情况下的输出电压。

(1) R_2 短路；

(2) R_3 短路；

(3) R_4 短路；

(4) R_4 断路。

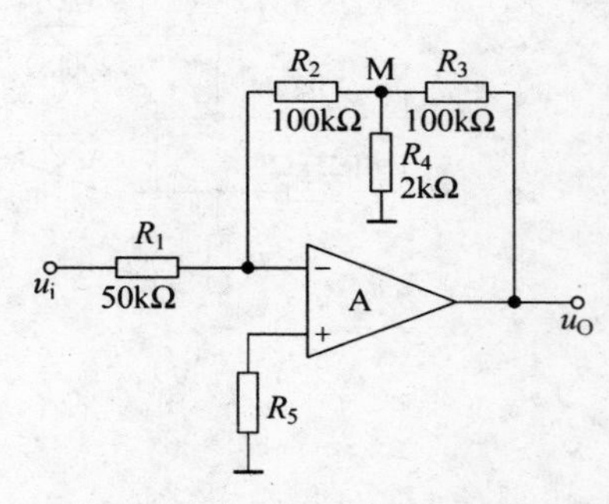

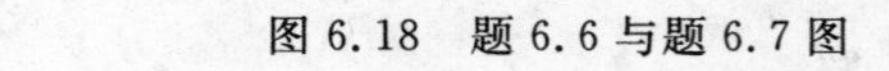

图 6.18 题 6.6 与题 6.7 图

解：

(1) $u_O=-\dfrac{R_3}{R_1}=-2u_i=-4\text{V}$。

(2) $u_O=-\dfrac{R_2}{R_1}=-2u_i=-4\text{V}$。

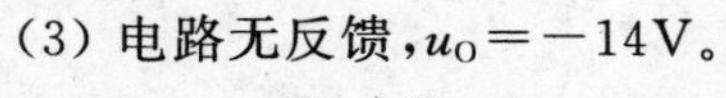

(3) 电路无反馈，$u_O=-14\text{V}$。

(4) $u_O=-\dfrac{R_2+R_3}{R_1}=-4u_i=-8\text{V}$。

6.8 在图 6.19 电路中，A_1、A_2 为理想运放，电容器的初始电压 $u_C(0)=0$。试完成：

(1) 写出 u_O 与 u_{S1}、u_{S2} 和 u_{S3} 之间的关系式；

(2) 写出当电路中电阻 $R_1=R_2=R_3=R_4=R_5=R_6=R_7=R$ 时，输出电压 u_O 的表达式。

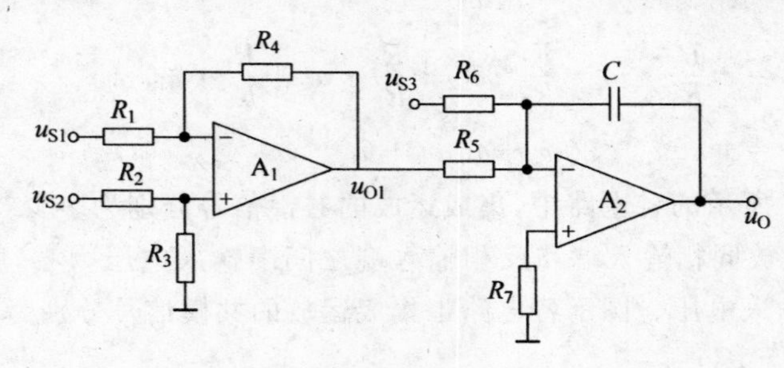

图 6.19 题 6.8 图

解：

(1) A_1 构成双端输入的比例运算电路，A_2 构成积分运算电路。

$$u_{O1}=u_{S2}\cdot\frac{R_3}{R_2+R_3}-\frac{u_{S1}-\dfrac{R_3}{R_2+R_3}u_{S2}}{R_1}\cdot R_4$$

$$=\frac{R_3}{R_2+R_3}\cdot u_{S2}-\frac{R_4}{R_1}\cdot u_{S1}+\frac{R_3R_4}{R_1(R_2+R_3)}\cdot u_{S2}$$

$$=\frac{R_1R_3+R_3R_4}{R_1(R_2+R_3)}\cdot u_{S2}-\frac{R_4}{R_1}\cdot u_{S1}$$

$$u_O=-\frac{1}{C}\int_0^t\left(\frac{u_{O1}}{R_5}+\frac{u_{S3}}{R_6}\right)dt$$

(2) $R_1=R_2=R_3=R_4=R_5=R_6=R$ 时：

$$u_{O1}=u_{S2}-u_{S1}$$

$$u_O=-\frac{1}{RC}\int_0^t(u_{S2}-u_{S1}+u_{S3})dt$$

6.9 求解图 6.20 所示的电路的运算关系。

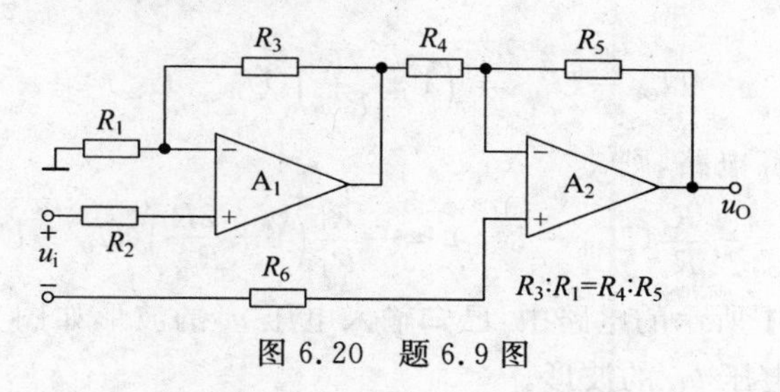

图 6.20 题 6.9 图

解：图 6.20 所示的 A_1 组成同相比例运算电路，A_2 组成加减运算电路。

先求解 u_{O1}，再求解 u_O。

$$u_{O1}=\left(1+\frac{R_3}{R_1}\right)u_{i1}$$

$$u_O=-\frac{R_5}{R_4}u_{O1}+\left(1+\frac{R_5}{R_4}\right)u_{i2}$$

$$=-\frac{R_5}{R_4}\left(1+\frac{R_3}{R_1}\right)u_{i1}+\left(1+\frac{R_5}{R_4}\right)u_{i2}$$

$$=\left(1+\frac{R_5}{R_4}\right)(u_{i2}-u_{i1})$$

6.10 分别写出图 6.21 所示的电路的 U_O 的表达式，并分析两个电路各自有什么特点。

解：

在图 6.21(a)中，A_1 是同相比例放大器，则有

$$U_{O1}=\left(1+\frac{R_{f1}}{R_1}\right)U_{i1}$$

$$\frac{U_{O2}-U_{i2}}{R_2}=\frac{U_{i2}-U_O}{R_{f2}}$$

$$U_O=\left(1+\frac{R_{f2}}{R_2}\right)U_{i2}-\frac{R_{f2}}{R_2}\left(1+\frac{R_{f1}}{R_1}\right)U_{i1}$$

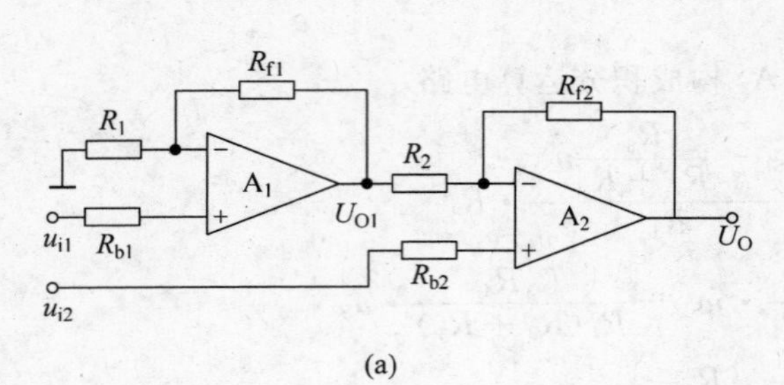

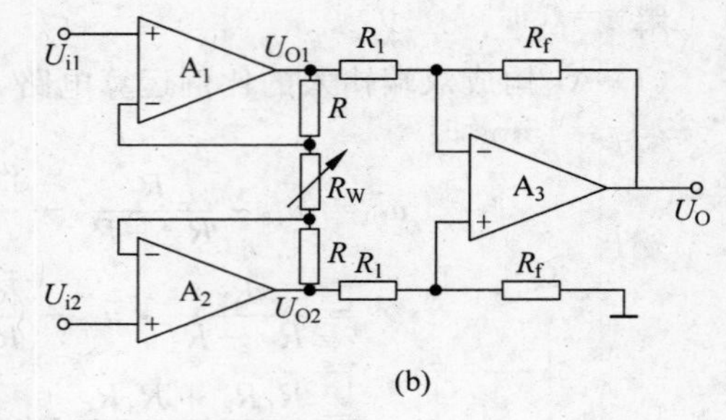

图 6.21 题 6.10 图

在图 6.21(b)中，分别令 A_1 的输出为 U_{O1}，A_2 的输出为 U_{O2}，则根据集成运放的理想情况有

$$\frac{U_{O1}-U_{i1}}{R}=\frac{U_{i2}-U_{i2}}{R_W}$$

$$\frac{U_{i2}-U_{O2}}{R}=\frac{U_{i1}-U_{i2}}{R_W}$$

则

$$U_{O1}-U_{O2}=\left(1+\frac{2R}{R_W}\right)(U_{i1}-U_{i2})$$

A_3 是一个减法运算电路，则：

$$U_O=-\frac{R_f}{R_1}(U_{O1}-U_{O2})=-\frac{R_f}{R_1}\left(1+\frac{2R}{R_W}\right)(U_{i1}-U_{i2})$$

6.11 在图 6.22 中所示的电路中，已知输入电压 u_i 的波形如图 6.22(b)所示，当 $t=0$ 时 $u_O=0$，试画出输出电压 u_O 的波形。

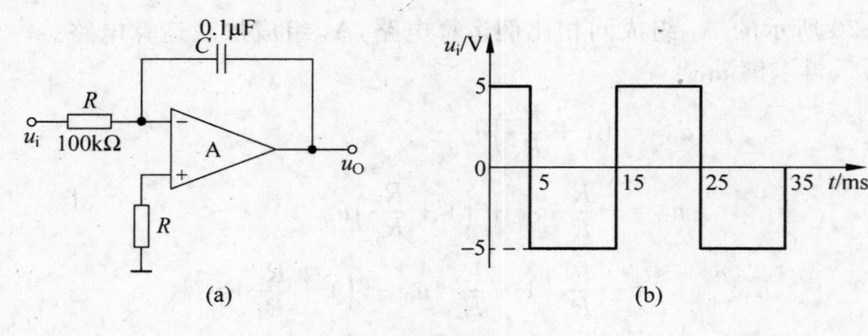

图 6.22 题 6.11 图

解：输出电压的表达式为

$$u_O=-\frac{1}{RC}\int_{t_1}^{t_2}u_i\,dt+u_O(t_1)$$

当 u_i 为常量时

$$\begin{aligned}u_O&=-\frac{1}{RC}u_i(t_2-t_1)+u_O(t_1)\\&=-\frac{1}{10^5\times10^{-7}}u_i(t_2-t_1)+u_O(t_1)\\&=-100u_i(t_2-t_1)+u_O(t_1)\end{aligned}$$

若 $t=0$ 时 $u_O=0$，则 $t=5\text{ms}$ 时

$$u_O=-100\times5\times5\times10^{-3}\text{V}=-2.5\text{V}$$

当 $t=15\text{ms}$ 时

$$u_O=[-100\times(-5)\times10\times10^{-3}+(-2.5)]\text{V}=2.5\text{V}$$

输出波形如图 6.23 所示。

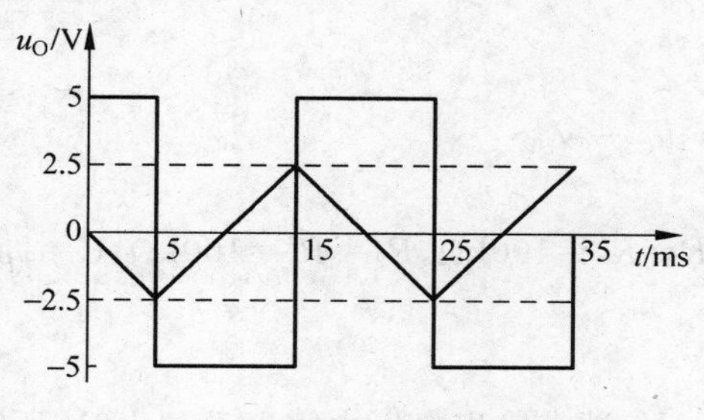

图 6.23　解题 6.11 图

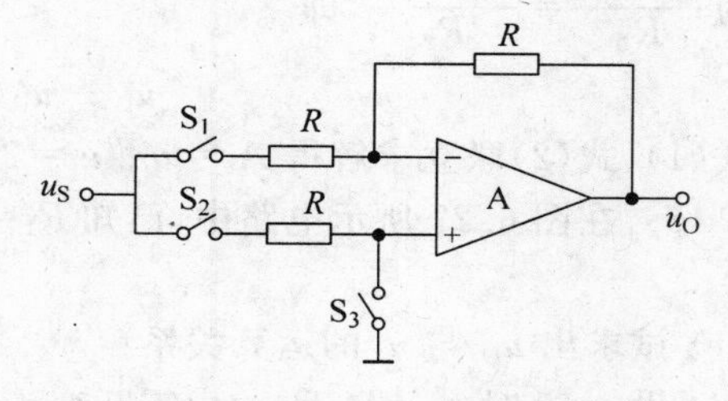

图 6.24　题 6.12 图

6.12　在图 6.24 中，设集成运放为理想器件，求下列情况下 u_O 与 u_S 的关系式：

(1) 若 S_1 和 S_3 闭合，S_2 断开，$u_O=$?

(2) 若 S_1 和 S_2 闭合，S_3 断开，$u_O=$?

(3) 若 S_2 闭合，S_1 和 S_3 断开，$u_O=$?

(4) 若 S_1、S_2、S_3 都闭合，$u_O=$?

解：

(1) 当 S_1、S_3 闭合，S_2 断开时，电路为反相输入放大器，$u_O=-u_S$。

(2) 当 S_1、S_2 闭合，S_3 断开时，$u_{(+)}=u_S$，$u_{(-)}\approx u_{(+)}=u_S$，故 R 中无电流通过，$u_O=u_{(-)}=u_S$。

(3) S_2 闭合，S_1、S_3 断开，则 $u_O=u_{(-)}=u_{(+)}=u_S$。

(4) S_1、S_2、S_3 都闭合时，$u_{(+)}=u_{(-)}=0$，$u_O=-(u_S/R)\cdot R=-u_S$。

6.13　试写出图 6.25 所示加法器对 u_{i1}、u_{i2}、u_{i3} 的运算结果：$u_O=f(u_{i1}、u_{i2}、u_{i3})$。

解：A_2 的输出为

$$u_{O2}=-(10/5)u_{i2}-(10/100)u_{i3}=-2u_{i2}-0.1u_{i3}$$

$$u_O=-(100/20)u_{i1}-(100/100)u_{O2}=-5u_{i1}+2u_{i2}+0.1u_{i3}$$

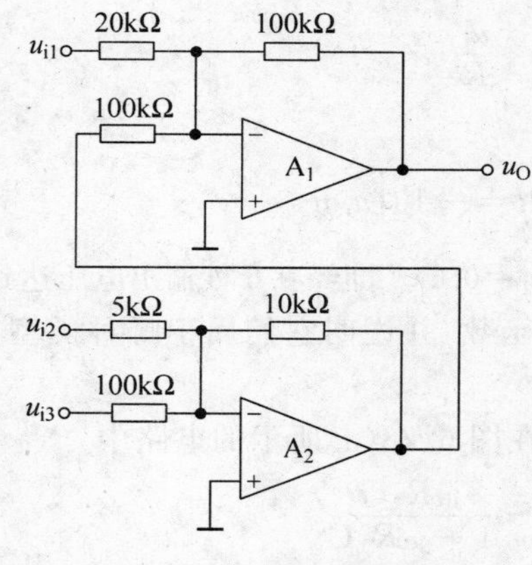

图 6.25　题 6.13 图

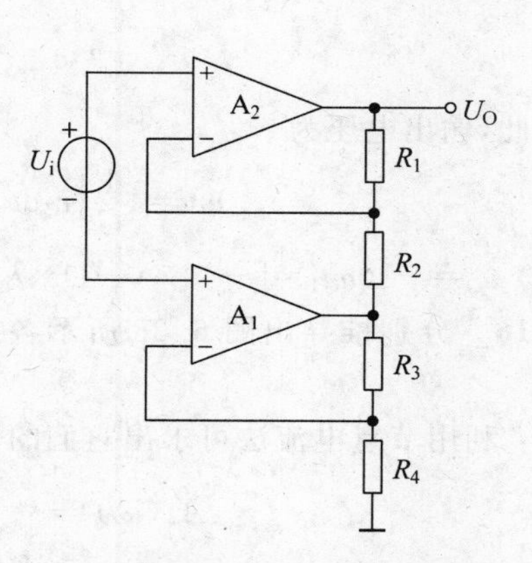

图 6.26　题 6.14 图

6.14 在图 6.26 所示电路中,设 A_1、A_2 为理想运放,且 $R_1=R_2=R_3=R_4=R$。试求 $\dot{A}_u=\Delta u_O/\Delta u_i=?$

解:设 $u_i=u_{i2}-u_{i1}$,则

$$u_{O1}=\left(1+\frac{R_3}{R_4}\right)u_{i1}=2u_{i1} \tag{1}$$

又因为$\dfrac{u_O-u_{i2}}{R_1}=\dfrac{u_{i2}-u_{O1}}{R_2}$,即

$$u_O-u_{i2}=u_{i2}-u_{O1} \tag{2}$$

式(1)、式(2)联立求解得 $A_u=u_O/u_i=2$。

6.15 在图 6.27 所示电路中,已知 $R_1=R=R'=100\text{k}\Omega$,$R_2=R_f=100\text{k}\Omega$,$C=1\mu\text{F}$。请完成:

(1) 试求出 u_O 与 u_i 的运算关系;

(2) 设 $t=0$ 时 $u_O=0$,且 u_i 由零跃变为-1V,试求输出电压由零上升到$+6$V 所需要的时间。

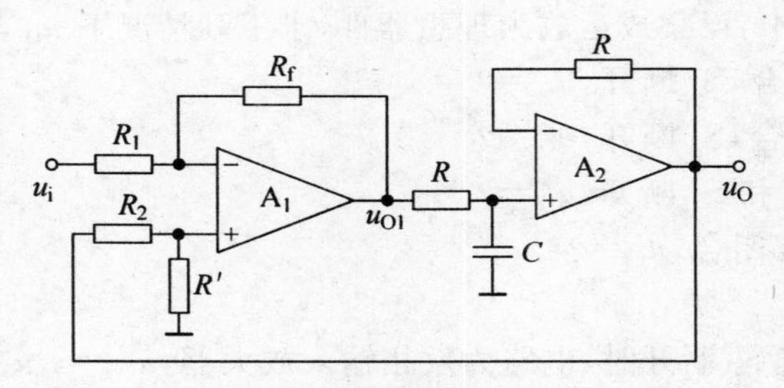

图 6.27 题 6.15 图

解:

(1) 因为 A_1 的同相输入端和反相输入端所接电阻相等,电容器上的电压 $u_C=u_O$,所以其输出电压为

$$u_{O1}=-\frac{R_f}{R_1}\cdot u_i+\frac{R_f}{R_2}\cdot u_O=u_O-u_i$$

电容器的电流为

$$i_C=\frac{u_{O1}-u_O}{R}=-\frac{u_i}{R}$$

因此,输出电压为

$$u_O=\frac{1}{C}\int i_C\,\mathrm{d}t=-\frac{1}{RC}\int u_i\,\mathrm{d}t=-10\int u_i\,\mathrm{d}t$$

(2) $u_O=-10u_it_1=[-10\times(-1)\times t_1]\text{V}=6\text{V}$,故 $t_1=0.6\text{s}$。即经 0.6 秒输出电压达到 6V。

6.16 分别推导出图 6.28 所示各电路的传递函数,并说明它们属于哪种类型的滤波电路。

解:利用节点电流法可求出它们的传递函数。在图 6.28(a)所示的电路中

$$A_u(\mathrm{j}\omega)=-\frac{R_2}{R_1+\dfrac{1}{\mathrm{j}\omega C}}=-\frac{\mathrm{j}\omega R_2C}{1+\mathrm{j}\omega R_1C}$$

故其为高通滤波器。

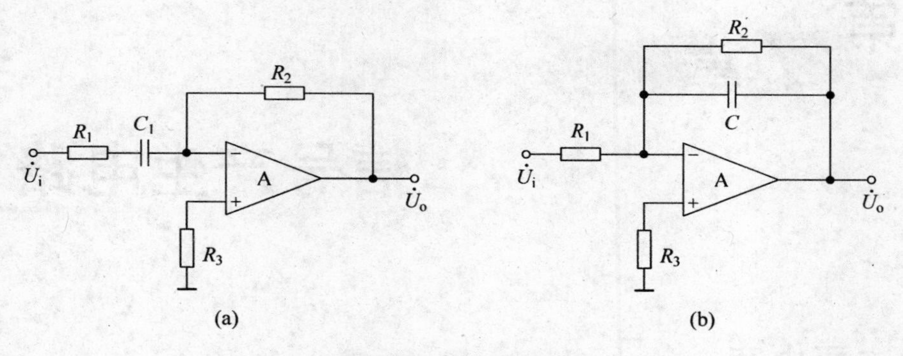

图 6.28　题 6.16 图

在图 6.28(b)所示的电路中

$$A_u(\mathrm{j}\omega)=-\frac{R_2\cdot\frac{1}{\mathrm{j}\omega C}\Big/\left(R_2+\frac{1}{\mathrm{j}\omega C}\right)}{R_1}=-\frac{R_2}{R_1}\cdot\frac{1}{1+\mathrm{j}\omega R_2C}$$

故其为低通滤波器。

6.17　试分析图 6.29 所示电路的输出 u_{O1}、u_{O2} 和 u_{O3} 分别具有哪种滤波特性(LPF、HPF、BPF、BEF)?

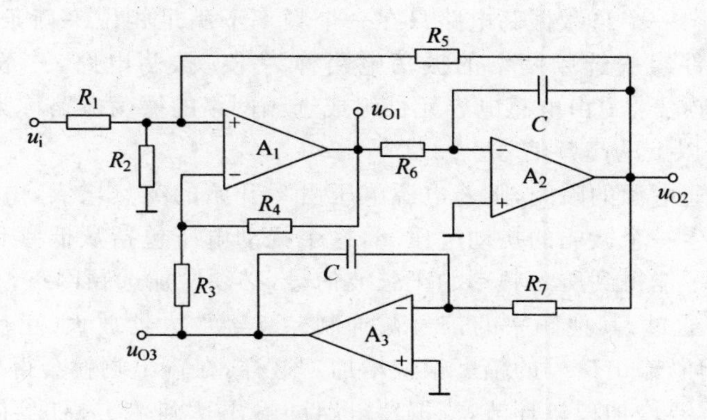

图 6.29　题 6.17 图

解：以 u_{O1} 为输出是高通滤波器，以 u_{O2} 为输出是带通滤波器，以 u_{O3} 为输出是低通滤波器。

第7章 信号产生电路

7.1 主要内容

7.1.1 振荡电路基本概念

信号产生电路是一种不需要外接输入信号，能够产生特定频率和幅值交流信号的波形发生电路，也叫自激振荡电路。它的基本构成是在放大电路中引入正反馈来产生稳定的振荡，输出的交流信号是由直流电源的能量转换来的。

$AF=1$ 称为振幅平衡条件，$\varphi_a+\varphi_f=2n\pi$ 称为相位平衡条件，这是自激振荡电路产生持续振荡的两个条件。一个自激振荡电路只在一个频率下满足相位平衡条件，这个频率就是 f_0。由电阻电容元件组成选频网络的振荡电路称为 RC 振荡电路，一般用来产生 1Hz～1MHz 范围内的低频信号；由电感电容元件组成选频网络的振荡电路称为 LC 振荡电路，一般用来产生 1MHz 以上的高频信号。

放大电路在接通电源的瞬间，随着电源电压由零开始的突然增大，电路受到扰动，在放大电路的输入端产生一个微弱的扰动电压 u_i，这个扰动电压包括从低频到甚高频的各种频率的谐波成分。为了能得到所需频率的正弦波信号，必须增加选频网络，只有在选频网络中心频率上的信号能通过，其他频率的信号被抑制。u_i 经放大器放大、正反馈，再放大、再反馈……如此反复循环，输出信号的幅度很快增加。这样，在输出端就会得到起振波形。振荡电路在起振以后，需要增加稳幅环节，当振荡电路的输出达到一定幅度后，稳幅环节就会使输出减小，维持一个相对稳定的稳幅振荡。起振条件应为 $|\dot{A}\dot{F}|>1$，稳幅后的幅度平衡条件为 $|\dot{A}\dot{F}|=1$。要形成振荡，电路中必须包含以下组成部分：

(1) 放大器；

(2) 正反馈网络；

(3) 选频网络；

(4) 稳幅环节。

根据选频网络组成元件的不同，正弦波振荡电路通常可分为 RC 振荡电路、LC 振荡电路和石英晶体振荡电路。

7.1.2 RC 正弦波振荡电路

图 7.1 所示是 RC 桥式振荡电路的原理电路，该电路由两部分组成，即放大电路和选频

网络。$\dot{A}_u$ 为由集成运放所组成的电压串联负反馈放大电路(其参数为$\dot{A}_u$),取其输入阻抗高和输入阻抗低的特点。选频网络(其参数$\dot{F}_u$)则由 Z_1、Z_2 组成,同时兼做正反馈网络。由图可知,Z_1、Z_2 和 R_1、R_f 正好形成一个四臂,电桥的对角线顶点接到放大电路的两个输入端,桥式振荡电路的名称即由此得来。

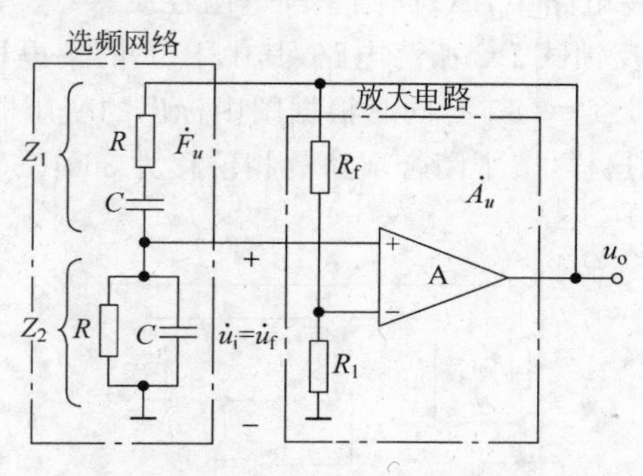

图 7.1 RC 桥式振荡电路

RC 串并联选频网络具有选频作用,它的频率响应特性曲线具有明显的峰值,如图 7.2 所示。

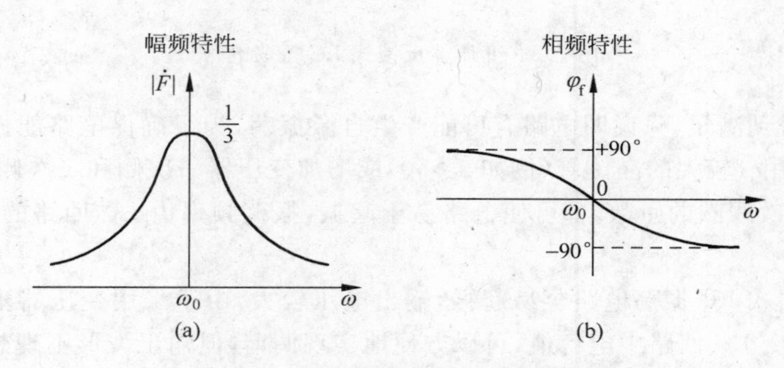

图 7.2 RC 串并联网络的选频特性

ω 在整个增大的过程中,F 的值先从 0 逐渐增加到 1/3,然后又逐渐减小到 0。其相位角也从$+90°$逐渐减小经过 0°直至$-90°$。

电路中存在频谱分布很广的噪声,其中包括有 $\omega=\omega_0=1/RC$ 这样一个频率成分。在 $\omega=\omega_0=1/RC$ 时,经选频网络传输到运放同相端的电压 $\dot{u}_f$ 与 $\dot{u}_o$ 同相,即有 $\varphi_f=0°$ 和 $\varphi_a+\varphi_f=0°$。这样,放大电路和由 Z_1、Z_2 组成的反馈网络刚好形成正反馈系统,可以满足相位平衡条件,因而有可能振荡。适当调整负反馈的强弱,使 A_u 的值在起振时略大于 3 时,达到稳幅时 $A_u=3$,其输出波形为正弦波,失真很小振荡频率 $f_0=1/2\pi RC$。如 A_u 的值远大于 3,则因振幅的增长,致使放大器件工作到非线性区域,波形将产生严重的非线性失真。

7.1.3 LC 正弦波振荡电路

LC 振荡电路主要用来产生高频正弦信号,一般在 1MHz 以上。LC 和 RC 振荡电路产生正弦振荡的原理基本相同。它们在电路组成方面的主要区别是 RC 振荡电路的选频网络由电阻和电容组成，而 LC 振荡电路的选频网络则由电感和电容组成。

LC 并联谐振回路作为 LC 振荡电路的选频网络，有 $\varphi_f=0°$。

1. 变压器反馈式 LC 振荡电路

变压器反馈式 LC 振荡电路中，LC 回路呈纯电阻性质。

图 7.3 为某一变压器反馈式 LC 振荡电路，其中 BJT 的集电极输出电压与基极输入电压将产生 180°的相位移(即 $\varphi_a=180°$)，同时根据图中标出的变压器的同名端符号·，二次线圈又引入了 180°的相位移，这样，整个闭合环路的相位移为 360°($\varphi_a+\varphi_f=180°+180°=360°$)，满足了相位平衡条件。

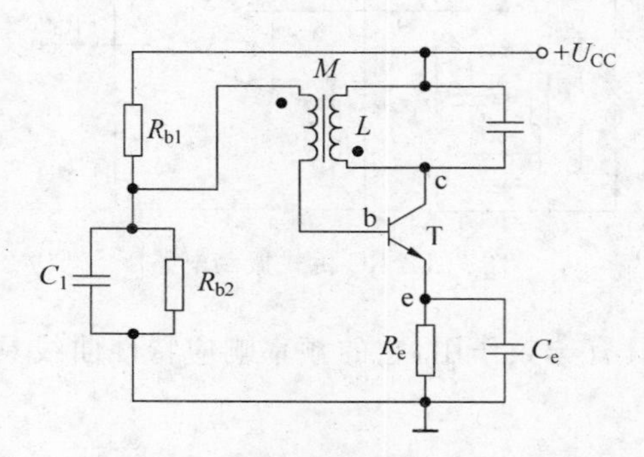

图 7.3 变压器反馈式 LC 振荡电路

相位条件得到满足，只说明电路有可能产生自激振荡，为了确保电路能振荡，还必须满足振幅条件，选用 β 较大的晶体管(例如 $\beta\geqslant 50$)或增加变压器一次侧和二次侧之间的耦合互感 M，或增加二次线圈的匝数，都可使电路易于起振，振荡频率由 LC 回路的固有谐振频率决定。

变压器反馈式 LC 振荡电路容易起振，输出电压较大，由于采用变压器耦合，易满足阻抗匹配要求，改变 LC 回路中电容值，可以方便地实现调谐，但输出波形不理想，波形中含有较多高次谐波成分。

2. 电感三点式

图 7.4 为电感三点式振荡电路，又称哈特莱振荡电路。由图可见，这种电路的 LC 并联谐振电路中的电感有首端、中间抽头和尾端三个端点，其交流通路分别与放大电路的集电极、发射极(地)和基极相连，反馈信号取自电感 L_2 上的电压，所以该振荡电路又称电感反馈式振荡电路。C_{b1} 为隔直电容，用以防止电源地线经电感线圈 L_2 与基极接通。

假设从反馈线的点 b 处断开，同时输入 u_b 为(+)极性的信号。由于在纯电阻负载的条件下，共射电路具有倒相作用，因而其集电极电位瞬时极性为(−)。当 L_1 和 L_2 的对应端如图所示，由 LC 并联谐振回路结论得知，当选取中间抽头(2)为参考电位(交流地电位)点时，首(1)尾(3)两端的电位极性相反。因 2 端交流接地，因此 3 端的瞬时电位极性为(+)，即反馈信号 u_f 与输入信号 u_b 同相，满足相位平衡条件。

至于振幅条件，由于 A_u 较大，只要适当选取 L_2/L_1 的比值，就可实现起振。当加大 L_2(或减小 L_1)时，有利于起振。

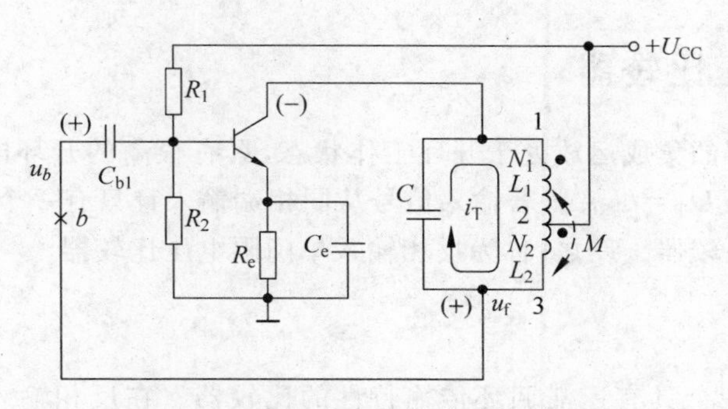

图 7.4 电感三点式 LC 振荡电路

3. 电容三点式振荡电路

图 7.5 为电容三点式振荡电路，又称考毕兹振荡电路。它的基本结构与电感三点式类似，只要将电感三点式电路中的电感 L_1、L_2 分别用电容 C_1 和 C_2 替代，而在电容 C 的位置接入电感 L，就构成电容三点式电路，所以又称电容反馈式振荡电路。图中，电容中间点 2 为参考电位（交流地电位），同样由 LC 并联谐振回路结论得知，首(1)尾(3)两端的电位极性相反。

假设从反馈线的点 b 处断开，同时输入 u_b 为（＋）极性的信号。由于在纯电阻负载的条件下，共射电路具有倒相作用，因而其集电极电位瞬时极性为（－）。又因 2 端交流接地，因此 3 端的瞬时电位极性为（＋），即反馈信号 u_f 与输入信号 u_b 同相，满足相位平衡条件。由于 A_u 较大，只要适当选取 C_1 和 C_2 的值，就可实现起振。

4. 石英晶体振荡电路

石英晶体振荡电路，就是用石英晶体取代 LC 振荡电路中的电感、电容元件所组成的正弦波振荡电路。它的频率稳定度可高达10^{-9}甚至10^{-11}。石英晶体振荡器电路的形式是多种多样的，但其基本电路只有两类，即并联晶体振荡器和串联晶体振荡器，前者石英晶体是以并联谐振的形式出现，而后者则是以串联谐振的形式出现。较典型的石英晶体振荡器电路如图 7.6 所示。

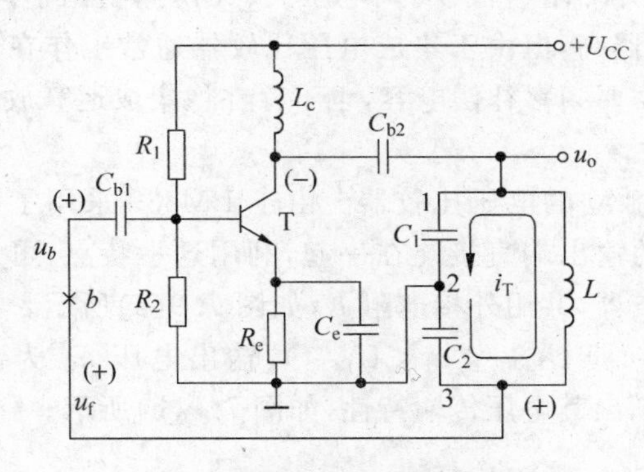

图 7.5 电容三点式振荡电路

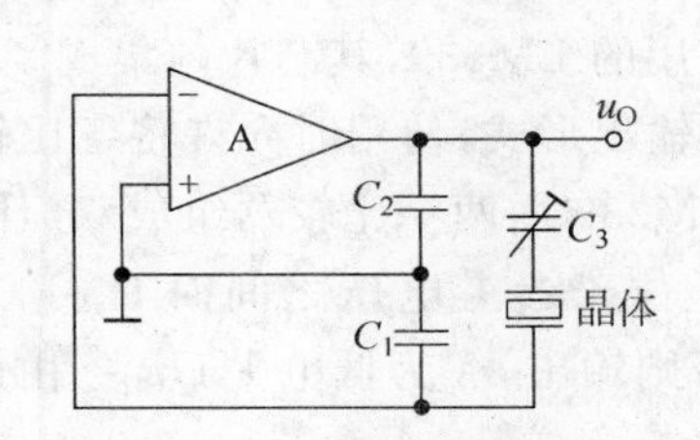

图 7.6 石英晶体振荡器

7.1.4 电压比较器

构成电压比较器的集成运放处于开环工作状态，具有很高的开环电压增益。单门限电压比较器的门限电压 $U_T=U_{REF}$。若输入信号从同相端输入且只有一个门限电压，故称为同相输入单门限电压比较器。反之，称为反相输入单门限电压比较器。

1. 迟滞比较器

迟滞比较器是一个具有迟滞回环传输特性的比较器。在反相输入单门限电压比较器的基础上引入了正反馈网络，如图 7.7 所示，就组成了具有双门限值的反相输入迟滞比较器。由于正反馈作用，这种比较器的门限电压是随输出电压 u_O 的变化而改变的，分别称为上门限电压和下门限电压。迟滞比较器的灵敏度低一些，但抗干扰能力却大大提高了。

当 u_i 由零向正方向增加到接近 $u_P=U_{T^+}$ 前，u_O 一直保持 $u_O=U_{OH}$ 不变。当 u_i 增加到略大于 $u_P=U_{T^+}$，则由 U_{OH} 下跳到 U_{OL}，同时使 u_P 下跳到 $u_P=U_{T^-}$，u_i 再增加，u_O 保持不变 $u_O=U_{OL}$。

若减小 u_i，只要 $u_i>u_P=U_{T^-}$，则 u_O 将始终保持 $u_O=U_{OL}$ 不变，只有当 $u_i<u_P=U_{T^-}$ 时，u_O 才由 U_{OL} 跳变到 U_{OH}。

图 7.8 为完整的传输特性。U_{T^+}、U_{T^-} 的取值由 U_{REF} 的正、负和大小决定。

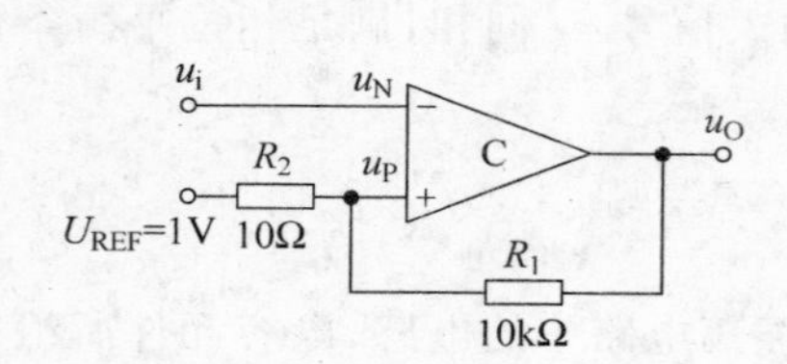

图 7.7 迟滞比较器

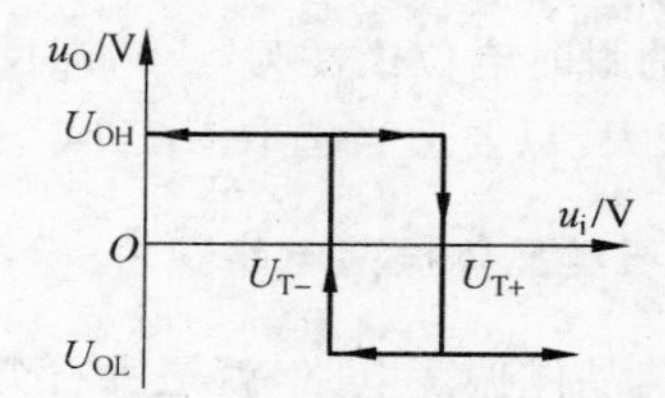

图 7.8 迟滞比较器传输特性

2. 集成电压比较器

集成电压比较器比集成运算放大器的开环增益低、失调电压大、共模抑制比小，因而它的灵敏度往往不如用集成运放构成的比较器高，但由于集成电压比较器通常工作在两种状态之一(输出为高电平或低电平)，因此不需要频率补偿电容，也不存在像集成运算放大器那样因加入频率补偿电容引起转换速率受限。

常用的 LM339，其芯片内集成了四个独立的电压比较器。由于 LM339 采用了集电极开路的输出形式，使用时允许将各比较器的输出端直接连在一起，利用这一特点，可以方便地用 LM339 内两个比较器组成双门限比较器，共用外接电阻 R，如图 7.9(a)所示。当信号电压 u_i 位于参考电压之间时 U_{REF1}、U_{REF2}（即 $U_{REF1}<u_i<U_{REF2}$），输出电压 u_O 为高电平 U_{OH}，否则输出 u_O 为低电平 U_{OL}。由此可画出其电压传输特性，如图 7.9(b)所示。

7.1.5 非正弦信号产生电路

方波产生电路是一种能够直接产生方波或矩形波的非正弦信号发生电路。由于方波或

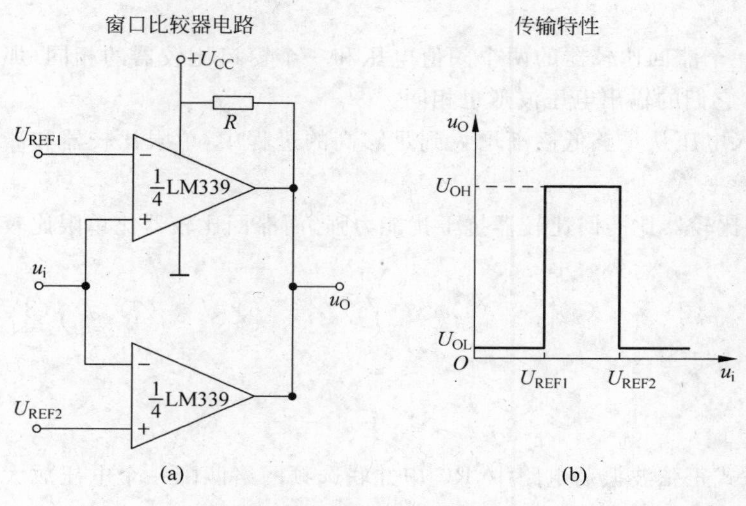

图 7.9 窗口比较器

矩形波包含极丰富的谐波,因此,这种电路又称为多谐振荡电路。它是在迟滞比较器的基础上,增加了一个由 R_f、C 组成的积分电路,把输出电压经 R_f、C 反馈到比较器的反相端。在比较器的输出端引入限流电阻和两个背靠背的双向稳压管就组成一个双向限幅方波发生电路。常将矩形波为高电平的持续时间与振荡周期的比称为占空比。对称方波的占空比为 50%。如需产生占空比小于或大于 50%的矩形波,只需适当改变电容 C 的正、反向充电时间常数即可。

同相输入迟滞比较器和充放电时间常数不等的积分器共同组成锯齿波电压产生器电路。

7.2 基本概念自检

1. 判断下列说法是否正确,用√或×表示判断结果

(1) 在 RC 桥式正弦波振荡电路中,因为 RC 串并联选频网络作为反馈网络时的 $\varphi_F=0°$,单管共集放大电路的 $\varphi_A=0°$,满足正弦波振荡的相位条件 $\varphi_A+\varphi_F=2n\pi$($n$ 为整数),故合理连接它们可以构成正弦波振荡电路。 ( )

(2) 在 RC 桥式正弦波振荡电路中,若 RC 串并联选频网络中的电阻均为 R,电容均为 C,则其振荡频率 $f_0=1/RC$。 ( )

(3) 电路只要满足 $|\dot{A}\dot{F}|=1$,就一定会产生正弦波振荡。 ( )

(4) 在 LC 正弦波振荡电路中,不用通用型集成运放作放大电路的原因是其上限截止频率太低。 ( )

(5) 只要集成运放引入正反馈,就一定工作在非线性区。 ( )

(6) 当集成运放工作在非线性区时,输出电压不是高电平,就是低电平。 ( )

(7) 一般情况下,在电压比较器中,集成运放不是工作在开环状态,就是仅仅引入了正

反馈。（　　）

(8) 如果一个滞回比较器的两个阈值电压和一个窗口比较器的相同,那么当它们的输入电压相同时,它们的输出电压波形也相同。（　　）

(9) 在输入电压从足够低逐渐增大到足够高的过程中,单限比较器和滞回比较器的输出电压均只跃变一次。（　　）

(10) 单限比较器比滞回比较器抗干扰能力强,而滞回比较器比单限比较器灵敏度高。（　　）

解:(1) × (2) × (3) × (4) √ (5) × (6) √ (7) √ (8) × (9) √ (10) ×

2. 选择题

(1) RC 桥式正弦波振荡电路中,RC 串并联选频网络匹配一个电压放大倍数为多少的正反馈放大器时,就可构成正弦波振荡器。（　　）

A. 略大于 1/3　　B. 略小于 3

C. 略大于 3

(2) 为了减小放大电路对选频特性的影响,使振荡频率几乎仅仅决定于选频网络。所选用的放大电路应具有尽可能大的输入电阻和尽可能小的输出电阻,通常选用哪种类型的放大电路。（　　）

A. 引入电压串联负反馈的放大电路　　B. 引入电压并联负反馈的放大电路

C. 引入电流串联负反馈的放大电路

(3) 振荡电路的初始输入信号来自何处?（　　）

A. 输入的信号发生器的输出信号　　B. 电路中的噪声和干扰

C. 直流电压源

(4) 现有如下三种电路,选择合适答案填入空内(只需填入 A、B 或 C)。

A. RC 桥式正弦波振荡电路

B. LC 正弦波振荡电路

C. 石英晶体正弦波振荡电路

① 制作频率为 20Hz~20kHz 的音频信号发生电路,应选用________。

② 制作频率为 2~20MHz 的接收机的本机振荡器,应选用________。

③ 制作频率非常稳定的测试用信号源,应选用________。

解:(1) C (2) A (3) B (4) ① A ② B ③ C

7.3 典型例题

例 7.1 试用相位平衡条件判断图 7.10 所示的各个电路是否可能振荡,若不能如何改变电路使之可以产生正弦波。要求不能改变放大电路的基本接法(共射、共基、共集)。

解:图 7.10(a)不能振荡,须加集电极电阻 R_c 及放大电路输入端的耦合电容;图 7.10(b)不能振荡,须在变压器的二次侧与放大电路之间加耦合电容,并改同名端;图 7.10(c)

不能振荡，须将运放的同相端与反相端位置替换；图 7.10(d)不能振荡，须将变压器副边的同名端的位置改变；图 7.10(e)可能振荡，基本电路为共基极放大电路，根据瞬时极性法，设发射极瞬时电压极性为正，则集电极瞬时电压极性为正，则反馈信号极性为正，形成正反馈，满足相位平衡条件。

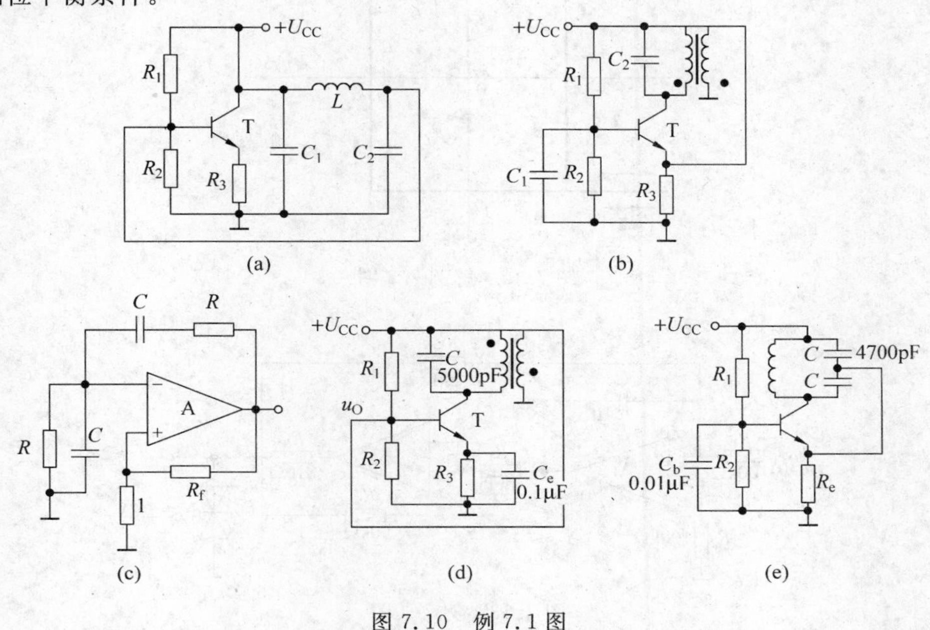

图 7.10　例 7.1 图

例 7.2　设运放为理想器件，求图 7.11 电压比较器的门限电压，并画出传输特性，已知 $U_Z=9\text{V}$。

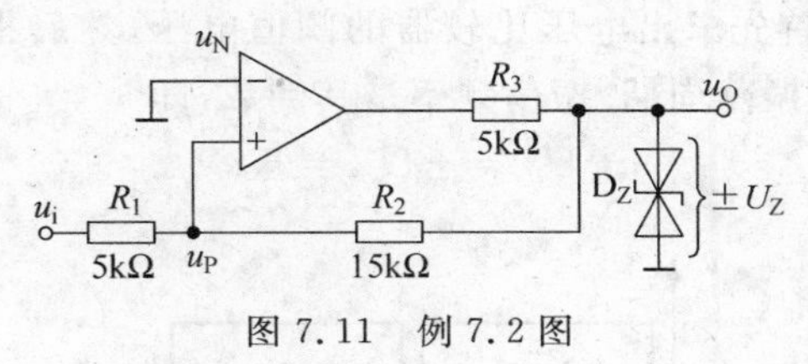

图 7.11　例 7.2 图

解：

(1) 求 U_T，这是一个同相输入迟滞比较器，有

$$u_p = u_i - \frac{u_i - u_O}{R_1 + R_2}R_1$$

当 $u_p=u_N=0$ 时

$$u_i = -\frac{R_1}{R_2}u_o = \mp\frac{R_1}{R_2}U_Z$$

因此，上下门限电压分别为 $U_{T+}=3\text{V}$，$U_{T-}=-3\text{V}$。

(2) 传输特性如图 7.12 所示。

例 7.3　电路如图 7.13 所示。试完成：

(1) 定性画出 u_O 和 u_{O1} 的波形；

(2) 估算振荡频率与 u_i 的关系式。

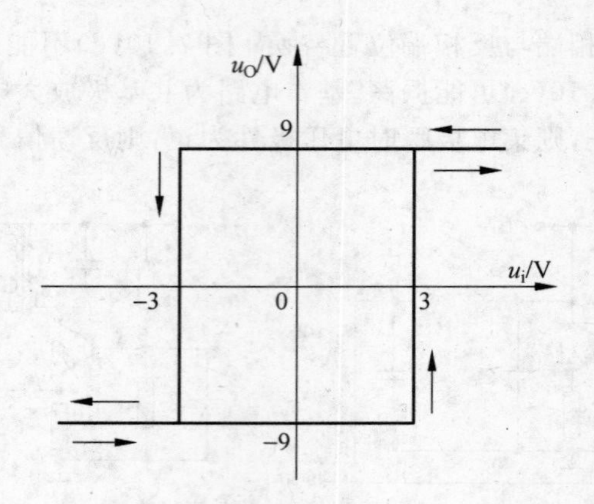

图 7.12　解例 7.2 图

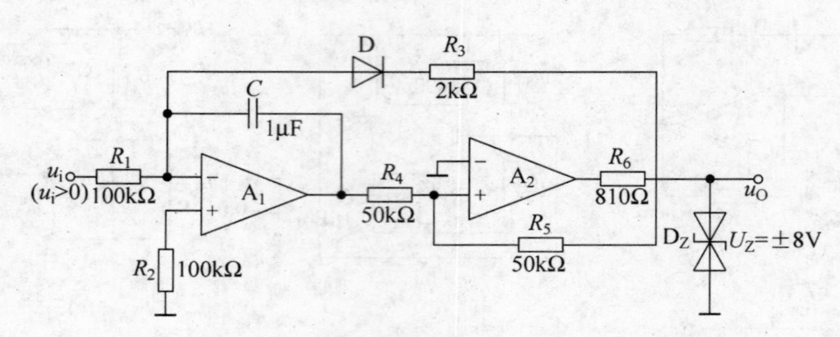

图 7.13　例 7.3 图

解：

(1) u_O 和 u_{O1} 的波形如图 7.14 所示。

(2) 求解振荡频率：首先求出电压比较器的阈值电压，然后根据振荡周期近似等于积分电路正向积分时间求出振荡周期，振荡频率是其倒数，即

$$\pm U_T = \pm U_Z = \pm 8V$$

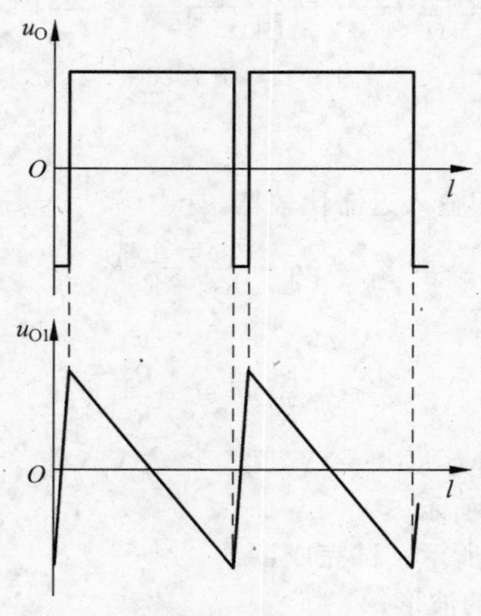

图 7.14　解例 7.3 图

$$U_T \approx -\frac{1}{R_1 C} u_i T - U_T$$

$$T \approx \frac{2U_T R_1 C}{u_i}$$

$$f \approx \frac{u_i}{2U_T R_1 C} = 0.625 u_i$$

7.4　课后习题及解答

7.1　分别判断图 7.15 所示各电路是否满足正弦波振荡的相位条件。

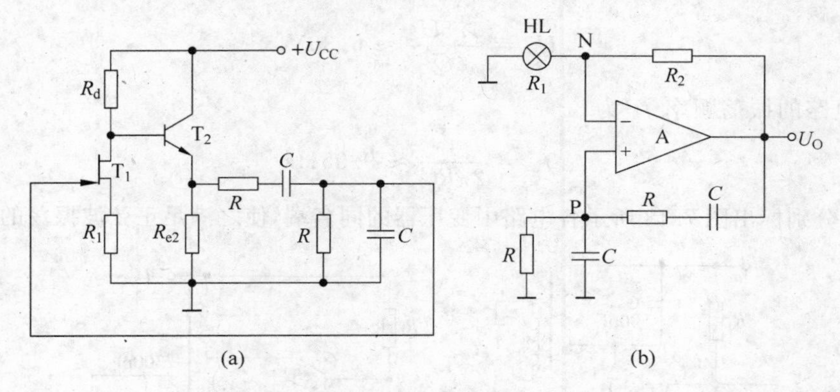

图 7.15　题 7.1 图

解：图 7.15(a)所示电路不满足，图 7.15(b)所示电路满足。

7.2　电路如图 7.16 所示，试求解：

(1) R_W 的下限值；

(2) 振荡频率的调节范围。

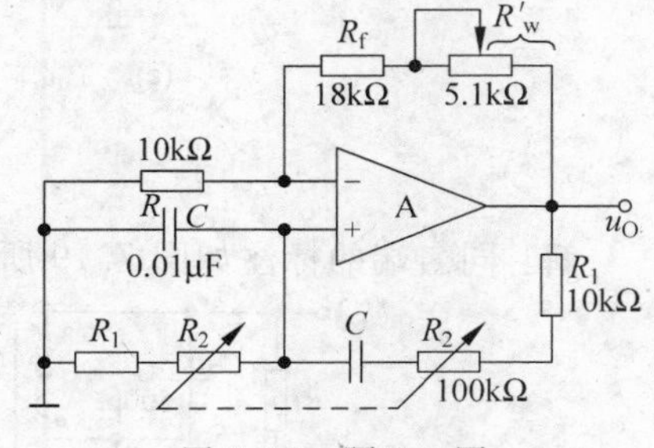

图 7.16　题 7.2 图

解：

(1) 根据起振条件

$$R_f + R'_W > 2R, \quad R'_W \geqslant 2k\Omega$$

故 R_W 的下限值 R'_W 为 2kΩ。

(2) 振荡频率的最大值和最小值分别为

$$f_{0\max} = \frac{1}{2\pi R_1 C} \approx 1.6\text{kHz}$$

$$f_{0\min} = \frac{1}{2\pi(R_1 + R_2)C} \approx 145\text{Hz}$$

7.3　电路如图 7.17 所示，稳压管 D_Z 起稳幅作用，其稳定电压 $\pm U_Z = \pm 6V$。试估算：

(1) 输出电压不失真情况下的有效值；

(2) 振荡频率。

解：

(1) 输出电压不失真情况下的峰值是稳压管的稳定电压，故其有效值为

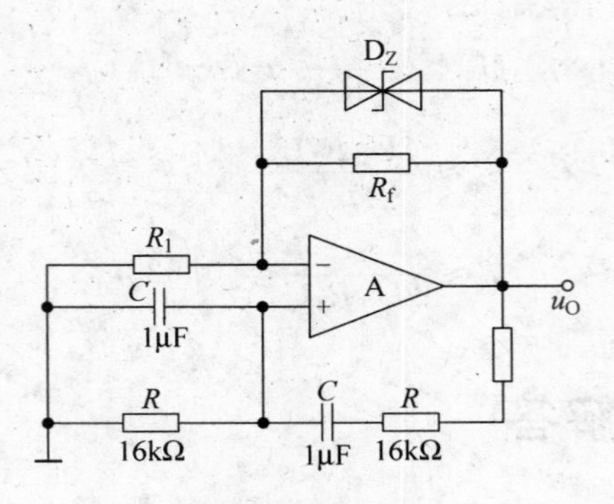

图 7.17　题 7.3 图

$$U_o=\frac{1.5U_Z}{\sqrt{2}}\approx 6.36\text{V}$$

(2) 电路的振荡频率 f_0 为

$$f_0=\frac{1}{2\pi RC}\approx 9.95\text{Hz}$$

7.4　分别标出图 7.18 所示各电路中变压器的同名端,使之满足正弦波振荡的相位条件。

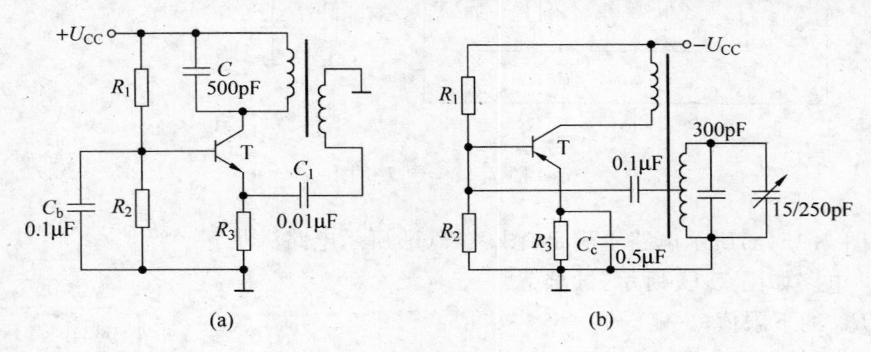

图 7.18　题 7.4 图

解:同名端的标注如图 7.19 所示。

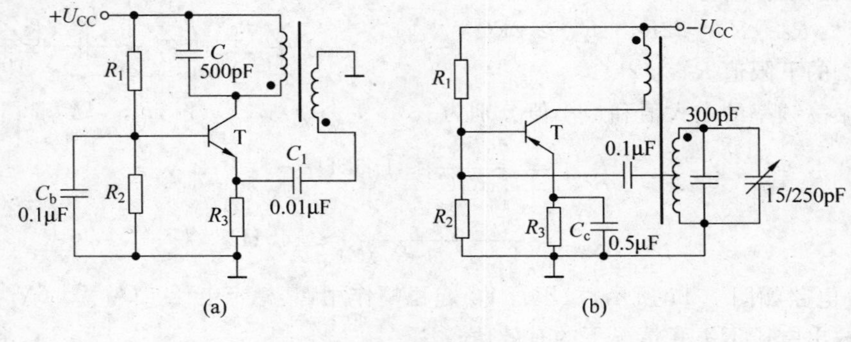

图 7.19　解题 7.4 图

7.5　分别判断图 7.20 所示各电路是否满足正弦波振荡的相位条件。

解:根据瞬时极性法,设输入端电压极性为正,反馈回路电压极性标注如图 7.21 所示。

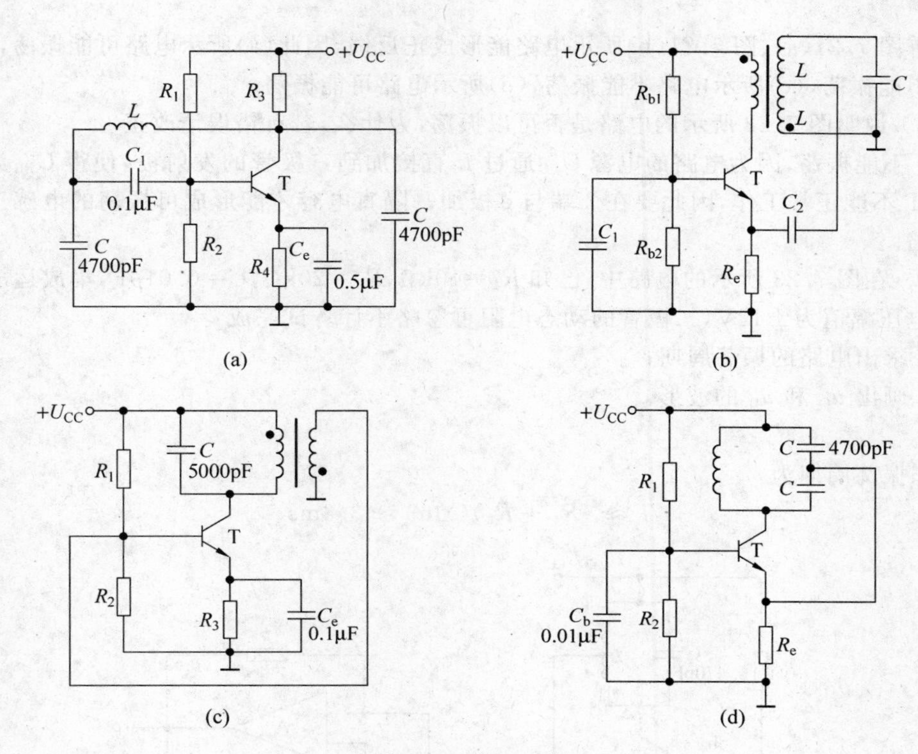

图 7.20　题 7.5 图

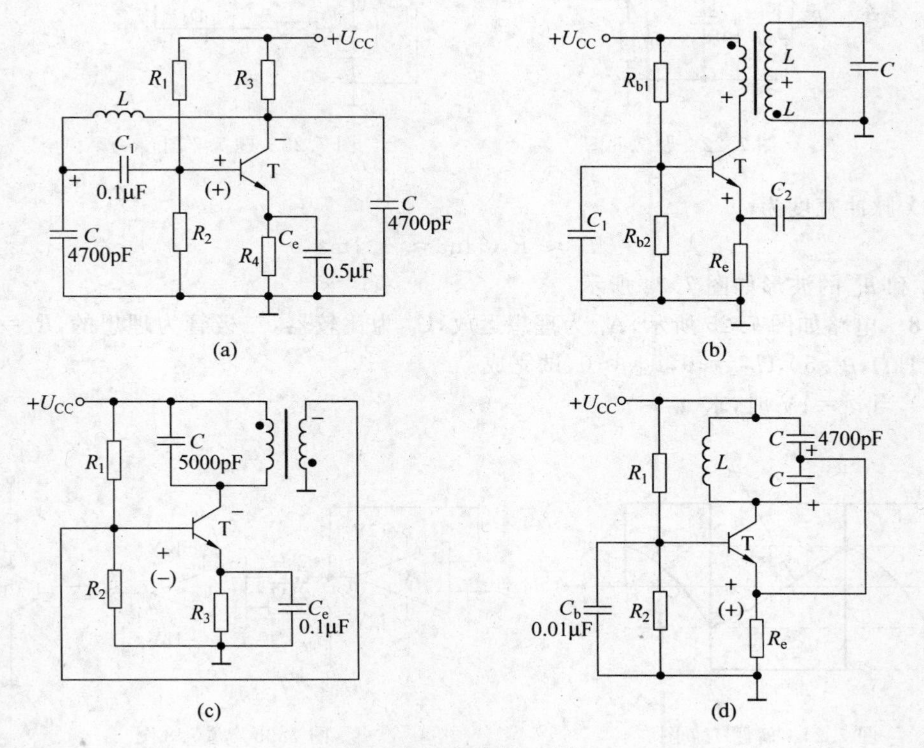

图 7.21　解题 7.5 图

只有图 7.21(a)、图 7.21(b)所示电路能形成正反馈，因此(a)所示电路可能振荡，(b)所示电路不能振荡，(c)所示电路不能振荡，(d)所示电路可能振荡。

7.6 说明图 7.22 所示的电路是否可以振荡，为什么，若有错误请改正。

解：不能振荡，因为电路的电源 U_{CC} 通过 L 直接加到三极管的发射极，使得 U_{BE} 为负值三极管 T 不能正常工作，因此要在 2 端与 e 极加一隔直电容才能形成可振荡的电感三点式振荡电路。

7.7 在图 7.23 所示的电路中，已知 $R_1=10\text{k}\Omega$，$R_2=20\text{k}\Omega$，$C=0.01\mu\text{F}$，集成运放的最大输出电压幅值为±12V，二极管的动态电阻可忽略不计。试完成：

(1) 求出电路的振荡周期；

(2) 画出 u_O 和 u_C 的波形。

解：

(1) 振荡周期为

$$T \approx (R_1 + R_2)C\ \ln 3 \approx 3.3\text{ms}$$

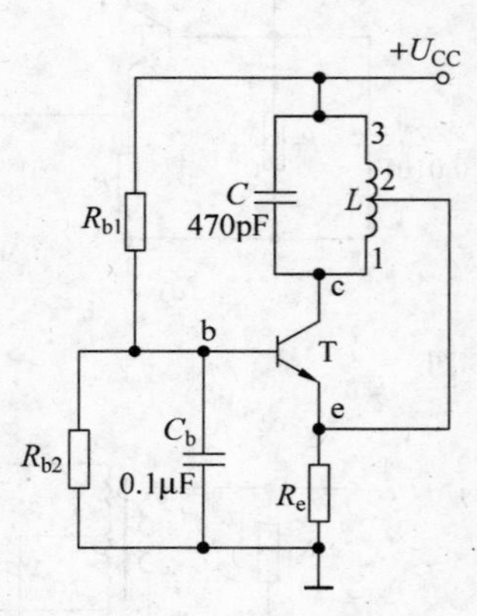

图 7.22 题 7.6 图

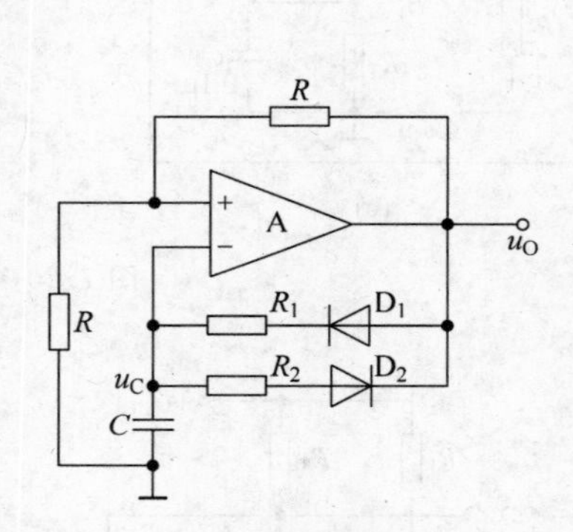

图 7.23 题 7.7 图

(2) 脉冲宽度为

$$T_1 \approx R_1 C\ \ln 3 \approx 1.1\text{ms}$$

u_O 和 u_C 的波形如图 7.24 所示。

7.8 电路如图 7.25 所示，A_1 为理想运放，C_2 为比较器，二极管为理想的，$R_b=51\text{k}\Omega$，$R_c=5.1\text{k}\Omega$，$\beta=50$，$U_{CES}\approx 0$，$I_{CEO}\approx 0$，试完成：

(1) 当 $u_i=1\text{V}$ 时，求 $u_O=$？

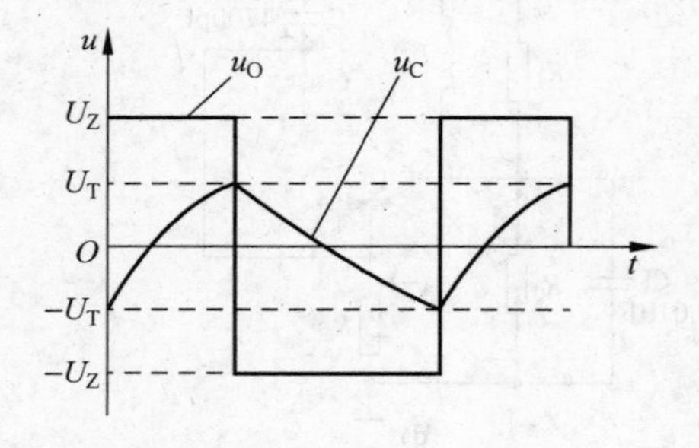

图 7.24 解题 7.7 图

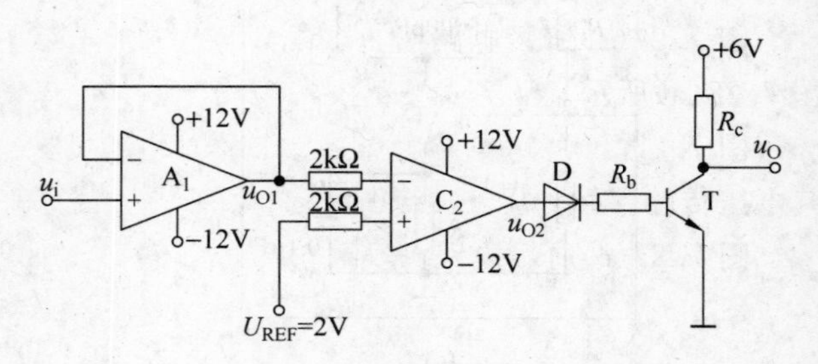

图 7.25 题 7.8 图

(2) 当 $u_i=3V$ 时，求 $u_O=$？

(3) 当 $u_i=5\sin\omega t$ V 时，画出 u_i、u_{O2} 及 u_O 的波形。

解：

(1) 当 $u_i=1V$ 时，$u_{O1}=1V$，$u_{O2}\approx 12V$，二极管 D 导通，此时基极电流为

$$I_B \approx 12/R_b = 12V/51k\Omega \approx 235.3mA,$$

而二极管饱和导通的临界基极电流为

$$I_{BS} \approx 6/R_c\beta = 6V/50\times 5.1k\Omega \approx 23.5mA$$

由于 $I_B \gg I_{BS}$，因此三极管饱和导通，$u_O\approx 0$。

(2) 当 $u_i=3V$ 时，$u_{O1}=3V$，$u_{O2}\approx -12V$，二极管 D、三极管均截止，$u_O=6V$。

(3) 当 $u_i=5\sin\omega t$ V 时，u_i、u_{O2} 及 u_O 的波形如图 7.26 所示。

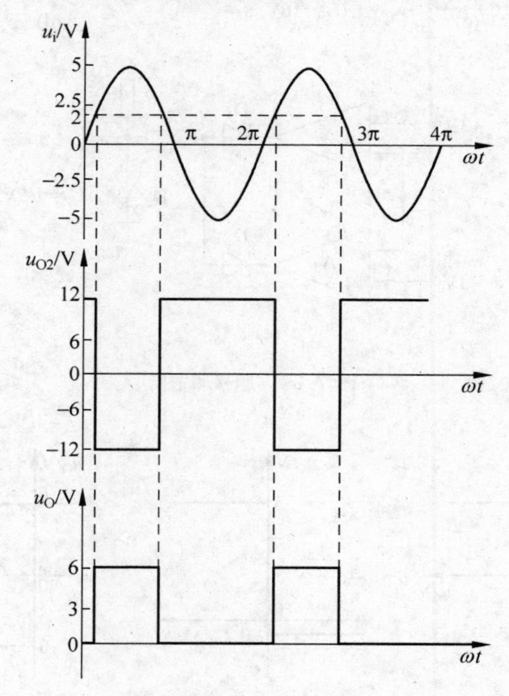

图 7.26 解题 7.8 图

7.9 试分别求解图 7.27 所示各电路的电压传输特性。

解：

图 7.27(a)所示电路为单限比较器，$u_O=\pm U_Z=\pm 8V$，$U_T=-3V$，其电压传输特性如图 7.28(a)所示。

图 7.27(b)所示电路为过零比较器，$U_{OL}=-U_D=-0.2V$，$U_{OL}=+U_Z=+6V$，$U_T=0$。其电压传输特性如图 7.28(b)所示。

图 7.27(c)所示电路为反相输入的滞回比较器，$u_O=\pm U_Z=\pm 6V$。令

$$u_P = \frac{R_1}{R_1+R_2}\cdot u_O + \frac{R_2}{R_1+R_2}\cdot U_{REF} = u_N = u_i$$

求出阈值电压分别为

$$U_{T1} = 0 \quad U_{T2} = 4V$$

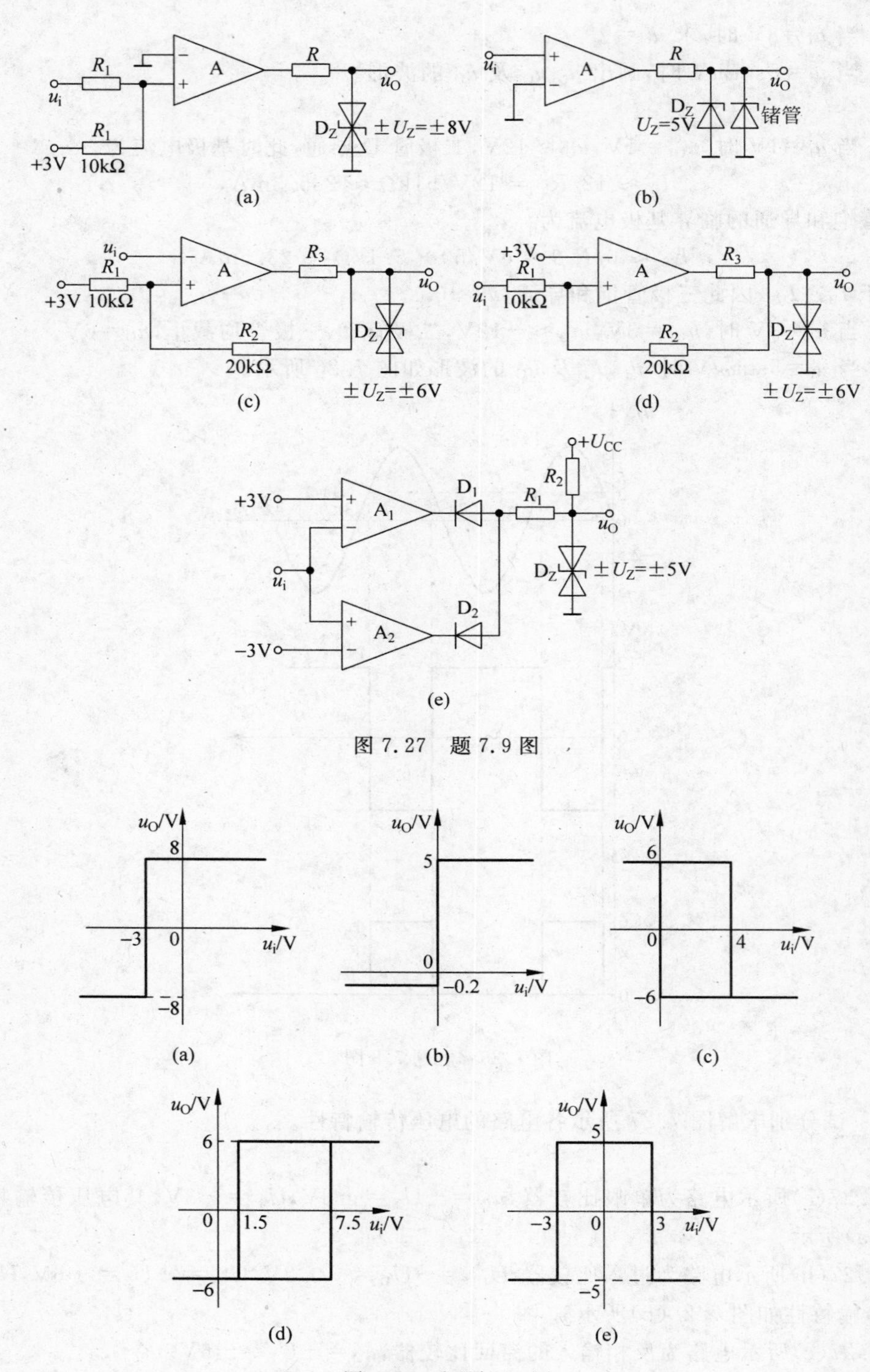

图 7.27　题 7.9 图

图 7.28　解题 7.9 图

其电压传输特性如图 7.28(c)所示。

图 7.27(d)所示电路为同相输入的滞回比较器，$u_O = \pm U_Z = \pm 6V$。令

$$u_P = \frac{R_2}{R_1 + R_2} \cdot u_i + \frac{R_1}{R_1 + R_2} \cdot u_{O1} = u_N = 3V$$

得出阈值电压为

$$U_{T1} = 1.5V$$

$$U_{T2} = 7.5V$$

其电压传输特性如图 7.28(d)所示。

图 7.27(e)所示电路为窗口比较器，$u_O = \pm U_Z = \pm 5V$，$\pm U_T = \pm 3V$，其电压传输特性如图 7.28(e)所示。

7.10 图 7.29 所示为一波形发生电路，说明该电路由哪些单元组成，各起什么作用，并画出 A、B、C 三点的波形。

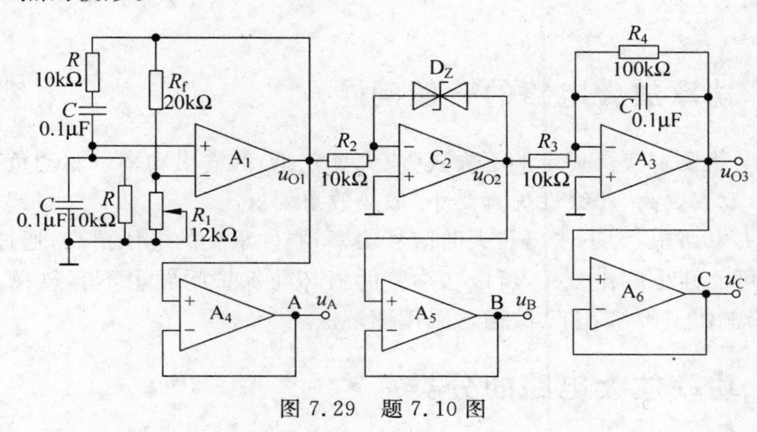

图 7.29 题 7.10 图

解：

(1) A_1 构成 RC 桥式正弦波振荡电路，C_2 构成过零比较器，A_3 构成积分电路，因此 u_{O1} 为正弦波，u_{O2} 为方波，u_{O3} 为三角波。

A_4、A_5、A_6 为电压跟随器，可提高电路的带负载能力。

(2) A、B、C 三点波形如图 7.30 所示。

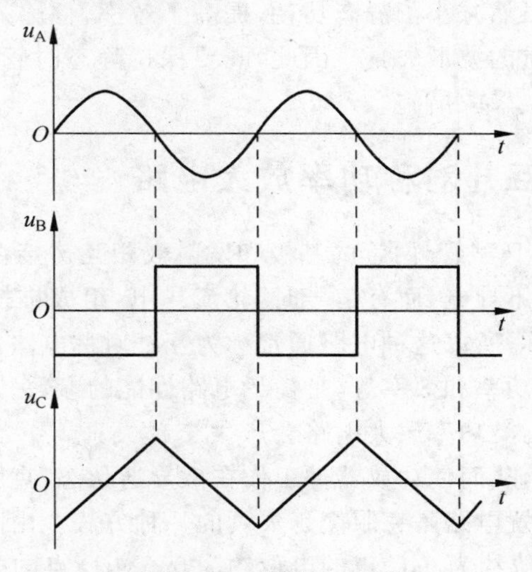

图 7.30 解题 7.10 图

第8章 功率放大电路

8.1 主要内容

8.1.1 功率放大电路的一般问题

功率放大电路要求获得一定的不失真(或失真较小)的输出功率以驱动负载。要求输出功率尽可能大,效率要高,非线性失真要小,散热效果要好。

在功率放大电路中,为了输出较大的信号功率,器件承受的电压要高,通过的电流要大,功率管损坏的可能性也就比较大,所以功率管的损坏与保护问题也不容忽视。在分析方法上,由于晶体管工作于大信号下,故通常采用图解法。

8.1.2 功率放大电路的分类

输入信号在整个周期内都有电流流过放大器件,这种工作方式通常称为甲类放大。乙类放大器的工作点设置在截止区,三极管仅在信号的半个周期处于导通状态。它的缺点是只能对半个周期的输入信号进行放大,非线性失真大。甲乙类放大电路的工作点设在放大区但接近截止区,即三极管处于微导通状态,且在信号作用的多半个周期内导通,这样可以有效克服乙类放大电路出现的交越失真,且能量转换效率较高,目前使用广泛。

甲乙类和乙类放大,虽然减小了静态功耗,提高了效率,但输入信号都不能在整个周期内被正常放大,出现了严重的波形失真。因此,既要保持静态时管耗小,又要使失真不太严重,这就需要在电路结构上采取措施。

8.1.3 甲乙类互补对称功率放大电路

选择 NPN 型管和 PNP 型管,两管的基极和发射极相互连接在一起,信号从基极输入,从射极输出。静态时两管不导电,而有信号时,轮流导电,组成推挽式电路。由于两管互补对方的不足,工作性能对称,所以这种电路通常称为互补对称电路。互补对称电路的输出功率、管耗、直流电源供给的功率和效率等,是衡量电路性能的参数。

由于没有直流偏置,乙类功率放大电路会产生交越失真。甲乙类功率放大电路以二极管等元件为直流偏置电路,从而使功放器件工作在微导通状态,克服交越失真现象。

利用图 8.1 所示的偏置电路是克服交越失真的一种方法。由图可知,静态时,由于电路的对称性,A 点、B 点的电位约为 0,C 点的电位约为 0.6V,D 点的电位约为 −0.6V。在 D_1、

D_2 上产生的压降为 T_1、T_2 提供了一个适当的偏压，使之处于微导通状态。由于电路对称，静态时 $i_{C1}=i_{C2}$，$i_L=0$，$u_O=0$。而有信号时，由于电路工作在甲乙类，即使 u_i 很小(D_1 和 D_2 的交流电阻也小)，基本上可以线性地进行放大。

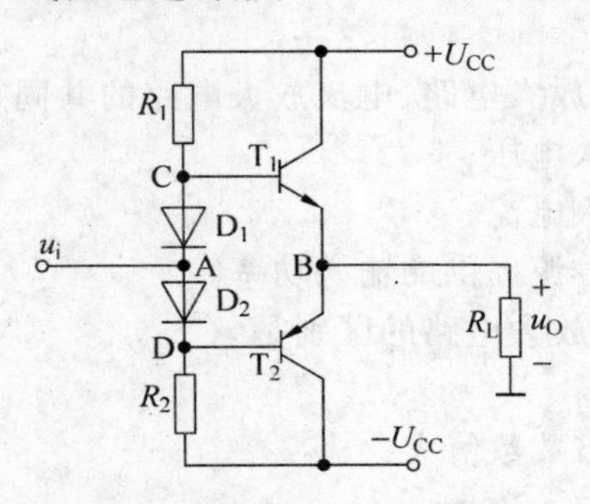

图 8.1 甲乙类互补对称功率放大电路

互补对称功率放大电路输出功率 $P_O=\frac{1}{2}\frac{U_{om}^2}{R_L}$，直流电源供给的功率 $P_U=\frac{2}{\pi}\cdot\frac{U_{CC}U_{om}}{R_L}$，晶体管的耗散功率 $P_T=\frac{2}{\pi}\cdot\frac{U_{CC}U_{om}}{R_L}-\frac{1}{2}\frac{U_{om}^2}{R_L}$，每只晶体管的最大耗散功率为 $P_{T1m}=P_{T1m}\approx 0.2P_{om}$。

如果只连接一个电源，并在输出端与负载之间串接一大电容器 C，就得到单电源互补对称电路，如图 8.2 所示。在输入信号 $u_i=0$ 时，由于电路对称，$i_{C1}=i_{C2}$，$i_L=0$，$u_O=0$，从而使 A 点和 B 点电位 $U_B=U_C$(电容器 C 两端电压)$\approx U_{CC}/2$。当有信 u_i 时，在信号的负半周，T_1 导电，有电流通过负载 R_L，同时向 C 充电；在信号的正半周，T_2 导电，则已充电的电容器 C 起着图 8.1 中电源 $-U_{CC}$ 的作用，通过负载 R_L 放电。只要选择时间常数 R_LC 足够大(比信号的最长周期还大得多)，就可以认为用 C 和一个电源 U_{CC} 可代替原来的 $+U_{CC}$ 和 $-U_{CC}$ 两个电源的作用。采用单电源的互补对称电路，由于每个晶体管的工作电压是原来的一半，所以前面导出的计算公式都要进行相应的修正。

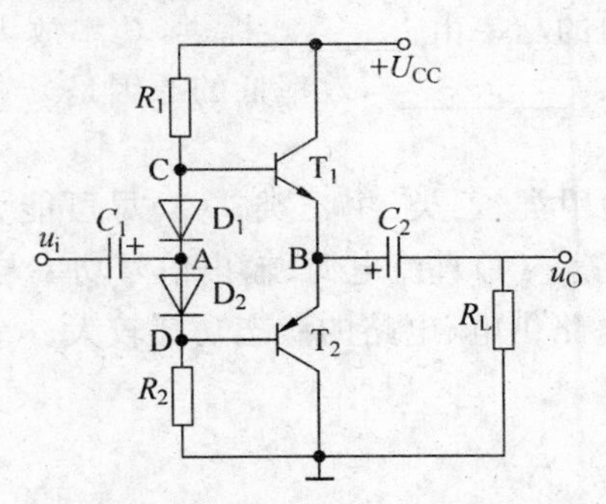

图 8.2 单电源功率放大电路

8.2 基本概念自检

1. 判断题

(1) 在功率放大电路中，输出功率越大，功放管的功耗越大。 ( )

(2) 功率放大电路的最大输出功率是指在基本不失真情况下，负载上可能获得的最大交流功率。 ( )

(3) 当 OCL 电路的最大输出功率为 1W 时，功放管的集电极最大耗散功率应大于 1W。 ( )

(4) 功率放大电路与电压放大电路、电流放大电路的共同点是

① 都使输出电压大于输入电压； ( )

② 都使输出电流大于输入电流； ( )

③ 都使输出功率大于信号源提供的输入功率。 ( )

(5) 功率放大电路与电压放大电路的区别是

① 前者比后者电源电压高； ( )

② 前者比后者电压放大倍数数值大； ( )

③ 前者比后者效率高； ( )

④ 在电源电压相同的情况下，前者比后者的最大不失真输出电压大； ( )

(6) 功率放大电路与电流放大电路的区别是

① 前者比后者电流放大倍数大； ( )

② 前者比后者效率高； ( )

③ 在电源电压相同的情况下，前者比后者的输出功率大。 ( )

解：(1) × (2) √ (3) × (4) × × √ (5) × × √ √ (6) × √ √

2. 填空题

(1) 用于向负载提供的________电路称为功率放大电路，一般直接驱动负载。因此，要求同时输出较大的________和________。

(2) 根据三极管的静态工作点的位置不同，功率放大电路可分成以下几种类型：________、________、________。

(3) 功率放大电路要解决________、________、________、________等问题。

(4) 功率放大电路中输出的功率由________提供，功率放大电路的效率是指________。甲类功率放大电路________________，效率低的原因是________。

解：

(1)功率、电压、电流；(2)甲类、乙类、甲乙类；(3)尽可能大的输出功率、效率要高、非线性失真小、有散热和保护装置；(4)直流电源、输出信号功率与直流电源供给功率的比值、在无输入信号时电源始终向电路供电、电路的静态功耗较大。

8.3 典型例题

例 8.1 选择合适的答案填空。

(1) 功率放大电路的最大输出功率是在输入电压为正弦波时，输出基本不失真情况下，负载上可能获得的最大________。

A. 交流功率　　B. 直流功率　　C. 平均功率

(2) 功率放大电路的转换效率是指________。

A. 输出功率与晶体管所消耗的功率之比

B. 最大输出功率与电源提供的平均功率之比

C. 晶体管所消耗的功率与电源提供的平均功率之比

(3) 在 OCL 乙类功放电路中，若最大输出功率为 1W，则电路中功放管的集电极最大功耗约为________。

A. 1W　　B. 0.5W　　C. 0.2W

(4) 在选择功放电路中的晶体管时，应当特别注意的参数有________。

A. β　　B. I_{CM}　　C. I_{CBO}

D. U_{CEO}　　E. P_{CM}　　F. f_T

(5) 若图 8.3 所示电路中晶体管饱和管压降的数值为 $|U_{CES}|$，则最大输出功率 $P_{OM}=$________。

A. $\dfrac{(U_{CC}-U_{CES})^2}{2R_L}$　　B. $\dfrac{\left(\frac{1}{2}U_{CC}-U_{CES}\right)^2}{R_L}$　　C. $\dfrac{\left(\frac{1}{2}U_{CC}-U_{CES}\right)^2}{2R_L}$

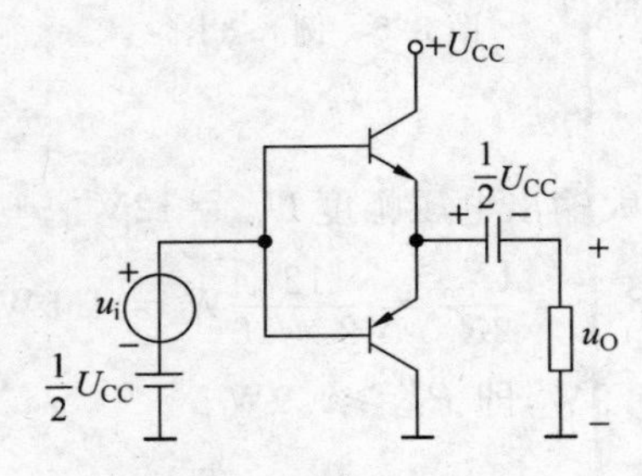

图 8.3　例 8.1 图

解：(1) A　(2) B　(3) C　(4) B　D　E　(5) C

例 8.2　在图 8.4 所示 OTL 功放电路中，设 $R_L=8\Omega$，晶体管的饱和压降 $|U_{CES}|$ 可以忽略不计。若要求最大不失真输出功率（不考虑交越失真）为 9W，则电源电压 U_{CC} 至少应为多少伏？（已知 u_i 为正弦电压）。

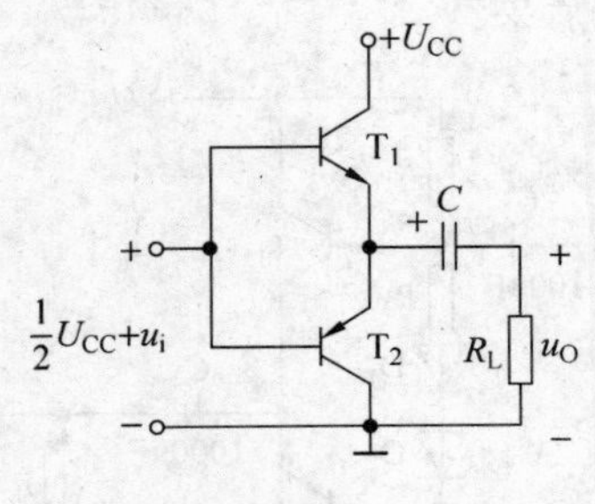

图 8.4　例 8.2 图

解：由

$$P_{\text{om max}}=\frac{\left(\frac{1}{2}U_{CC}\right)^2}{2R_L}=\frac{\left(\frac{1}{2}U_{CC}\right)^2}{2\times 8\Omega}=9\text{W},\quad U_{CC}=24\text{V}$$

即电源电压 U_{CC} 至少 24V。

例 8.3　一双电源互补对称电路如图 8.5 所示，设已知 $U_{CC}=12\text{V}$，$R_L=16\Omega$，u_i 为正弦

波。试求：

(1) 在三极管的饱和压降 U_{CES} 可以忽略不计的条件下，负载上可能得到的最大输出功率 P_{om} 是多少？

(2) 每个三极管允许的管耗 P_{cm} 至少应为多少？

(3) 每个三极管的耐压 $|U_{(BR)CEO}|$ 至少应为多高？

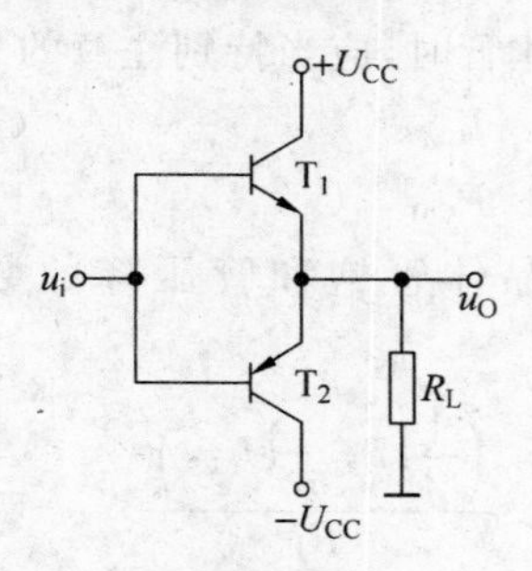

图 8.5　例 8.3 图

解：

(1) 负载上可能得到的最大输出电压幅度 $U_{om}=12V$。

$$P_{om}=\frac{U_{om}^2}{2R_L}=\frac{12^2}{2\times 16}W=4.5W$$

(2) $P_{cm\,max}=0.2\quad P_{om}=0.9W$，即 $P_{cm}\geqslant 0.9W$。

(3) $|U_{(BR)CEO}|\geqslant 24V$。

例 8.4　OTL 放大电路如图 8.6 所示，设 T_1、T_2 特性完全对称，u_i 为正弦电压，$U_{CC}=10V$，$R_L=16\Omega$。试回答下列问题：

(1) 静态时，电容 C_2 两端的电压应是多少？调整哪个电阻能满足这一要求？

(2) 动态时，若输出电压波形出现交越失真，应调整哪个电阻？如何调整？

(3) 若 $R_1=R_3=1.2k\Omega$，T_1、T_2 的 $\beta=50$，$|U_{BE}|=0.7V$，$P_{cm}=200mW$，假设 D_1、D_2、R_2 中任意一个开路，将会产生什么后果？

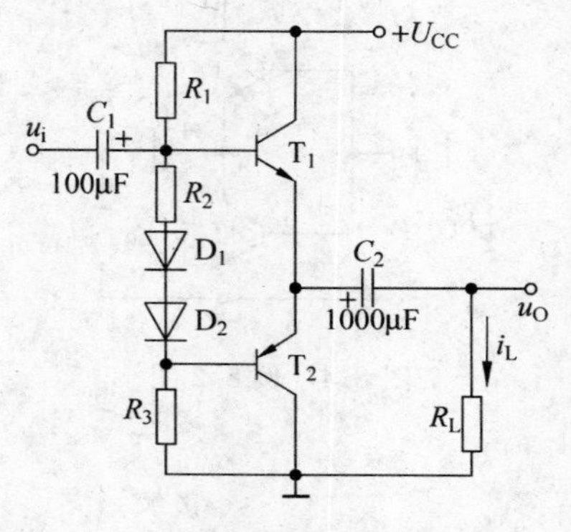

图 8.6　例 8.4 图

解：

(1) 静态时，电容 C_2 两端的电压应为 5V。调整 R_1、R_3，可调整上、下两部分电路的对称性，从而使 C_2 两端电压为 5V。

(2) 若出现交越失真，应调大 R_2，使 $b_1 b_2$ 间电压增大，提供较大的静态电流。

(3) 若 D_1、D_2、R_2 中任意一个开路，则 $I_{B1}=I_{B2}=\frac{U_{CC}-2U_{BE}}{2R_1}=3.58\text{mA}$

$$I_{C1}=I_{C2}=\beta I_{B1}=179\text{mA}$$

$$P_C=I_{C1}\cdot U_{CE}=I_{C1}\cdot 5\text{V}=895\text{mW}>P_{cm}$$

可见，功率管会烧坏。

例 8.5 在图 8.6 所示的电路中，已知 $U_{CC}=35\text{V}$，$R_L=35\Omega$，负载电流 $i_L=0.45\cos\omega t(A)$。试求：

(1) 负载 R_L 所能得到的信号功率 P_O；

(2) 电源供给的功率 P_E；

(3) 两只晶体管的总管耗 P_T。

解：

(1) $P_O=\left(\frac{i_{Lm}}{\sqrt{2}}\right)^2 R_L\approx 3.54\text{W}$

(2) $P_E=\frac{1}{2\pi}\int_{-\frac{\pi}{2}}^{\frac{\pi}{2}} U_{CC}\cdot i_L \text{d}\omega t=\frac{1}{2\pi}\int_{-\frac{\pi}{2}}^{\frac{\pi}{2}} U_{CC}\cdot 0.45\cos\omega t\,\text{d}\omega t$

$$=\frac{1}{2\pi}\times U_{CC}\times 0.45\times 2\text{A}\approx 5\text{W}$$

(3) $P_T=P_E-P_O\approx 1.46\text{W}$

$$P_{T1}=P_{T2}=\frac{1}{2}(P_V-P_{om})\approx 2.85\text{W}$$

$$P_{om}=\frac{U_{om}^2}{2R_L}=\frac{13^2}{2\times 8}\text{W}=10.56\text{W}$$

8.4 课后习题及解答

8.1 电路如图 8.7 所示，三极管 T_1、T_2 的饱和管压降 $|U_{CES}|=2\text{V}$，$U_{BE}=0$，$U_{CC}=15\text{V}$，$R_L=8\Omega$，输入电压 u_i 为正弦波，选择正确答案填入空格内。

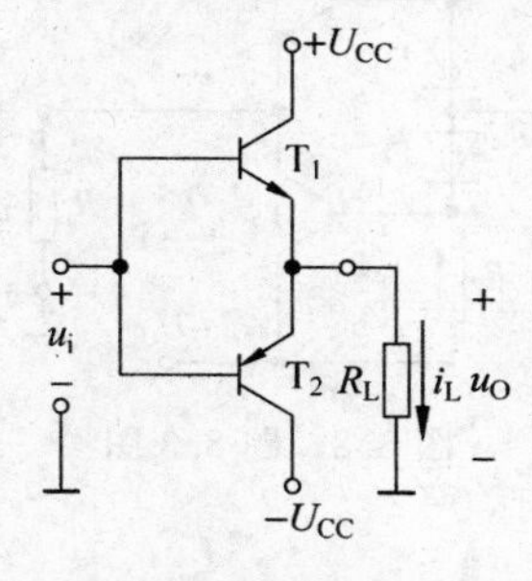

图 8.7 题 8.1 图

(1) 静态时，晶体管发射极电位 U_{EQ} ________。

A. >0　　B. $=0$　　C. <0

(2) 最大输出功率 P_{om}________。

A. ≈11W　　B. ≈14W　　C. ≈20W

(3) 电路的转换效率 η 为________。

A. >78.5%　　B. =78.5%　　C. <78.5%

(4) 为使输出电压有最大功率，输入电压的峰值应为________。

A. 15V　　B. 13V　　C. 2V

(5) 三极管正常工作时，能承受的最大工作电压为 U_{CEmax}________。

A. 30V　　B. 28V　　C. 4V

(6) 若三极管的开启电压为 0.5V，则输出电压将出现________。

A. 饱和失真　　B. 截止失真　　C. 交越失真

解：(1) B　(2) A　(3) C　(4) B　(5) B　(6) C

8.2　电路如图 8.7 所示，已知 $U_{CC}=12V$，$R_L=16\Omega$，T_1、T_2 的饱和管压降 $|U_{CES}|=0$，u_i 为正弦波，如何选择功率晶体管？

解：

$$P_{om}=\frac{(U_{CC}-|U_{CES}|)^2}{2R_L}=4.5W$$

每只晶体管的反向击穿电压 $>2U_{CC}=24V$，

每只晶体管允许的最大集电极电流为

$$I_{cm}\geqslant I_{om}=\frac{U_{CC}-|U_{CES}|}{R_L}=1.5A$$

每只晶体管的最大集电极功耗为

$$P_{cm}\geqslant 0.2P_{om}=0.2\times 4.5=0.9W$$

8.3　在图 8.8 所示电路中，已知 $U_{CC}=16V$，$R_L=4\Omega$，晶体管 T_1 和 T_2 的饱和管压降 $|U_{CES}|=2V$，输入电压足够大。试问：

(1) 最大输出功率 P_{om} 和效率 η 各为多少？

(2) 晶体管的最大功耗 P_{Tmax} 为多少？

(3) 为了使输出功率达到 P_{om}，输入电压的有效值约为多少？

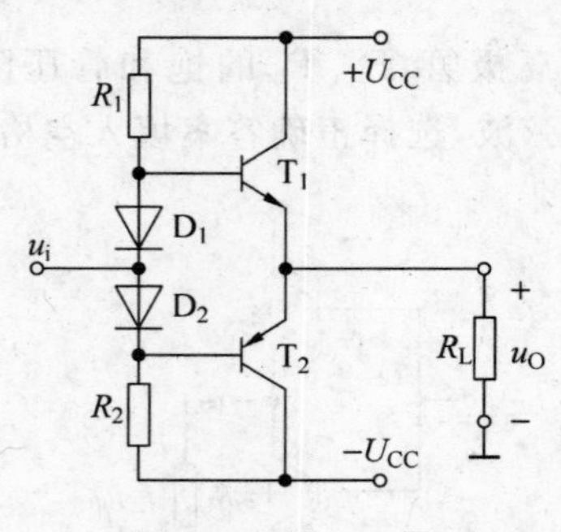

图 8.8　题 8.3 图

解：

(1) 最大输出功率和效率分别为

$$P_{om}=\frac{(U_{CC}-|U_{CES}|)^2}{2R_L}=24.5W$$

$$\eta = \frac{\pi}{4} \cdot \frac{U_{CC} - |U_{CES}|}{U_{CC}} \approx 69.8\%$$

（2）晶体管的最大功耗为

$$P_{Tmax} \approx 0.2P_{om} = \frac{0.2 \times U_{CC}^2}{2R_L} = 6.4W$$

（3）输出功率为 P_{om}时的输入电压有效值为

$$U_i \approx U_{om} \approx \frac{U_{CC} - |U_{CES}|}{\sqrt{2}} \approx 9.9V$$

8.4　在如图 8.9 所示的电路中，已知 $U_{CC}=15V$，T_1 和 T_2 的饱和管压降 $|U_{CES}|=2V$，输入电压足够大。求解：

（1）最大不失真输出电压的有效值；

（2）负载电阻 R_L 上电流的最大值；

（3）最大输出功率 P_{om}和效率 η。

解：

（1）最大不失真输出电压有效值为

$$U_{om} = \frac{\frac{R_L}{R_4 + R_L} \cdot (U_{CC} - U_{CES})}{\sqrt{2}} \approx 8.65V$$

（2）负载电流最大值为

$$i_{Lmax} = \frac{U_{CC} - U_{CES}}{R_4 + R_L} \approx 1.53A$$

（3）最大输出功率和效率分别为

$$P_{om} = \frac{U_{om}^2}{R_L} = \frac{8.65^2}{8} = 9.35W$$

$$\eta = \frac{\pi}{4} \cdot \frac{U_{om}\sqrt{2}}{U_{CC}} = \frac{\pi}{4} \cdot \frac{\sqrt{2} \times 8.65}{15} \approx 64.5\%$$

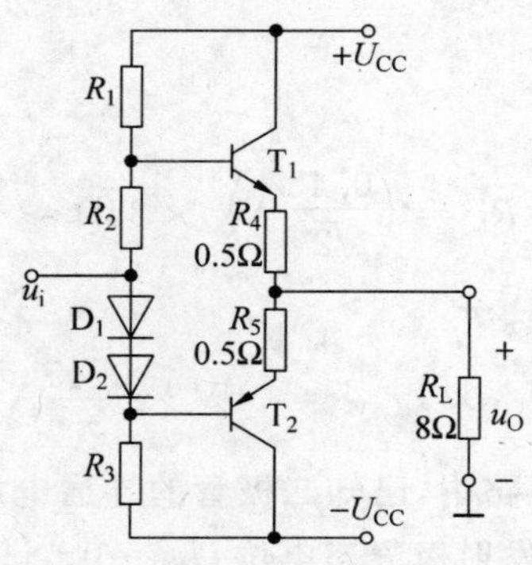

图 8.9　题 8.4 图

8.5　一单电源互补对称电路如图 8.10 所示，设晶体管 T_1、T_2 参数完全对称，u_i 为正弦波，$U_{CC}=12V$，$R_L=8\Omega$，试回答：

（1）静态时，电容 C_2 的两端电压应为多少？调整哪个电阻能满足这一要求？

（2）动态时，若输出电压出现交越失真，应调节哪个电阻？如何调整？

(3) 若 $R_1=R_3=1.1\text{k}\Omega$，$T_1$ 和 T_2 的 $\beta=40$，$|U_{BE}|=0.7\text{V}$，$P_{cm}=400\text{mW}$，假设 D_1、D_2、R_2 中任意一个开路将会产生什么后果？

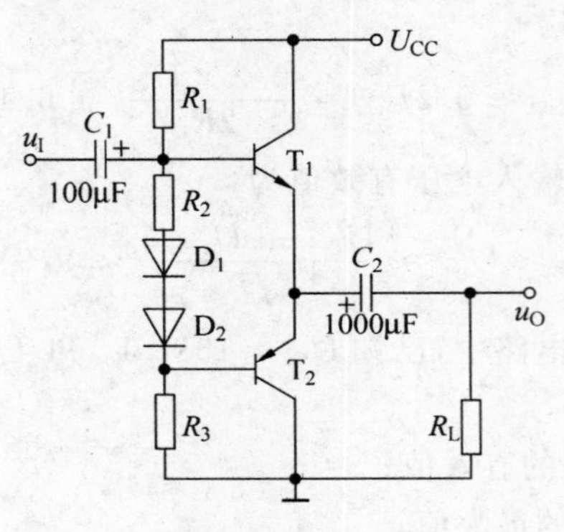

图 8.10 题 8.5 图

解：

(1) 静态时，C_2 两端的电压应为 $U_{c2}=\frac{1}{2}U_{CC}=6\text{V}$，调整 R_1 或 R_3 能满足这个要求。

(2) 若输出电压 u_O 出现交越失真，可增大 R_2。

(3) 若 D_1、D_2、R_2 中任意一个开路，则由于 T_1、T_2 的静态功耗为

$$P_{T1}=P_{T2}=\beta I_B U_{CE}=\beta\frac{U_{CC}-2\,|\,U_{BE}\,|}{R_1+R_2}\cdot\frac{U_{CC}}{2}$$

$$=40\times\frac{12\text{V}-2\times0.7\text{V}}{2.2\text{k}\Omega}\times\frac{12\text{V}}{2}=1156\text{mW}$$

$P_{T1}=P_{T2}\gg P_{cm}$，会烧坏功放管。

8.6 在图 8.10 所示电路中，若 $U_{CC}=35\text{V}$，$R_L=35\Omega$，流过负载电阻的电流为 $i_O=0.45\cos\omega t(\text{A})$，试求：

(1) 负载上所能得到的功率 P_O；

(2) 电源供给的功率 P_V。

解：负载上得到的功率为

$$P_O=I_O^2R_L=\left(\frac{0.45}{\sqrt{2}}\text{A}\right)^2\times35\Omega\approx3.54\text{W}$$

电源供给的功率为

$$P_V=U_{CC}\times I_{c(AV)}=35\text{V}\times\frac{0.45}{\pi}\text{A}\approx5\text{W}$$

8.7 在如图 8.11 所示的电路中，已知二极管的导通电压 $U_D=0.7\text{V}$，晶体管导通时的 $|U_{BE}|=0.7\text{V}$，晶体管 T_2 和 T_4 发射极静态电位 $U_{EQ}=0$。试问：

(1) 晶体管 T_1、T_3 和 T_5 基极的静态电位各为多少？

(2) 设 $R_2=10\text{k}\Omega$，$R_3=100\Omega$。若 T_1 和 T_3 基极的静态电流可忽略不计，则 T_5 集电极静态电流为多少？静态时 $u_i=$？

(3) 若静态时 $i_{B1}>i_{B3}$，则应调节哪个参数可使 $i_{B1}=i_{B2}$？如何调节？

(4) 电路中二极管的个数可以是 1、2、3、4 吗？你认为哪个最合适？为什么？

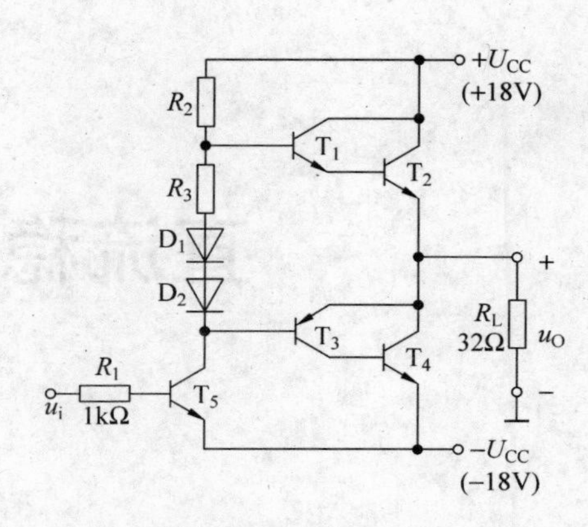

图 8.11　题 8.7 图

解：

(1) T_1、T_3 和 T_5 基极的静态电位分别为

$$U_{B1}=1.4V \quad U_{B3}=-0.7V \quad U_{B5}=-17.3V$$

(2) 静态时 T_5 集电极电流和输入电压分别为

$$I_{CQ}\approx\frac{U_{CC}-U_{B1}}{R_2}=1.66mA$$

$$u_i\approx u_{B5}=-17.3V$$

(3) 若静态时 $i_{B1}>i_{B3}$，则应增大 R_3。

(4) 采用图 8.11 所示的两只二极管加一个小阻值电阻合适，也可只用三只二极管。这样一方面可使输出级晶体管工作在临界导通状态，可以消除交越失真；另一方面在交流通路中，D_1 和 D_2 之间的动态电阻又比较小，可忽略不计，从而减小交流信号的损失。

第9章 直流稳压电源

9.1 主要内容

9.1.1 直流稳压电源的组成

直流稳压电源是将交流电变换成功率较小的直流电，一般由变压、整流、滤波和稳压等几部分组成，如图 9.1 所示。

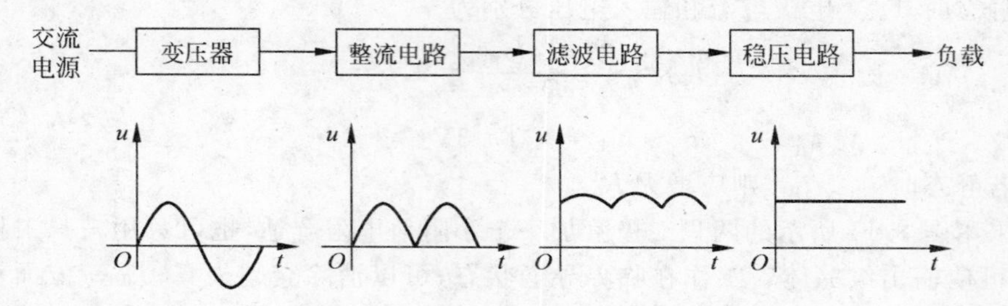

图 9.1 直流稳压电源结构框图

变压器的作用是提供所需的交流电压。

整流器的作用是将交流电压(电流)变成直流电压(电流)的过程。利用有单向导电性能的整流元件如二极管等，将交流电转换成单向脉动直流电的电路称为整流电路。整流电路按输入电源相数可分为单相整流、三相整流、倍压整流。整流电路按输出波形又可分为半波整流电路、全波整流电路。目前广泛使用的是桥式整流电路。

滤波器的作用是尽量减小输出电压中的交流分量，使之接近于理想的直流电压。滤波电路的形式很多，所用元件或为电容，或为电感，或两者都用。

稳压器的作用是在负载变化或电网波动时使输出电压稳定。

9.1.2 整流电路

整流电路按输入电源相数可分为单相整流、三相整流、倍压整流。整流电路按输出波形又可分为半波整流电路、全波整流电路。目前广泛使用的是桥式整流电路。

单相桥式整流电路如图 9.2(a)所示，整流电路由四个二极管接成电桥形式构成。单相桥式电路中的 $D_1 \sim D_4$ 为四个整流二极管，也常称为整流桥。

电源变压器将电网电压变换成大小适当的正弦电压。设变压器二次侧输出电压为

$u_2=\sqrt{2}U_2\sin\omega t$，当 u_2 为正半周期时（$0\leqslant\omega t\leqslant\pi$），变压器的 a 点电位高于 b 点，二极管 D_1、D_3 导通，D_2、D_4 截止，电流的流通路径是 a-D_1-R_L-D_3-b。当 u_2 为负半周期时（$\pi\leqslant\omega t\leqslant 2\pi$），变压器二次侧 b 点的电位高于 a 点，二极管 D_2、D_4 导通，D_1、D_3 截止，电流的流通路径是 b-D_2-R_L-D_4-a。可见，在 u_2 变化的一个周期内，D_1、D_3 和 D_2、D_4 两组整流二极管轮流导通半周，流过负载 R_L 上的电流方向一致，在 R_L 两端产生的电压极性始终上正下负，单相桥式整流电路的波形示意图如图 9.2(b)所示。

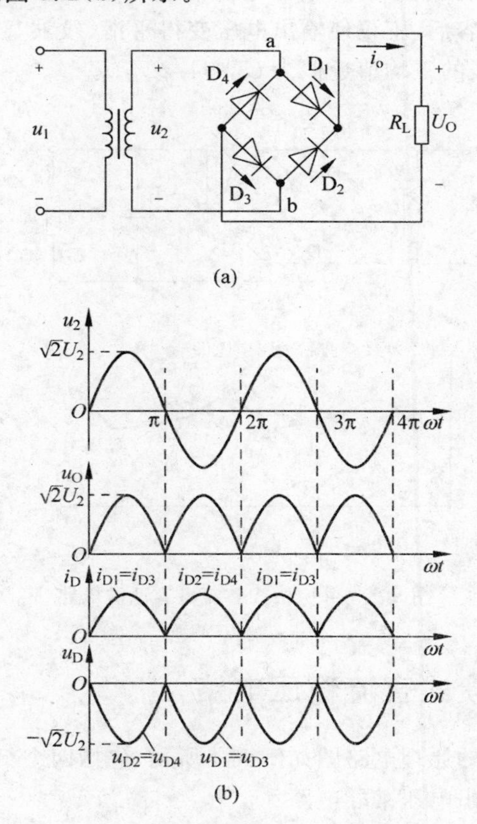

图 9.2 单相桥式整流电路

输出电压是周期为 π 的信号，输出电压平均值和输出电流平均值见式(9.1.1)和式(9.1.2)。

$$U_O=\frac{1}{\pi}\int_0^{\pi}u_O\mathrm{d}(\omega t)=\frac{1}{\pi}\int_0^{\pi}\sqrt{2}U_2\sin\omega t\,\mathrm{d}(\omega t)=\frac{2\sqrt{2}U_2}{\pi}=0.9U_2 \tag{9.1.1}$$

$$I_O=\frac{U_O}{R_L}=0.9U_2/R_L \tag{9.1.2}$$

二极管上的平均电流为 $I_D=1/2I_O$，二极管承受的最高反向电压为 $U_{DRM}=\sqrt{2}U_2$。

9.1.3 电容滤波电路

电容滤波电路在小功率电子设备中得以广泛的应用，图 9.3(a)所示为单相桥式整流电容滤波电路，它由电容 C 和负载 R_L 并联组成。

在 $t=0$ 时接通电路，u_2 为正半周，当 u_2 由零上升时，二极管 D_1、D_3 导通，电容器 C 被充电：由于充电回路电阻很小，因而充电很快，u_C 和 u_2 变化基本同步，即 $u_O=u_C\approx u_2$，当 u_2 达到最大值时，u_O 也达到最大值，见图 9.3(b)中 a 点，之后 u_2 下降，此时因 $u_C>u_2$，二极管 $D_1\sim D_4$ 截止，C 通过负载电阻 R_L 放电，由于放电时间常数 $\tau=R_LC$ 一般较大，电容电压 u_C 按指数规律缓慢下降。放电过程直至 u_2 进入负半周后，当 $|u_2|>u_C$ 时，见图 9.3(b)中 b 点，二极管 D_2、D_4 导通，C 再次被充电，输出电压增大，以后重复上述充、放电过程。

整流电路接入滤波电容后，不仅使输出电压变得平滑、纹波显著减小，同时输出电压的平均值也增大了，输出电压的平均值近似为 $U_O\approx1.2U_2$。

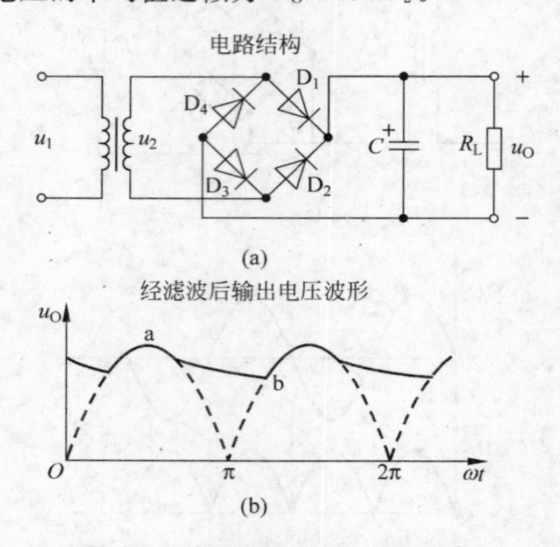

图 9.3　单相桥式整流电容滤波电路

9.1.4　串联反馈式直流稳压电路

串联反馈式稳压电路的原理电路图如图 9.4 所示，包括四个组成部分：基准电压、比较放大电路 A、调整元件、输出电压采样电路。

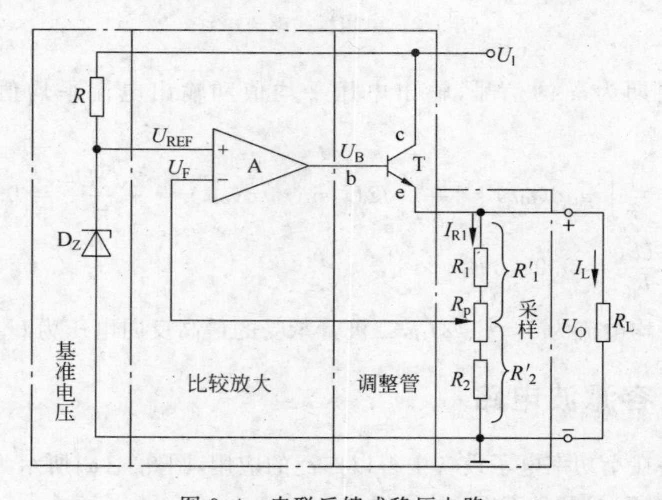

图 9.4　串联反馈式稳压电路

基准电压：基准电压由稳压管 D_Z 提供，接到放大电路的同相输入端。采样电压与基准电压进行比较后，再将二者的差值进行放大。电阻 R 的作用是保证 D_Z 有一个合适的工作电流。

比较放大电路 A：其作用是将稳压电路输出电压的变化量进行放大，然后再送到调整管的基极。如果放大电路的放大倍数比较大，则只要输出电压产生一点微小的变化，即能引起调整管的基极电压发生较大的变化。

输出采样电路：由电阻 R_1、R_2、R_P 组成。当输出电压发生变化时，采样电阻取其变化量的一部分送到放大电路的反相输入端。

调整元件：当输出电压 U_O 由于电网电压或负载电流等的变化而发生波动时，其变化量经采样、比较、放大后送到调整管的基极，使调整管的集-射电压发生相应的变化。最终调整输出电压使之基本保持稳定。

T 为调整管，工作在线性放大区，故又称线性稳压电路。R 和稳压管 D_Z 组成基准电压源，为集成运放 A 的同相输入端提供基准电压；R_1、R_2 和 R_p 组成采样电路，将稳压电路的输出电压分压后送到集成运放 A 的反相输入端；集成运放 A 构成比较放大电路，用来对采样电压与基准电压的差值进行放大。从反馈放大器角度看，该电路属电压串联负反馈电路。

串联反馈式稳压电路的稳压原理可简述如下：当输入电压 U_I 增加（或负载电流 I_L 减小）时，导致输出电压 U_O 增加，随之反馈电压 $U_F = R_2' U_O/(R_1' + R_2') = F_U U_O$ 也增加（F_U 为反馈系数）。U_F 与基准电压 U_{REF} 相比较，其差值电压经比较放大电路放大后使和减小，调整管 T 的 c-e 极间电压 U_{CE} 增大，使 U_O 下降，从而维持 U_O 基本恒定。其稳定过程可简单表示如下：

$$U_I\uparrow \rightarrow U_O\uparrow \rightarrow U_F(U_n)\uparrow \rightarrow U_B\downarrow \rightarrow U_{CE}\uparrow$$

$$U_O\downarrow \leftarrow$$

同理，当输入电压 U_I 减小（或负载电流 I_L 增加），亦将使输出电压基本保持不变。

输出电压可以通过改变采样电阻中电位器的滑动端位置在一定范围内调节。若 R_2 滑动端向下移动，则 U_O 增大，反之，若 R_2 滑动端向上移动，则 U_O 减小。

假设放大电路 A 是理想运放，且工作在线性区，而且两个输入端不取电流，则当 R_2 的滑动端调至最上端时，U_O 达到最小值，此时

$$U_{Omin} = \frac{R_1 + R_P + R_2}{R_2 + R_P} U_{REF} \tag{9.1.3}$$

当 R_2 的滑动端调至最下端时，U_O 达到最大值，此时

$$U_{Omax} = \frac{R_1 + R_P + R_2}{R_2} U_{REF} \tag{9.1.4}$$

9.1.5　集成三端稳压器

电子设备中常使用输出电压固定的集成稳压器。由于它只有输入、输出和公共引出端，故称之为三端稳压器。三端稳压器只有三个引出端子，具有应用时外接元件少、使用方便、性能稳定、价格低廉等优点。三端稳压器有两种，一种输出电压是固定的，称为固定输出三

端稳压器；另一种输出电压是可调的，称为可调输出三端稳压器。它们的基本组成及工作原理都相同，均采用串联型稳压电路。三端固定输出集成稳压器通用产品有 CW7800 系列（正电源）和 CW7900 系列（负电源）。输出电压连续可调的三端稳压器分为正电压输出 CW317 和负电压 CW337 两大类，每个系列又分为 L 型、M 型等。典型应用电路如图 9.5 所示，采用 CW7815 和 CW7915 三端稳压器各一块组成的具有同时输出＋15V～－15V 电压的稳压电路。

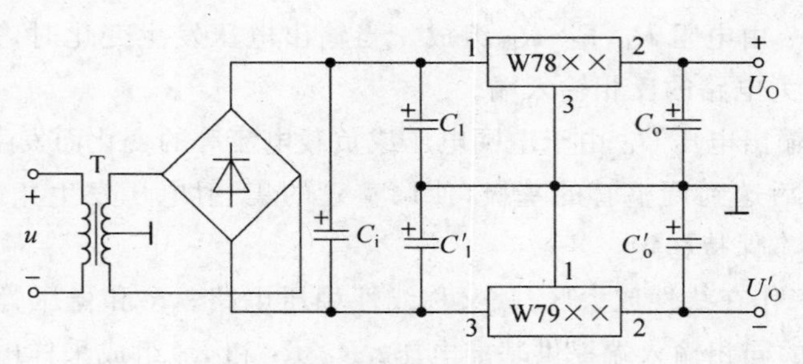

图 9.5 输出正、负电压的电路

9.2 基本概念自检

判断题

（1）直流电源是一种将正弦信号转换为直流信号的波形变换电路。（ ）

（2）直流电源是一种能量转换电路，它将交流能量转换为直流能量。（ ）

（3）在变压器副边电压和负载电阻相同的情况下，桥式整流电路的输出电流是半波整流电路输出电流的两倍。（ ）

因此，它们的整流管的平均电流比值为 2∶1。（ ）

（4）若 U_2 为电源变压器副边电压的有效值，则半波整流电容滤波电路和全波整流电容滤波电路在空载时的输出电压均为 $\sqrt{2}U_2$。（ ）

（5）当输入电压 U_I 和负载电流 I_L 变化时，稳压电路的输出电压是绝对不变的。（ ）

（6）一般情况下，开关型稳压电路比线性稳压电路效率高。（ ）

（7）整流电路可将正弦电压变为脉动的直流电压。（ ）

（8）电容滤波电路适用于小负载电流，而电感滤波电路适用于大负载电流。（ ）

（9）在单相桥式整流电容滤波电路中，若有一只整流管断开，输出电压平均值变为原来的一半。（ ）

（10）线性直流电源中的调整管工作在放大状态，开关型直流电源中的调整管工作在开关状态。（ ）

解：（1）×　（2）√　（3）√ ×　（4）√　（5）×　（6）√　（7）√　（8）√　（9）×　（10）√

9.3　典型例题

例 9.1　选择合适的答案填空。

(1) 在图 9.6 所示的电路中，已知变压器二次电压有效值 U_2 为 10V，$R_L C \geqslant \frac{3T}{2}$（$T$ 为电网电压的周期）。测得输出电压平均值 $U_{O(AV)}$ 可能的数值为

A. 14V　　B. 12V　　C. 9V　　D. 4.5V

选择合适答案填入空内。

① 正常情况 $U_{O(AV)} \approx$________；

② 电容虚焊时 $U_{O(AV)} \approx$________；

③ 负载电阻开路时 $U_{O(AV)} \approx$________；

④ 一只整流管和滤波电容同时开路，$U_{O(AV)} \approx$________。

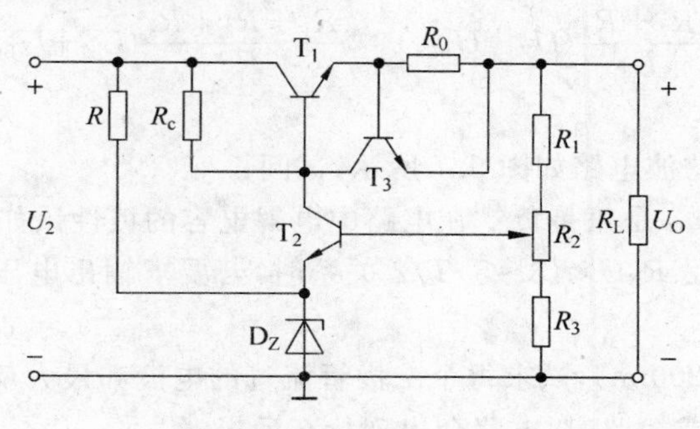

图 9.6　例 9.1 图

(2) 整流的目的是________。

A. 将交流变为直流　　B. 将高频变为低频

C. 将正弦波变为方波

(3) 在单相桥式整流电路中，若有一只整流管接反，则________。

A. 输出电压约为 $2U_D$　　B. 变为半波直流

C. 整流管将因电流过大而烧坏

(4) 直流稳压电源中滤波电路的目的是________。

A. 将交流变为直流　　B. 将高频变为低频

C. 将交、直流混合量中的交流成分滤掉

(5) 滤波电路应选用________。

A. 高通滤波电路　　B. 低通滤波电路　　C. 带通滤波电路

(6) 串联型稳压电路中的放大环节所放大的对象是________。

A. 基准电压　　B. 采样电压　　C. 基准电压与采样电压之差

解：

(1) ① B　② C　③ A　④ D；(2) A；(3) C；(4) C；(5) B；(6) C

例 9.2

(1) 直流稳压电源是一个典型的电子系统，由________、________、________和________四部分组成。

(2) 整流滤波电路是利用二极管的________和电容器的________作用将交流电压转换成单向脉动且相对比较平滑的直流电压。

(3) 在图 9.6 所示电路中，调整管为________，采样电路由________组成，基准电压电路由________组成，比较放大电路由________组成，保护电路由________组成；输出电压最小值的表达式为________，最大值的表达式为________。

(4) 串联反馈式稳压电路的调整管工作在________区。

解：

(1) 变压器、整流电路、滤波电路、稳压电路；

(2) 单向导电性、储能；

(3) T_1，R_1、R_2、R_3，R、D_Z，T_2、R_c，R_0、T_3；

$$\frac{R_1+R_2+R_3}{R_2+R_3}(U_Z+U_{BE2}),\quad \frac{R_1+R_2+R_3}{R_3}(U_Z+U_{BE2})。$$

(4) 线性放大。

例 9.3 桥式整流滤波电路如图 9.7 所示，试问：

(1) 输出对地电压 u_O 是正是负？在电路中电解电容的极性该如何接？

(2) 当电路参数满足 $R_LC \gg (3\sim5)T/2$ 关系时，若要求输出电压 u_O 为 25V，u_2 的有效值是多少？

(3) 若负载电流为 200mA，试求每个二极管流过的电流和最大反向电压 U_{RM}。

(4) 电容器 C 开路或短路时，电路会出现什么后果？

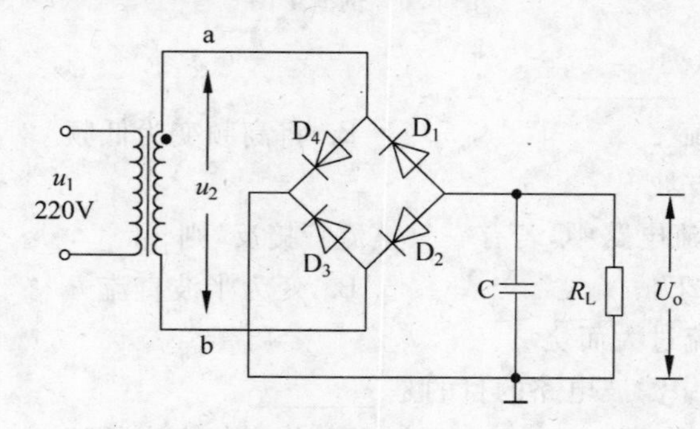

图 9.7 例 9.3 图

解：

(1) 在 u_2 的上半周，D_2、D_4 导通，D_1、D_3 截止，电流流过方向：a 点→D_4→R_L→D_2→b 点，自下而上流经 R_L；在 u_2 的负半周，D_1、D_3 导通，D_2、D_4 截止，电流流过方向：b 点→D_3→R_L→D_1→a 点，仍由下而上流过 R_L，因此输出电压为负，电容的极性应上负下正。

(2) 当 $R_LC \gg (3\sim5)T/2$ 时，$U_O=(1.1\sim1.2)U_2$

根据题意有 $25V=1.2U_2$，得

$$U_2=25V/1.2=20.83V$$

(3) 流经每个二极管的电流 $I_D=I_L/2=200\text{mA}/2=100\text{mA}$

每个二极管的最大反向电压 U_{RM} 为

$$U_{RM}=\sqrt{2}U_2=1.414\times 20.83\text{V}=29.37\text{V}$$

(4) 当电容 C 开路时，电路为全波桥式整流电路，有

$$U_O=0.9U_2=0.9\times 20.83\text{V}=18.75\text{V}$$

当电容 C 短路时，$U_O=0$，此时负载被短路，$D_1\sim D_4$ 整流二极管将会因电流过大而损坏。

9.4 课后习题及解答

9.1 桥式全波整流电路如图 9.8 所示，若电路中二极管出现下列各情况，将会出现什么问题？

(1) D_1 因虚焊而开路；

(2) D_2 因误接而造成短路；

(3) D_3 极性接反；

(4) D_1 与 D_2 极性都接反；

(5) D_1 开路、D_2 短路。

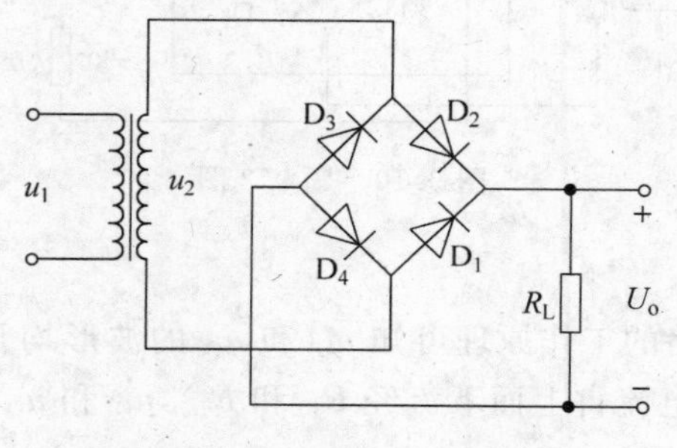

图 9.8 题 9.1 图

解：

(1) 全波整流变为半波整流，R_L 上无负半周波形。

(2) 负半周时，D_1 与变压器的副边形成短路，会将 D_1 与变压器烧坏。

(3) 正半周时，D_3、D_4 与变压器的副边形成短路，会将 D_3、D_4 与变压器烧坏。

(4) 整流桥无论是在交流电源的正半周还是负半周均截止，无输出电压。

(5)半波整流，无负半周波形。

9.2 桥式整流滤波电路如图 9.9 所示，已知 $u_{21}=20\sqrt{2}\sin\omega t$ (V)，在下述不同情况下，说明 u_o 端对应的直流电压平均值 $U_{o(AV)}$ 各为多少伏。

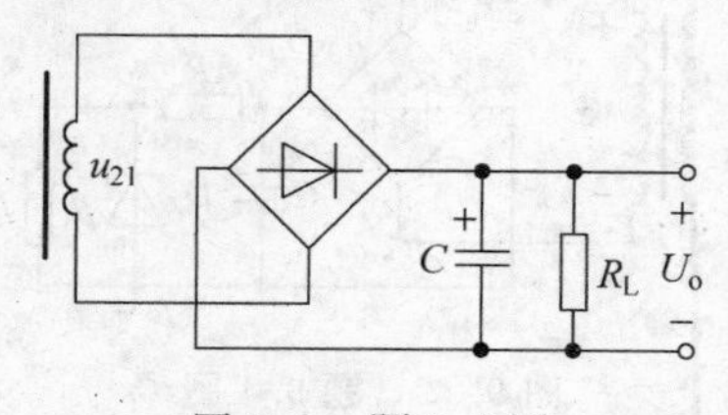

图 9.9 题 9.2 图

(1) 电容 C 因虚焊没接上；

(2) 有电容器，但负载 R_L 开路；

(3) 整流桥中一个二极管因虚焊而开路，有电容器 C，负载 R_L 开路；

(4) 有电容器 C，但负载 $R_L \neq \infty$。

解：

(1) $U_{o(AV)}=0.9\times20=18\text{V}$；

(2) $U_{o(AV)}=\sqrt{2}\times20\approx28.3\text{V}$；

(3) $U_{o(AV)}=\sqrt{2}\times20\approx28.3\text{V}$；

(4) $U_{o(AV)}\approx1.2\times20=24\text{V}$。

9.3 双极性电压输出整流电路如图 9.10 所示，试问：

(1) 输出电压 u_{O1} 和 u_{O2} 的整流波形是全波还是半波？标出 u_{O1} 和 u_{O2} 对地极性。

(2) 当 $u_{2a}=u_{2b}=18\text{V}$，u_{O1}、u_{O2} 各为多少？

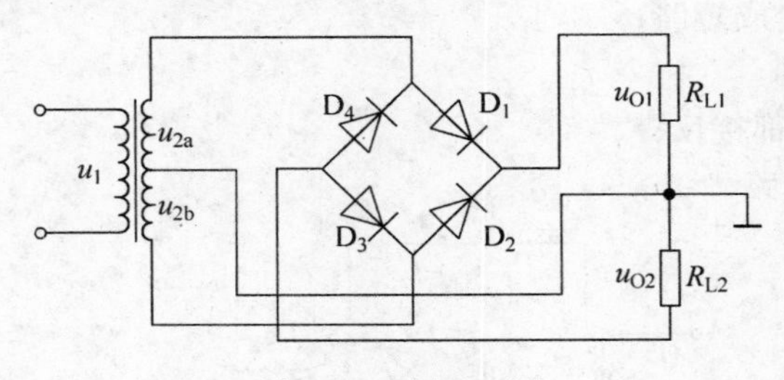

图 9.10 题 9.3 图

解：

(1) 根据全波整流电路的工作原理可知 u_{O1} 和 u_{O2} 的波形均是全波整流波形，在变压器输出电压的正负半周均有电流自上而下流经 R_{L1} 和 R_{L2}，u_{O1} 和 u_{O2} 对地极性如图 9.11 所示。

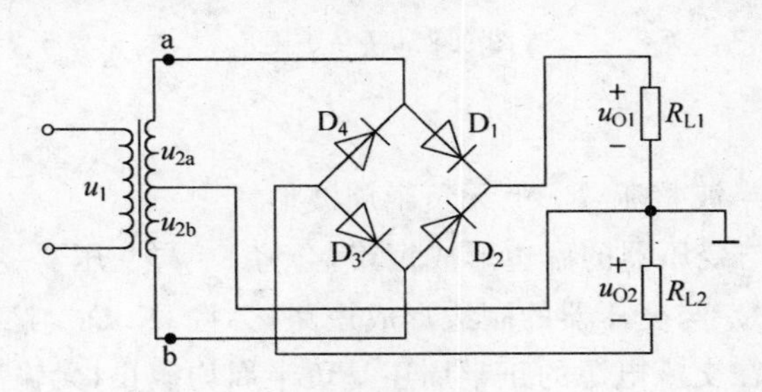

图 9.11 解题 9.3 图

(2) 当 $u_{2a}=u_{2b}=18\text{V}$ 时，$u_{O1}=u_{O2}=0.9\times18\text{V}=16.2\text{V}$

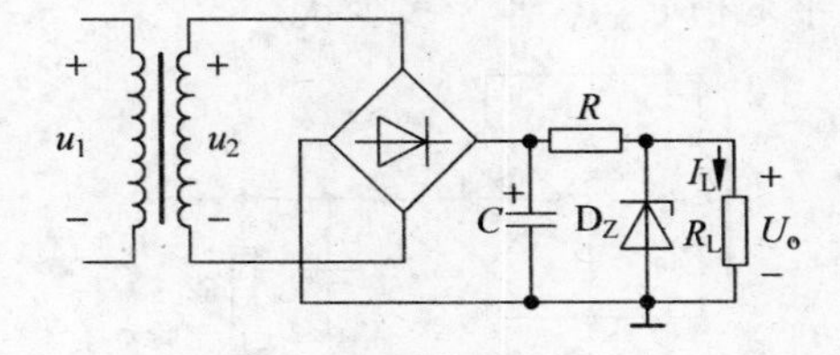

图 9.12 题 9.4 图

9.4 整流稳压电路如图 9.12 所示。设 $U_2=18\text{V}$(有效值),$C=100\mu\text{F}$,D_Z 的稳压值为 5V,I_L 在 10～30mA 之间变化。如果考虑到电网电压变化时,U_2 变化±10%,试问:

(1) 要使 I_Z 不小于 5mA,所需 R 值应不大于多少?

(2) 按以上选定的 R 值,计算 I_Z 最大值为多少?

解: 当电网电压变化±10%时,

$U_{\text{Imax}}=1.2U_2(1+10\%)=23.76\text{V}$

$U_{\text{Imin}}=1.2U_2(1-10\%)=19.44\text{V}$

(1) 当要求 $I_Z\geqslant5\text{mA}$ 时

$$R\leqslant\frac{U_{\text{Imin}}-U_{\text{O}}}{I_Z+I_{\text{Lmax}}}=413\Omega\quad(\text{取 }390\Omega)$$

(2) $I_{\text{zmax}}=\dfrac{U_{\text{Imax}}-U_{\text{O}}}{R}-I_{\text{Lmin}}=\dfrac{23.76\text{V}-5\text{V}}{0.39\text{k}\Omega}-10\text{mA}=38\text{mA}$

9.5 电路如图 9.13 所示。试完成或求出:

(1) 分别标出 u_{O1} 和 u_{O2} 对地的极性;

(2) u_{O1}、u_{O2} 分别是半波整流还是全波整流?

(3) 当 $U_{21}=U_{22}=20\text{V}$ 时,U_{O1} 和 U_{O2} 各为多少?

(4) 当 $U_{21}=18\text{V}$,$U_{22}=22\text{V}$ 时,画出 u_{O1}、u_{O2} 的波形;并求出 U_{O1} 和 U_{O2} 各为多少?

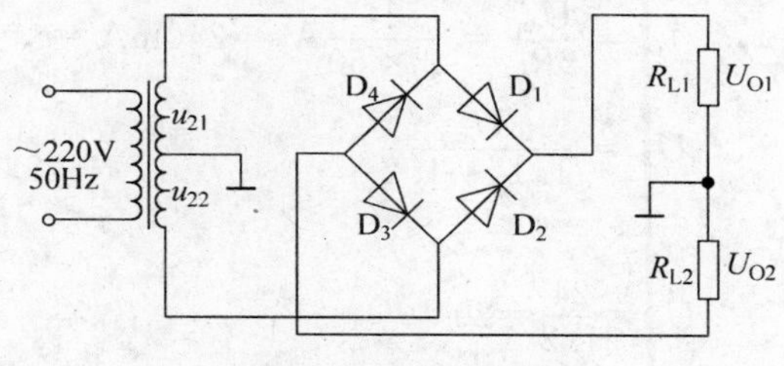

图 9.13 题 9.5 图

解:

(1) 均为上+、下-。

(2) 均为全波整流。

(3) U_{O1} 和 U_{O2} 为

$$U_{\text{O1}}=-U_{\text{O2}}\approx0.9U_{21}=0.9U_{22}=18\text{V}$$

(4) u_{O1}、u_{O2} 的波形如图 9.14 所示。其平均值为

$$U_{\text{O1}}=-U_{\text{O2}}\approx0.45U_{21}+0.45U_{22}=18\text{V}$$

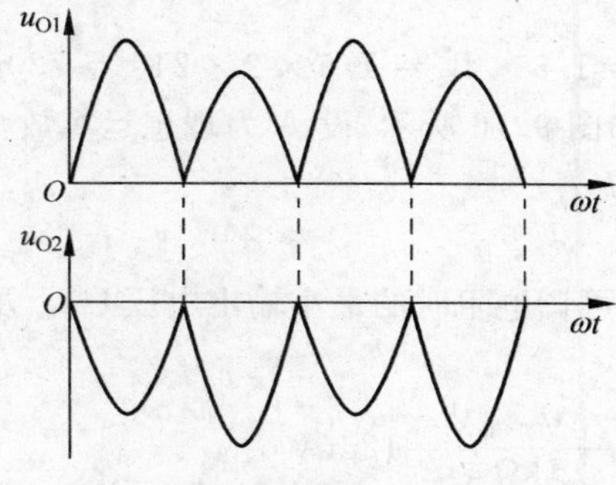

图 9.14 解题 9.5 图

9.6 桥式整流电路、电容滤波电路如图 9.15 所示，已知交流压源电压 $U_1=220\text{V}$，50Hz，$R_L=50\Omega$，要求输出直流电压 24V，纹波较小。试完成：

(1) 选择整流管的型号；

(2) 选择滤波电容的容量和耐压；

(3) 确定电源变压器的二次电压和电流。

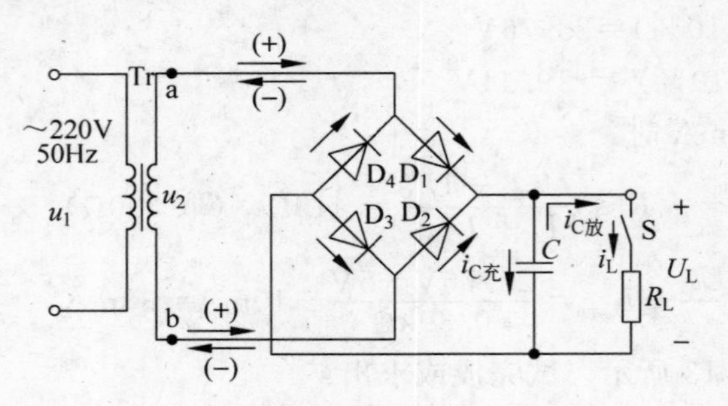

图 9.15　题 9.6 图

解：

(1) 选择整流管的型号：通过二极管的平均电流和二极管承受的最大反向电压为

$$I_D=\frac{U_L}{2R_L}=\frac{24}{2\times 50}\text{A}=240\text{mA}$$

$$U_2=\frac{U_L}{1.1\sim 1.2}$$

取

$$U_2=\frac{24}{1.2}=20\text{V}$$

$$U_{RM}=\sqrt{2}U_2=1.414\times 20=28.2\text{V}$$

选用二极管 2CP1D($I_{DM}=500\text{mA}$,$U_{RM}=100\text{V}$)。

(2) 选择滤波电容器：$\tau_d=R_L\times C\geqslant(3\sim5)\frac{\tau}{2}=\frac{3\sim5}{2\times 50\text{Hz}}=(3\sim5)\times 0.01\text{s}$

取 $\tau_d=0.05\text{s}$，$C=\tau_d/R_L=0.05/50\mu\text{F}=1000\mu\text{F}$，要求电容耐压$>U_{RM}=\sqrt{2}U_2=28.2\text{V}$。故选择 $1000\mu\text{F}/50\text{V}$ 的电解电容器。

(3) 确定电源变压器的二次电压和电流：

$$U_2=24\text{V}/1.2=20\text{V},\quad I_2=(1.5\sim 2)\times I_L=(1.5\sim 2)\times 2I_D$$

取

$$I_2=1.5\times I_L=1.5\times 2\times 240=720\text{mA}$$

9.7 串联型稳压电路如图 9.16 所示，设 A 为理想运算放大器，试求：

(1) 流过稳压管的电流 I_Z；

(2) 输出电压 U_O；

(3) 将 R_3 改为 $0\sim3\text{k}\Omega$ 可调电阻时的最小输出电压 U_{Omin} 及最大输出电压 U_{Omax}。

解：

(1) $I_Z=I_{R_1}=\frac{U_I-U_Z}{R_1}=\frac{20\text{V}-8\text{V}}{1\text{k}\Omega}=12\text{mA}$

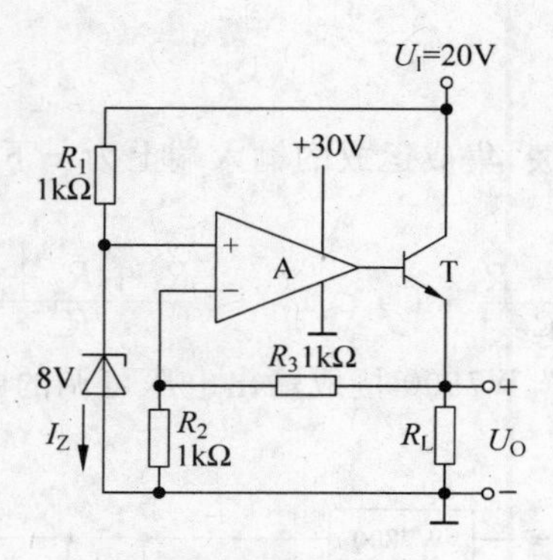

图 9.16　题 9.7 图

(2) 运放同相端电压和反相端电压近似相等。

$$U_O = \frac{R_2 + R_3}{R_2} \cdot U_Z = 2 \times 8V = 16V$$

(3) $R_3 = 0$ 时，$U_{Omin} = 8V$。

$R_3 = 3k\Omega$ 时，

$$U_O = \frac{R_2 + R_3}{R_2} \cdot U_Z = 4 \times 8V = 32V$$

可见此时晶体管 T 的 $U_{CE} = U_I - U_O < 0$，T 已进入饱和，故要使 T 的处于线性放大状态，$U_{Omax} = 20V$(忽略 T 的饱和压降)。

9.8　直流稳压电源如图 9.17 所示。

(1) 说明电路的整流电路、滤波电路、调整管、基准电压电路、比较放大电路、采样电路等部分各由哪些元件组成。

(2) 标出集成运放的同相输入端和反相输入端。

(3) 写出输出电压的表达式。

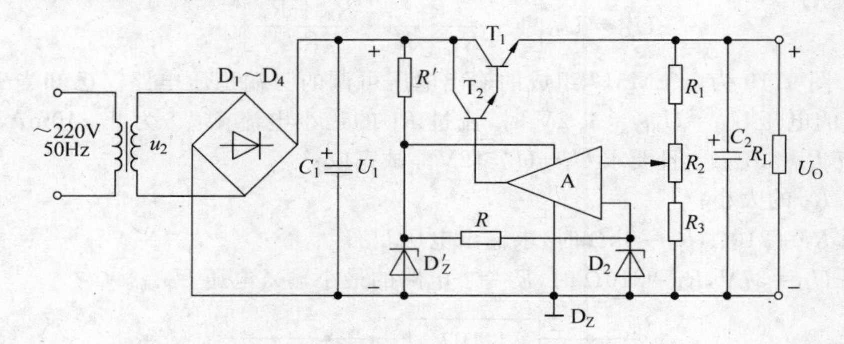

图 9.17　题 9.8 图

解：

(1) 整流电路：$D_1 \sim D_4$。

滤波电路：C_1。

调整管：T_1、T_2。

基准电压电路：R'、D_Z'、R、D_Z。

比较放大电路：A。

采样电路：R_1、R_2、R_3。

(2) 为了使电路引入负反馈，集成运放的输入端上为－下为＋。

(3) 输出电压的表达式为

$$\frac{R_1+R_2+R_3}{R_2+R_3}\cdot U_Z \leqslant U_O \leqslant \frac{R_1+R_2+R_3}{R_3}\cdot U_Z$$

9.9 利用三端集成稳压器 W7800 接成输出电压可调的电路，如图 9.18 所示。试写出 U_O 与 U'_O的关系式。

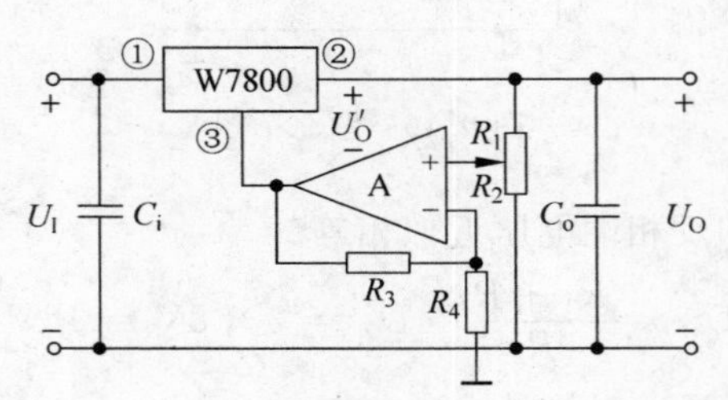

图 9.18 题 9.9 图

解：

运放同相端电压 $U_{(+)}=U_O\cdot\dfrac{R_2}{R_1+R_2}$；

反相端电压 $U_{(-)}=U_{(+)}=U_O\cdot\dfrac{R_2}{R_1+R_2}$；

运放输出电压为 $U_{(-)}=\dfrac{R_3+R_4}{R_4}=U_O\cdot\dfrac{R_2}{R_1+R_2}\cdot\dfrac{R_3+R_4}{R_4}$；

$$U_O=U_O\cdot\frac{R_2}{R_1+R_2}\cdot\frac{R_3+R_4}{R_4}+U'_O;$$

所以

$$U'_O=U_O\left[1-\frac{R_2}{R_1+R_2}\cdot\frac{R_3+R_4}{R_4}\right]$$

9.10 图 9.19 为由 LM317 组成的输出电压可调的三端稳压电路。已知当 LM317 上 3 和 1 之间的电压 $U_{31}=U_{REF}=1.2\text{V}$ 时，流过 R_1 的最小电流 $I_{R(min)}$ 为 5～10mA，调整端 1 输出的电流 $I_{adj}\ll I_{R(min)}$，且要求 $U_I-U_O\geqslant 2\text{V}$。试完成：

(1) 求 R_1 的大小；

(2) 当 $R_1=210\Omega$，$R_2=3\text{k}\Omega$ 时，求输出电压 U_O；

(3) 当 $U_O=37\text{V}$，$R_1=210\Omega$ 时，$R_2=$？电路的最小输入电压 $U_{I(min)}=$ ？

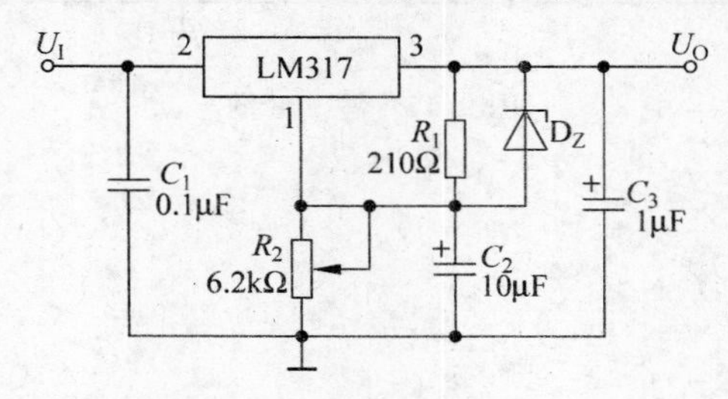

图 9.19 题 9.10 图

(4) 调节 R_2 从 0 变化到 6.2kΩ 时，求输出电压的调节范围。

解：

(1) $I_{R1}=U_{31}/R_1$，有

当 $I_{R1}=5mA$ 时，$R_1=240\Omega$；

当 $I_{R1}=10mA$ 时，$R_1=120\Omega$。

(2) $U_O=(R_1+R_2)/R_1\times U_{31}=18.3V$。

(3) $U_O=(R_1+R_2)/R_1\times U_{31}$，$U_O=37V$，$R_1=210\Omega$ 代入得 $R_2=6.3k\Omega$。

因为要求 $U_I-U_O\geqslant 2V$，所以 $U_I\geqslant 39V$。

(4) $R_2=0$ 时，$U_O=1.2V$；$R_2=6.2k\Omega$ 时，$U_O=(R_1+R_2)/R_1\times U_{31}=36.6V$；$U_O=1.2\sim 36.6V$。

参 考 文 献

[1] 康华光,陈大钦.电子技术基础 模拟部分.5版.北京：高等教育出版社,2006.
[2] 华成英,叶朝晖.模拟电子技术基本教程习题解答.北京：清华大学出版社,2006.
[3] 管美莹.模拟电子技术习题与解答.北京：机械工业出版社,2005.
[4] 陈大钦.电子技术基础 模拟部分 教师手册.北京：高等教育出版社,1999.
[5] 童诗白,何金茂.电子技术基础试题汇编(模拟部分).北京：高等教育出版社,1992.
[6] 唐竞新.模拟电子技术基础解题指南.北京：清华大学出版社,2002.